“1＋X”职业技能等级证书配套系列教材

工业机器人产品质量安全检测(高级)

荣　亮　主编

哈爾濱工業大學出版社

内容简介

本书较为全面地介绍了工业机器人产品整机性能和关键零部件性能的检测试验及实施方法。全书共分9章，介绍了工业机器人基础知识及其安全作业，工业机器人标准，工业机器人整机和关键零部件的质量要求与检测方法，测量不确定度的评定，工业机器人机械安全评估，试验记录与试验报告，质量管理等内容。

本书可以作为《工业机器人产品质量安全检测》职业技能等级证书(高级)试点院校的应用型本科院校开展该职业技能培训时的教学用书，同时也可作为从事工业机器人产品质量检测的工程技术人员的参考资料。

图书在版编目(CIP)数据

工业机器人产品质量安全检测：高级/荣亮主编
.—哈尔滨：哈尔滨工业大学出版社，2022.1
ISBN 978-7-5603-9805-1

Ⅰ.①工… Ⅱ.①荣… Ⅲ.①工业机器人-工业产品-质量检验-技术培训-教材 Ⅳ.①TP242.2

中国版本图书馆CIP数据核字(2021)第219334号

策划编辑　王桂芝
责任编辑　陈雪巍　林均豫
出版发行　哈尔滨工业大学出版社
社　　址　哈尔滨市南岗区复华四道街10号　邮编150006
传　　真　0451-86414749
网　　址　http://hitpress.hit.edu.cn
印　　刷　黑龙江艺德印刷有限责任公司
开　　本　787 mm×1 092 mm　1/16　印张17.25　字数409千字
版　　次　2022年1月第1版　2022年1月第1次印刷
书　　号　ISBN 978-7-5603-9805-1
定　　价　55.00元

《工业机器人产品质量安全检测》系列

编写委员会

主　编　荣　亮

参　编　（按姓氏首字母排序）

董雪松　李　星　隋春平

王恒之　于洪鹏　张广志

（以上人员均来自中国科学院沈阳自动化研究所/
国家机器人质量检验检测中心（辽宁））

前　　言

工业机器人是先进制造业中的重要设备，在支撑智能制造、提升生产效率等方面起重要作用。机器人智能制造装备产业是为国民经济各行业提供技术装备的战略性产业。机器人的研发、制造和应用水平是衡量一个国家科技创新和高端制造业水平的重要指标。工业机器人产品的质量安全表征机器人产品自身的性能，是产品竞争力的体现。我国在机器人产业增长的同时，对于机器人质量安全检测的需求也日益凸显，工业机器人产品质量安全越来越受重视。

国务院发布的《国家职业教育改革实施方案》(国发〔2019〕4号)文件中提出"启动1+X证书制度试点工作"。该1+X证书制度试点工作指出，要进一步发挥好学历证书的作用，夯实学生可持续发展基础，鼓励职业院校学生在获得学历证书的同时，积极取得多类职业技能等级证书，拓展就业创业能力。

本系列书籍包括《工业机器人产品质量安全检测(初级)》《工业机器人产品质量安全检测(中级)》和《工业机器人产品质量安全检测(高级)》。本系列书籍以工业机器人产品质量安全检测职业技能等级标准(2021年1.0版)为指导，由相关培训评价组织的工作人员组织编写，可作为工业机器人产品质量安全检测职业技能的培训用书。

本书围绕工业机器人产品质量安全检测职业技能等级(高级)的要求组织内容。本书介绍了工业机器人的基础知识，包括国内外主要工业机器人产品，工业机器人机械结构、电气系统、控制系统和末端执行器的构成。此外，本书从工业机器人的安装、基本操作、安全操作、危险工况处置等几方面对工业机器人的安全作业进行了说明，对工业机器人相关的国际和国家标准的现状和发展进行了介绍，并介绍了标准的检索方法和修订程序。本书的主要内容是对工业机器人整机性能(主要对运动性能、环境适应性、电气安全和电磁兼容性4个特性)和关键零部件(工业机器人用伺服电机和减速器)性能的质量要求和检测方法进行深入讲解，对测量不确定的评定方法进行说明，并对工业机器人的机械安全评估方法和安全要求进行了深入讲解。通过学习本书，读者能够掌握试验设备的使用、性能核查、管理与维护等方法。书中对工业机器人产品标准的解读，可帮助读者更好地理解标准，掌握对工业机器人试验项目开发的方法和工业机器人产品的质量评价方法。本书还对试验记录和试验报告的要求进行说明，从产品质量和检测质量两个维度对质量管理进行简要介绍。

本书由荣亮主编，隋春平、王恒之、于洪鹏、张广志、董雪松、李星等人参编。具体分工如下：隋春平编写了第1章；王恒之编写了第2章和第8章；于洪鹏编写了4.1节；张广志编写了4.2节；董雪松编写了5.1节；李星编写了5.2节；其余章节由荣亮编写。全书由荣亮审校和统稿。

本书中第2章部分内容参考了上海ABB工程有限公司生产制造的工业机器人产品的产品手册和操作员手册;4.2节部分内容参考了苏州苏试试验仪器股份有限公司和苏州东菱振动试验仪器有限公司生产制造的振动台设备的使用说明书,以及重庆哈丁科技有限公司生产制造的温湿度试验设备的使用说明书。

由于编者水平和经验有限,书中难免有不足和疏漏之处,恳请读者批评指正。

编　者

2021年10月

目　　录

第1章 工业机器人基础知识

1.1 国内外主要工业机器人产品

国际上第一台工业机器人产品诞生于20世纪60年代，当时其作业能力仅限于上、下料这类简单的工作。此后机器人进入了一个缓慢的发展期，直至20世纪80年代，机器人产业才得到了巨大的发展，成为机器人发展的一个里程碑，这一时代被称为“机器人元年”。为了满足汽车行业蓬勃发展的需要，这个时期开发出的点焊机器人、弧焊机器人、喷涂机器人及搬运机器人四大类型的工业机器人系列产品已经成熟，并形成产业化规模，有力地推动了制造业的发展。为进一步提高产品质量和市场竞争力，装配机器人及柔性装配线又相继开发成功。进入20世纪90年代以后，装配机器人和柔性装配技术得到了广泛的应用，并进入了一个大发展时期。现在工业机器人已发展成为一个庞大的家族，并与数控(NC)、可编程控制器(PLC)一起成为工业自动化的三大技术支柱和基本手段，被广泛应用于制造业的各个领域之中。纵观世界机器人的发展史，20世纪60年代为机器人发明和创造阶段，20世纪70年代为机器人走向实用化和产业化初建阶段，20世纪80年代为机器人普及和产业化高速发展阶段，20世纪90年代起机器人进入智能化发展阶段，机器人得到广泛应用，并向非制造业拓展。

机器人由于其作业的高度柔性、可靠性以及操作的简便性等特点，满足了工业自动化高速发展的需求，被广泛应用于汽车制造、工程机械、机车车辆、电子和电器、计算机和信息及生物制药等领域。据国际机器人联合会(The International Federation of Robotics, IFR)统计，20世纪60年代末工业机器人开始产业化发展以来，到1998年末，累计年度销售机器人1 020 000台。然而，早期的大多数机器人现在已不再服役。所以，实际运行的

工业机器人数量要比该数据少。据欧洲经济委员会(The United Nations Economic Commission for Europe,ECE)和国际机器人联合会统计,到1998年末,全世界运转的工业机器人总量为720 000台。日本的机器人保有量占世界的一半以上,然而近年来其份额正在持续减少。

1990年全世界的工业机器人年销量达到81 000多台,创历史最高纪录。在经历了1991～1993年的不景气之后,1993年全世界的工业机器人销量急剧下降到约54 000台。此后,世界工业机器人市场开始恢复活力,到1997年再创新高,工业机器人年销量达到85 000台。近年来,工业机器人的市场一直在稳步快速增长。随着全球新经济形势的到来和高新技术的快速发展,机器人的应用领域将会越来越广,其作用也会越来越大。

目前国内外主要机器人产品包括以下几种。

(1)瑞士的ABB工业机器人(图1.1)。

ABB是工业机器人的先行者以及世界领先的机器人制造厂商,在瑞典、挪威和中国等地设有机器人研发、制造和销售基地。ABB于1969年售出全球第一台喷涂机器人,后于1974年发明了世界上第一台工业电动机器人,并拥有当今最多种类、最全面的机器人产品、技术和服务。工业ABB机器人早在1994年就进入了中国市场。经过近30年的发展,ABB先进的机器人自动化解决方案和包括白车身、冲压自动化、动力总成和涂装自动化在内的四大系统正为我国各大汽车整车厂和零部件供应商以及消费品、铸造、塑料和金属加工工业提供全面和完善的服务。ABB(中国)公司基于“根植本地,服务全球”的经营理念,将中国研发、制造的产品和系统设备销往全球各地。随着我国工业行业的迅猛发展,对工业机器人的需求也日益增加,ABB不断开发出适合全球市场需求的新的机器人解决方案,以此来满足广大客户的特殊需求,帮助其提高生产效率。

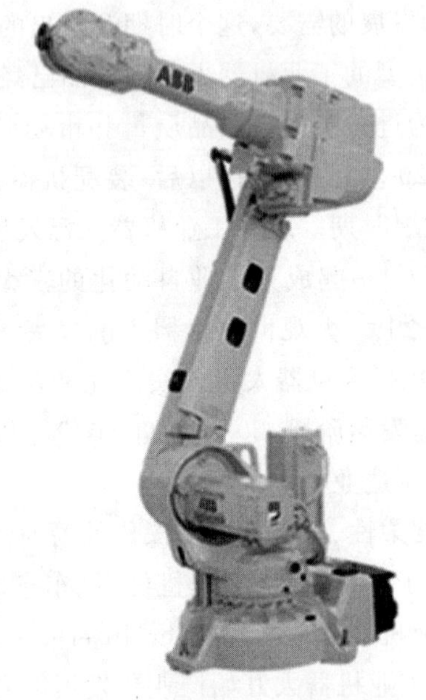

图1.1　ABB工业机器人

(2)德国的库卡(KUKA)工业机器人(图1.2)。

KUKA机器人有限公司于1898年建立在德国巴伐利亚州的奥格斯堡,是世界领先的工业机器人制造商之一。KUKA AG是全球工业机器人和设备与系统技术的领先供应商之一,同时也是工业4.0(Industrie 4.0)的先锋。库卡机器人有限公司在全球拥有20多个子公司,大部分是销售和服务中心,其中包括美国、墨西哥、巴西、日本、韩国、印度和绝大多数欧洲国家,以及我国台湾省。公司的名字,KUKA(库卡),是Keller und Knappich Augsburg的4个首字母组合,它同时是库卡公司所有产品的注册商标。我国家电企业美的集团在2017年1月顺利收购德国库卡机器人有限公司94.55%的股权。库卡工业机器人可用于物料搬运、加工、堆垛、点焊和弧焊,涉及自动化、金属加工、食品和塑料等行业。库卡工业机器人的用户包括通用汽车、克莱斯勒、福特、保时捷、宝马、奥迪、奔驰、大众、法拉利、哈雷戴维森、波音、西门子、宜家、施华洛世奇、沃尔玛、百威啤酒、倍思恩医疗、可口可乐等知名企业。

图1.2　KUKA工业机器人

(3)日本的发那科(FANUC)工业机器人(图1.3)。

FANUC是日本一家专门研究数控系统的公司,成立于1956年,是世界上最大的专业数控系统生产厂家,占据了全球70%的市场份额。自1974年FANUC首台机器人问世以来,FANUC致力于机器人技术上的领先与创新,是世界上唯一一家由机器人来制造机器人的公司,也是世界上唯一一家提供集成视觉系统的机器人企业,还是世界上唯一一家既提供智能机器人又提供智能机器的公司。FANUC工业机器人产品系列多达240种,负重从0.5 kg到1.35 t,广泛应用在装配、搬运、焊接、铸造、喷涂、码垛等不同生产环节,满足客户的不同需求。2008年6月,FANUC成为世界上第一个工业机器人装机量突破20万台的厂家。2011年,FANUC工业机器人全球装机量已超25万台,市场份额稳居全球第一。

图 1.3　FANUC 工业机器人

(4)日本的安川(YASKAWA)工业机器人(图 1.4)。

YASKAWA 工业机器人是日本安川电机株式会社(Yaskawa Electric Corporation)生产的机器人产品。安川电机株式会社在 1915 年成立,总部位于日本福冈县北九州,是一家制造伺服系统、运动控制器、交流电动机驱动器、开关和工业机器人的厂商。该公司生产的莫托曼(MOTOMAN)机器人是重型工业机器人,主要用于焊接、包装、装配、喷涂、切割、材料处理和一般自动化。

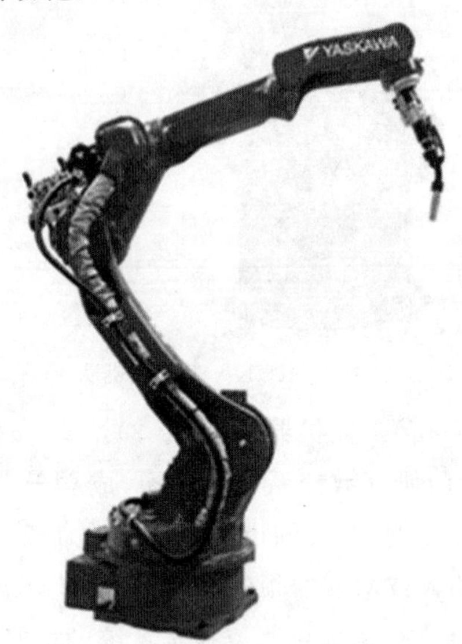

图 1.4　YASKAWA 工业机器人

(5)中国的新松(SIASUN)工业机器人(图 1.5)。

新松机器人自动化股份有限公司(以下简称“新松”)成立于 2000 年,隶属中国科学院,总部位于中国沈阳。以“中国机器人之父”——蒋新松之名命名,是一家以机器人独有技术为核心,致力于数字化智能高端装备制造的高科技上市企业。公司的机器人产品线

涵盖工业机器人、洁净(真空)机器人、移动机器人、特种机器人及智能服务机器人五大系列。其中工业机器人产品填补了多项国内空白,创造了我国机器人产业发展史上 88 项第一的突破。洁净(真空)机器人多次打破国外技术垄断与封锁,大量替代了进口产品。移动机器人产品综合竞争优势在国际上处于领先水平,被美国通用等众多国际知名企业列为重点采购目标。特种机器人在国防重点领域得到批量应用。新松公司在高端智能装备方面已形成智能物流装备、自动化成套装备、洁净装备、激光技术装备、轨道交通装备、节能环保装备、能源装备、特种装备等的产业群组化发展。2016 年,新松公司以近 350 亿的市值成为沈阳最大的企业,是国际上机器人产品线最全的厂商之一,也是国内机器人产业的领导企业。

图 1.5　SIASUN 工业机器人

1.2　机械结构

工业机器人是一种功能完整、可独立运行的典型机电一体化设备,它有自身的控制系统、驱动系统和操作界面,可对其进行手动、自动操作及编程,能依靠自身的控制能力来实现所需要的功能。

广义上的工业机器人是由机器人及相关附加设备组成的完整系统,其组成如图 1.6 所示,可分为机械部件和电气控制系统两大部分。

工业机器人(以下简称机器人)的机械部件主要包括机器人本体、变位器、末端执行器等部分。电气控制系统主要包括控制器、驱动器、操作单元、上级控制器等。其中,机器人本体、控制器、驱动器、操作单元是机器人的基本组件,所有机器人都必须配备,其他属于选配部件,可由机器人生产厂家提供或用户自行设计、制造与集成。

在选配部件中,变位器是用于机器人或工件的整体移动或进行系统协同作业的附加装置,可根据需要选配。末端执行器又称为工具,是安装在机器人手腕上的操作机构,与机器人的作业对象、作业要求密切相关。末端执行器的种类繁多,一般需要由机器人制造厂和用户共同设计、制造与集成。

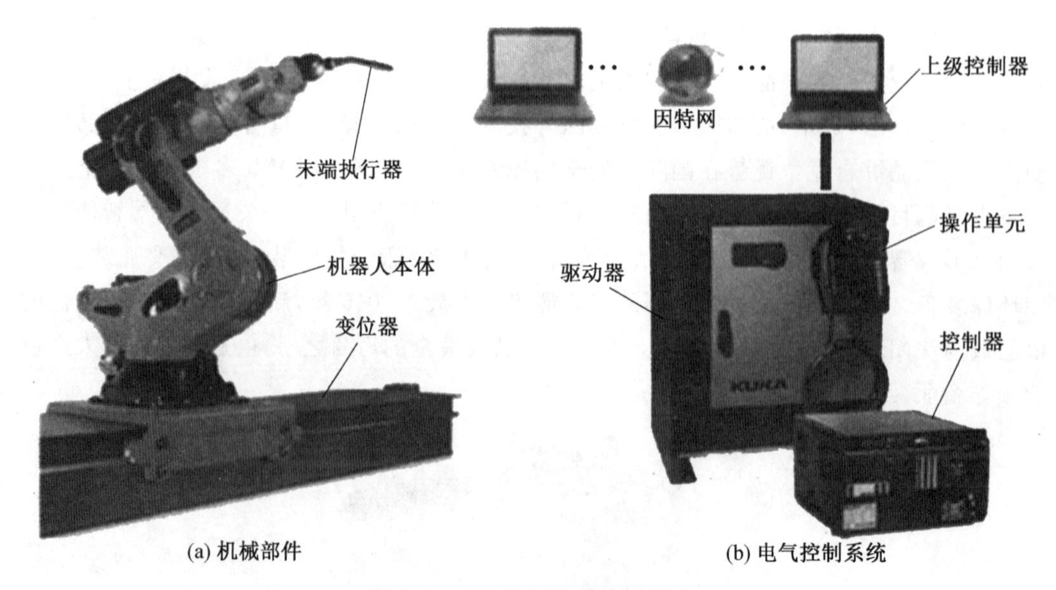

图 1.6 工业机器人系统的组成

在电气控制系统中,上级控制器是用于机器人系统协同控制、管理的附加设备,既可用于机器人与机器人、机器人与变位器的协同作业控制,也可用于机器人与数控机床、机器人与自动生产线其他机电一体化设备的集中控制,此外还可用于机器人的编程与调试。上级控制器同样可根据实际系统的需要选配。在柔性加工单元(FMC)、自动生产线等自动化设备上,上级控制器的功能也可直接由数控机床所配套的数控系统(CNC)、生产线控制用的 PLC 等承担。

机器人的机械部件主要是指机器人本体。机器人本体又称为操作机,是用来完成各种作业的执行机构,包括机械部件及安装在机械部件上的驱动电机、传感器等。

机器人本体的形态各异,但绝大多数都是由若干关节(Joint)和连杆(Link)连接而成。以常用的六轴工业机器人为例,本体的典型结构如图 1.7 所示。

六轴工业机器人本体的主要组成部件包括手部、腕部、上臂、下臂、腰部、基座等,末端执行器需要用户根据具体作业要求设计、制造,通常不属于机器人本体的范围。机器人的运动主要包括整体回转(腰关节)、下臂摆动(肩关节)、上臂摆动(肘关节)、腕回转和弯曲(腕关节)等。

(1)手部。机器人的手部用来安装末端执行器,它既可以安装类似人类的手爪,也可以安装吸盘或其他作业工具。手部是决定机器人作业灵活性的关键部件。

(2)腕部。腕部用来连接手部和机械臂,起到支撑手部的作用。腕部一般采用回转关节,通过腕部的回转可改变末端执行器的姿态(作业方向)。对于作业方向固定的机器人,有时可省略腕部,用上臂直接连接手部。

(3)上臂。上臂用来连接腕部和下臂。上臂可在下臂上摆动,以实现手腕大范围的上下(俯仰)运动。

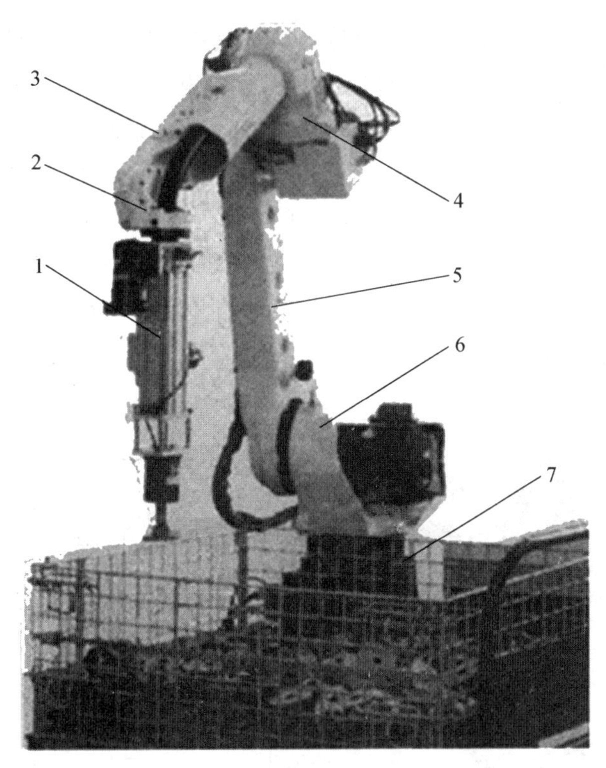

图1.7　工业机器人本体的典型结构

1—末端执行器;2—手部;3—腕部;4—上臂;5—下臂;6—腰部;7—基座

(4)下臂。下臂用来连接上臂和腰部。下臂可在腰部上摆动,以实现手腕大范围的前后运动。

(5)腰部。腰部用来连接下臂和基座。腰部可以在基座上回转,以改变整个机器人的作业方向。腰部是机器人的关键部件,其结构刚性、回转范围、定位精度等都直接决定了机器人的技术性能。

(6)基座。基座是整个机器人的支撑部分,它必须有足够的刚性,以保证机器人运动平稳、固定牢固。

一般而言,同类机器人的基座、腰部、下臂、上臂结构基本统一,习惯上将其称为机身;机器人的腕部和手部结构与机器人的末端执行器安装和作业要求密切相关,形式多样,习惯上又将其通称为手腕。

机器人关节是实现机器人运动的重要环节,通常情况下包含传动部件减速器,并通过与之相连的电动机实现相邻连杆的驱动。随着科学技术的日益发展,各种极端应用环境对机器人的传动精度和承载能力的要求也越来越高。减速器作为工业机器人的核心部件,其精密程度和承载能力严重影响着工业机器人的操作性能和负载能力。工业机器人1/3的成本来自减速器。以六轴机器人为例,减速器的成本约占整个机器人成本的34%。目前常用的关节精密减速器可分为RV减速器和谐波减速器。

(1)RV减速器是一种两级行星齿轮传动减速机构,其结构及传动原理如图1.8所示。第一级减速是通过中心轮1与行星轮2的啮合实现的,按照中心轮1与行星轮2的齿数比进行减速。传动过程中,如果中心轮1顺时针转动,那么行星轮2将既绕自身轴线逆时针自转又绕中心轮轴线公转。第一级传动部分中的行星轮2与曲柄轴3连成一体并通过曲柄轴3带动摆线轮4做偏心运动,该偏心运动为第二级传动部分的输入。第二级减速是通过摆线轮4与针轮5啮合实现的。在摆线轮4与针轮5啮合传动过程中,摆线轮4在绕针轮5轴线公转的同时,还将反方向自转,即顺时针转动。最后传动力通过曲柄轴3推动输出机构6顺时针转动。

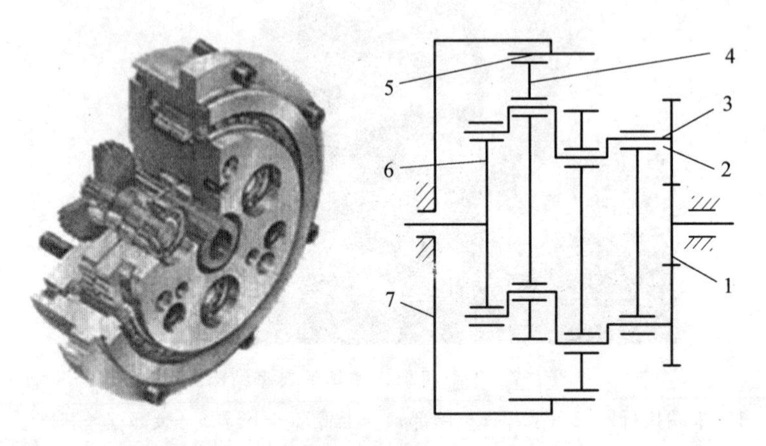

图1.8　RV减速器结构及其传动原理

1—中心轮;2—行星轮;3—曲柄轴;4—摆线轮;5—针轮;6—输出机构;7—针齿壳

RV减速器的主要特点:

①传动比范围大。只要改变渐开线齿轮的齿数比就可获得多种传动比。

②传动精度高。传动误差在1′以下,回差误差在1.5′以下。

③扭转刚度大。输出机构为两端支承的行星架,用行星架左端的刚性大圆盘输出,大圆盘与工作机构用螺栓连接,其扭转刚度远大于一般摆线针轮行星减速器的输出机构。RV减速器的齿轮和销,同时啮合数多,承载能力大。

④结构紧凑,传动效率高。传动机构置于输出机构(行星架)的支承主轴承内,使得轴向尺寸大大减小;传递同样转矩与功率时的体积小,第一级用了3个行星轮,第二级摆线轮与针轮的啮合为硬齿面多齿啮合,这就决定了RV减速器可以用小的体积传递大的转矩。

(2)谐波减速器是一种通过柔轮的弹性变形实现动力传递的传动装置,主要由波发生器、柔轮和刚轮组成,使用时通常采用波发生器主动、刚轮固定、柔轮输出的形式。

谐波减速器结构及其传动原理如图1.9所示。波发生器装入柔轮后,迫使柔轮在长轴处产生径向变形,呈椭圆状,椭圆长轴两端的柔轮外齿与刚轮内齿沿全齿高相啮合,短轴两端则处于完全脱开状态,其他各点处于啮合与脱开的过渡阶段。设刚轮固定,波发生器逆时针转动,当其转到图1.9所示位置进入啮合状态时,柔轮顺时针旋转。当波发生器不断旋转时,柔轮啮入→啮出→脱出→啮入……周而复始,从而实现连续旋转。

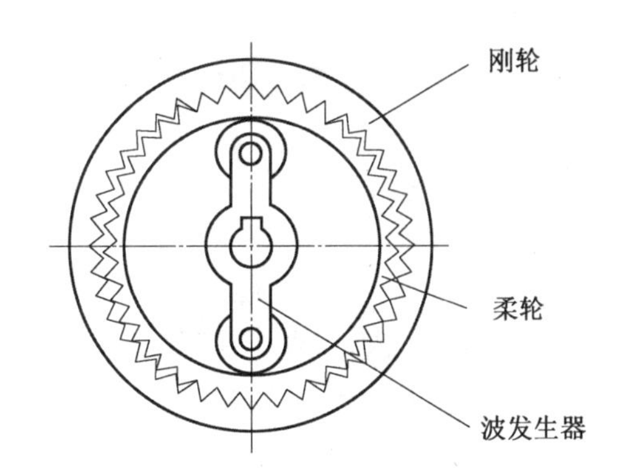

图1.9　谐波减速器结构及其传动原理

谐波减速器的主要特点：

①传动比大。单级谐波减速器的减速比范围为70～320，在某些装置中可达到1 000，多级传动减速比可达30 000以上。它不仅可用于减速，也可用于增速。

②承载能力高。谐波减速器中同时啮合的齿数多，双波传动时同时啮合的齿数可达总齿数的30%以上。柔轮采用了高强度材料，齿与齿之间是面接触。

③传动精度高。谐波减速器中同时啮合的齿数多，误差平均化，即多齿啮合对误差有相互补偿作用，故传动精度高。在齿轮精度等级相同的情况下，传动误差只有普通圆柱齿轮传动的1/4左右。同时可通过微量改变波发生器的半径来增加柔轮的变形，使齿间侧隙变得很小，甚至能做到无侧隙啮合，故谐波减速器传动空程小，适用于反向转动。

④传动效率高、运动平稳。由于柔轮轮齿在传动过程中做均匀的径向移动，因此即使输入速度很高，轮齿的相对滑移速度也极低(为普通渐开线齿轮传动的1%)，所以轮齿磨损小，效率高(可达69%～96%)。又由于啮入和啮出时，轮齿的两侧都参与工作，因而无冲击现象，运动平稳。

⑤结构简单、体积小、质量轻。谐波减速器仅有3个基本构件，零件数少，安装方便。与一般减速器相比，在输出力矩相同时，谐波减速器的体积可减小2/3，质量可减轻1/2。

1.3　电气系统

1.3.1　控制器

控制器是用于控制机器人坐标轴位置和运动轨迹的装置，输出运动轴的插补脉冲，其功能与数控系统(CNC)非常类似。控制器的常用结构有图1.10所示的两种。

工业计算机(又称工业PC)型机器人控制器的主机和通用计算机并无本质的区别，但需要增加传感器、驱动器接口等硬件，这种控制器的兼容性好、软件安装方便、网络通信容易。

可编程序控制器(Programmable Logic Controller，PLC)型机器人控制器以类似PLC的CPU模块作为中央处理器，然后通过选配各种PLC功能模块，如测量模块、轴控制模块等，来实现对机器人的控制，这种控制器的配置灵活，模块通用性好，可靠性高。

(a) 工业计算机型

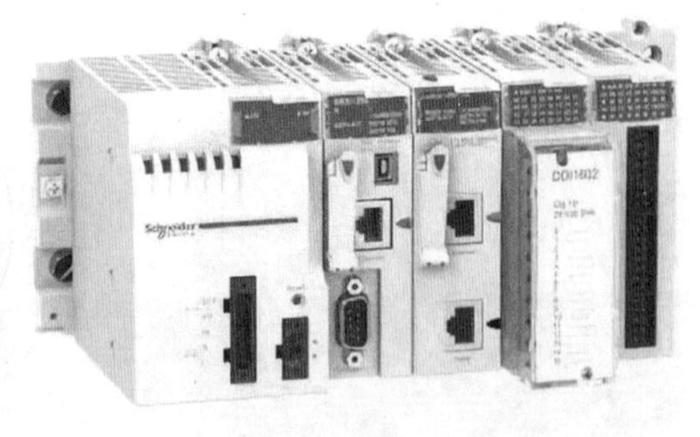
(b) PLC型

图 1.10　工业机器人控制器的典型结构

1.3.2　操作单元

工业机器人的现场编程一般通过示教操作实现,对操作单元的移动性能和手动性能的要求较高,但其显示功能一般不及数控系统,因此机器人的操作单元以手持式为主,其常见形式如图 1.11 所示,共有 3 种形式。

(1)图 1.11(a)所示为传统型操作单元,由显示器和按键组成,操作者可通过按键直接输入命令和进行所需的操作,其使用简单,但显示器较小。这种操作单元多用于早期的工业机器人操作和编程。

(2)图 1.11(b)所示为目前常用的菜单式操作单元,由显示器和操作菜单键组成,操作者可通过操作菜单选择需要的操作。这种操作单元的显示器大,目前使用较普遍,但部分操作不及传统型操作单元简便直观。

(3)图 1.11(c)所示为智能手机型操作单元,它使用了与目前智能手机同样的触摸屏和图标界面,这种操作单元的最大优点是可直接通过 WiFi 连接控制器和网络,从而省略了操作单元和控制器间的连接电缆。智能手机型操作单元的使用灵活、方便,是适合在网络环境使用的新型操作单元。

(a) 传统型

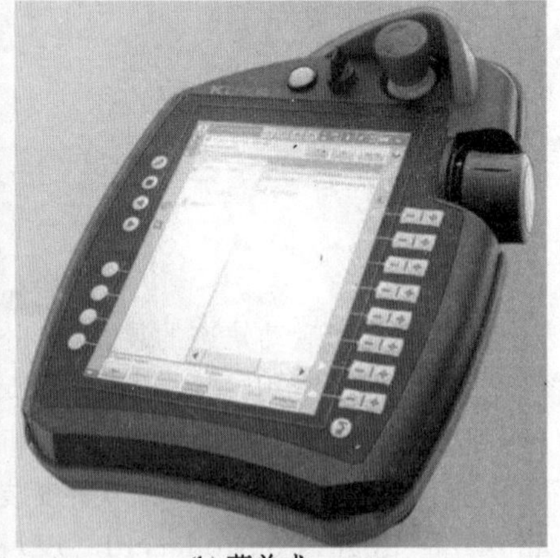
(b) 菜单式

(c) 智能手机型

图 1.11　操作单元

1.3.3　驱动器

驱动器实际上是用于放大控制器插补脉冲功率的装置，可实现驱动电机位置、速度、转矩控制，通常安装在控制柜内。驱动器的形式取决于驱动电机的类型，伺服电动机需要配套伺服驱动器，步进电机则需要使用步进驱动器。

机器人目前常用的驱动器以交流伺服驱动器为主，有图 1.12 所示的集成式、模块式和独立式 3 种基本结构形式。

(a) 集成式

(b) 模块式

(c) 独立式

图 1.12　伺服驱动器

集成式驱动器的全部驱动模块集成一体，电源模块可以独立或集成。这种驱动器的结构紧凑、生产成本低，是目前使用较为广泛的结构形式。模块式驱动器的电源模块为公用，驱动模块独立，驱动器需要统一安装。集成式、模块式驱动器不同控制轴间的关联性强，调试、维修和更换相对比较麻烦。独立式驱动器的电源和驱动电路集成一体，每一轴的驱动器可独立安装和使用，因此其安装、使用灵活，通用性好，调试、维修和更换也较方便。

1.3.4　上级控制器

工业机器人常用的 3 种上级控制器如图 1.13 所示。

对于一般的机器人编程、调试和网络连接操作，上级控制器一般直接使用计算机(PC)或工作站。当机器人和数控机床结合，组成柔性加工单元(FMC)时，上级控制器的功能一般直接由数控机床配套的数控系统(CNC)承担，机器人可在 CNC 的统一控制下协调工作。在自动生产线等自动化设备上，上级控制器的功能一般直接由生产线控制用的可编程序控制器(PLC)承担，机器人可在 PLC 的统一控制下协调工作。

(a) PC

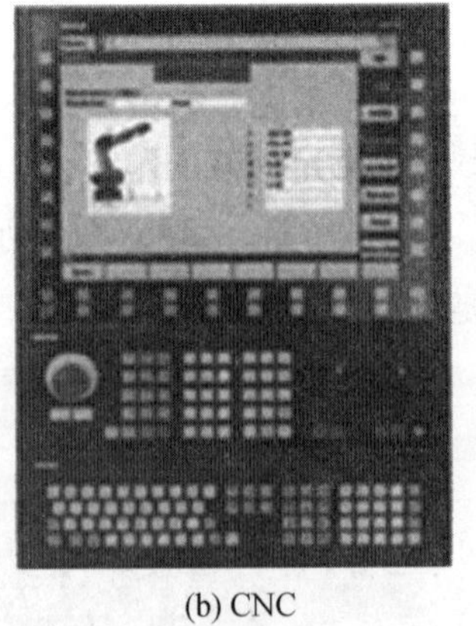

(b) CNC

(c) PLC

图 1.13　上级控制器

1.4　控制系统

1.4.1　机器人控制系统的功能

工业机器人控制系统是机器人的重要组成部分,用于对操作对象的控制,以完成特定的工作任务。

控制系统由硬件电路系统和软件系统两部分组成。

硬件电路系统采用模块化的体系结构,即采用计算机系统结构。控制模块分为机器人控制器、伺服控制器、光电隔离 I/O 模块、传感器处理模块和编程示教盒等。机器人控制器和编程示教盒通过串口或总线进行通信。机器人控制器的主计算机完成机器人的运动规划、插补和位置伺服以及主控逻辑数字 I/O 传感器处理等功能,而编程示教盒完成信息的显示和按键的输入。

软件系统采用模块化、层次化的系统结构,建立在实时多任务操作系统上,采用分层和模块化结构设计,以实现软件系统的开放性。整个控制器软件系统分为三个层次,即硬件驱动层、核心层和应用层。三个层次分别面对不同的功能需求,对应不同层次的开发,系统中各个层次内部由若干个功能相对独立的模块组成,功能模块相互协作,共同实现该层次所提供的功能。机器人控制器软件系统的基本功能如下。

(1)记忆功能。

记忆功能是指存储作业顺序、运动路径、运动方式、运动速度和与生产工艺有关的信息。

(2)示教功能。

示教功能是指控制系统通过示教器或“手把手”进行示教,将动作顺序、运动速度、位置等信息用一定的方法预先传给工业机器人,再由工业机器人的记忆装置将所示教的操作过程自动记录在磁盘等存储器中,当需要再现操作时,重放存储器中存储的内容即可。

如需更改操作内容，只需重新示教一遍或更换预先录好程序的磁盘即可，因而重新编写程序较为简便和直观。

(3)与外围设备联系功能。

与外围设备联系功能包括输入和输出接口、通信接口、网络接口、同步接口等功能。当前工业机器人的应用工程由单台机器人工作站向机器人生产线发展，工业机器人控制器的联网技术变得越来越重要。控制器上具有串口现场总线及以太网的联网功能，可用于工业机器人控制器之间和工业机器人控制器同上位机之间的通信，便于对工业机器人生产线进行监控、诊断和管理。

(4)坐标设置功能。

坐标设置功能包括关节、直角、工具、用户自定义 4 种坐标系的设置功能。

①关节坐标系。

关节坐标系中机器人各轴均可实现单独正向或反向运动，适合大范围运动，以及对工具中心点(Tool Center Point，TCP)的姿态无要求的情况。

②直角坐标系。

直角坐标系是机器人示教和编程常用坐标系，定义原点为机器人安装面与第一转动轴的交点，能够很好地设定 TCP 在空间沿直角坐标轴的平行移动。

③工具坐标系。

工具坐标系的原点设定在 TCP，在进行相对于工件不改变 TCP 姿态的平移操作时，选用工具坐标系最适宜。

④用户自定义坐标系。

当机器人有多个工作台时，选择用户自定义坐标系更为简单。

(5)人机接口模块输入/输出功能。

示教盒和操作面板为输入装置，输入系统所需信息；显示屏为输出装置，显示系统的管理信息和状态信息。

(6)传感器模块感知功能。

传感器模块感知功能可将位置检测、视觉、触觉、力觉等信息输入系统中，以备控制和显示使用。

(7)位置伺服功能。

通过位置伺服功能可完成机器人的多轴联动、运动控制、速度和加速度控制、动态补偿等。

(8)故障诊断安全保护功能。

故障诊断安全保护功能包括运行时的系统状态监视、故障状态下的安全保护和故障自诊断。通过各种信息对工业机器人故障进行诊断，并进行相应维护，是保证工业机器人安全性的关键技术。

(9)控制总线传输功能。

控制总线传输功能的实现涉及两类控制系统：一类是国际标准总线控制系统，采用国际标准总线作为控制系统的控制总线；另一类为自定义总线控制系统，由生产厂家自行定义使用的总线作为控制系统总线。

(10)编程功能。

编程功能的实现主要有如下 3 种方式:

①物理设置编程,由操作者设置固定的限位开关,实现启动、停车的程序操作,但只能用于简单的拾起和放置作业。

②在线编程,通过人的示教来完成操作信息的记忆过程,编程方式主要通过示教盒辅助操作完成。

③离线编程不对实际作业的机器人直接示教,而是脱离实际作业环境进行编程,示教程序通过使用高级机器人编程语言远程离线生成机器人的作业轨迹。

1.4.2 工业机器人功能的一般实现过程

(1)示教。

操作者通过编程示教盒对机器人发布作业、动作、运动之类的命令,示教可以通过各种开关、操纵杆、键盘、画面输入等方式进行。

(2)智能遥控。

为把操作者的意图顺利且准确地解读成能被机器人或机器执行的信息,即转换为机器接纳的数学模型和数字,设计人员提出了各种设想,如简单的开关、符号式的语言、逻辑表达式,并把具有智能性的专家系统、模糊控制、神经网络等处理方式加入系统中,这有助于机器人对人的"理解",并有效地把机器人的状态通过合适的显示装置表达出来。

(3)作业规划。

机器人需要生成合适的作业顺序,并且该阶段要能够做到正确的人机交互,即生成的作业规划要使人们能够准确地理解。机器人控制机构通常会设计成分层递阶的集成化系统,这样能够有效地利用软件系统的资源,生成更有柔性的作业规划程序。

(4)运动规划。

该阶段的目的是完成基于作业和移动等的规划,生成适合工业现场作业或移动的轨迹,将生成指令直接发送给下位机系统进行处理。其任务是用函数来内插或逼近给定的路径,并沿时间轴产生一系列的控制设定点,用于控制机器人关节的运动。常用的轨迹规划方法有空间关节插值法和笛卡儿空间规划法。如机械手接收手部轨迹生成指令、障碍物回避指令等,移动机器人生成与机器人能力相应的轨迹,如回转半径、修正路面轨迹、障碍物回避等。

(5)运动控制。

将生成运动规划的机器人轨迹转换为具体实现该轨迹的运动学参数,即各关节运动的角度、角速度、关节转矩等,需要通过运动控制系统进行复杂的实时坐标变换计算,其与伺服控制系统一起构成了机器人控制最重要的部分。

(6)伺服控制。

在运动控制系统中,伺服控制的运行需要根据一条条命令来执行,故需要将控制信息分解为单个自由度系统能够执行的命令。伺服控制是由伺服驱动器来驱动伺服电动机执行机构,实现对每一个关节的角度、角速度和关节转矩的控制。

(7)伺服驱动。

伺服驱动器要能满足位置、速度、转矩等各项控制，根据不同的控制目标选用即可。伺服驱动器一般为硬件伺服驱动器，现在也出现了软件伺服驱动器，能实现更加细微的控制，便于将硬件系统分离出来，更好地应对开放式系统。传统的伺服驱动器和伺服电动机的匹配是固定的，现在由于软件控制的引入，只要电动机和驱动器设计合理，不同产品也能够做到通用化。

(8)I/O 传感。

在反馈控制中，需要通过各种传感器来掌握机器人各层级的状况，为了增加系统的可靠性，传感器一般配置在控制系统的下位层级，来观测系统的状态，以便及时对系统状态做出反应。

(9)传感器信息转换。

传感器获取的原始数据需要转换成最简单的物理量，并以适合伺服系统的反馈信息(位置、速度、转矩)进行输出，同时要上传机器人上位机系统所需要的信息。

(10)运动状态信息处理。

将运动状态信息加工后传送给运动控制系统，将机器人上位机系统所需信息传送到位。在传感器信息转换系统中，将上位机系统必需的未处理信息进行旁路输出。

(11)动作状态信息处理。

加工动作状态信息并输出到运动规划单元，将上位机系统需要的信息传送过去。在运动状态信息处理系统中，只有上位机系统必需的未处理信息才进行旁路输出。

(12)作业信息处理。

对作业规划必需的信息进行加工，然后输出到作业规划单元，并输出显示和诊断异常信息所需信息。

(13)显示处理。

显示各种必需的信息，显示的内容尽量与实时控制无关。

(14)异常处理。

对于无法预测的事件，能够给出异常事件状态的预警，并通过有效的方式提醒操作者。

(15)与外部设备的连接。

工业机器人与外部设备的连接应该建立在控制系统中相同层级之间的连接基础上，可以通过接口的方式将最下层的传感器信息系统或最上层的作业信息处理系统连接起来。

1.5　末端执行器

末端执行器又称工具，它是安装在机器人手腕上的操作机构。末端执行器与机器人的作业要求、作业对象密切相关，一般需要由机器人制造厂和用户共同设计与制造。例如，用于装配、搬运、包装的机器人需要配置图 1.14 所示的吸盘、手爪等用来抓取零件、物

品的夹持器,而加工类机器人则需要配置图 1.15 所示的用于焊接、切割、打磨等加工的焊枪、铣头、磨头等各种工具(或刀具)。

图 1.14　夹持器

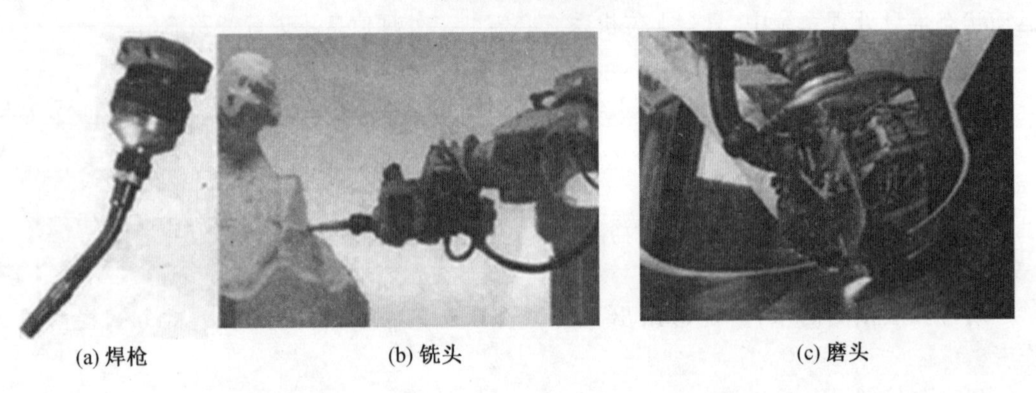

(a) 焊枪　(b) 铣头　(c) 磨头

图 1.15　工具(或刀具)

第2章

工业机器人安全作业

2.1 现场安全作业管理

2.1.1 安全生产常识

1. 基本概念

(1)生产过程中的安全。

生产过程中的安全是指不发生工伤事故、职业病、设备或财产损失的状态,即人不受伤害,物不受损失。

(2)事故。

事故是指造成死亡、疾病、伤害和财产损失及其他损失的意外事件。

(3)伤亡事故。

伤亡事故是指劳动者在劳动过程中发生的人身伤害和急性中毒事故。

(4)工伤。

工伤也称职业伤害,是指劳动者(职工)在工作或其他职业活动中因意外事故伤害和职业病造成的伤残和死亡。

(5)工伤保险。

工伤保险又称职业伤害保险,是指劳动者由于工作原因并在工作过程中遭受意外伤害,或因职业危害因素引起职业病,由国家或社会给负伤、致残及死亡者生前供养亲属提供必要物质帮助的一种社会保险制度。

(6)安全生产。

安全生产是指为了使劳动过程在符合安全要求的物质条件和工作秩序下进行,防止伤亡事故、设备事故以及各种灾害的发生，保障劳动者的安全健康和生产作业过程的正常进行而采取的各种措施和从事的一切活动。

(7)安全管理。

安全管理是指以国家法律、法规、规定和技术标准为依据，采取各种手段对生产经营单位的生产经营活动的安全状况实施有效制约的一切活动。

(8)安全生产责任制。

安全生产责任制是指根据安全生产法律、法规和企业生产实际，将各级领导、职能部门、工程技术人员、岗位操作人员在安全生产方面应该做的事以及应负的责任加以明确规定的一种制度。

2. 造成生产安全事故的原因

事故和伤害是在设备、机械、原材料和作业环境等“物”的方面与“人”的方面相互接触中发生的。因此造成安全事故的主要原因如下。

(1)人的因素。

人的因素通常称为不安全行为，是由于人员缺乏安全知识，疏忽大意或采取不安全的操作动作等引起的事故，如违章操作、违反劳动记录等。

(2)物的因素。

物的因素通常称为不安全状态，是由于机械设备工具等有缺陷或环境条件差而引起的事故。

(3)人与物的综合因素。

人与物的综合因素是指由上述两种因素综合引起的事故。

3. 从业人员的权利和义务

根据《中华人民共和国安全生产法》的规定，从业人员在安全生产过程中享有八大权利和三大义务。

从业人员的八大权利为：

(1)知情权，即有权了解其作业场所和工作岗位存在的危险因素、防范措施及事故应急措施。

(2)建议权，即有权对本单位安全生产工作提出建议。

(3)批评权和检举权、控告权，即有权对本单位生产管理工作中存在的问题提出批评、检举和控告。

(4)拒绝权，即有权拒绝违章作业指挥和强令冒险作业。

(5)紧急避险权，即发现直接危及人身安全的紧急情况时，有权停止作业或者在采取可能的应急措施后撤离作业场所。

(6)依法向本单位提出要求赔偿的权利。

(7)获得符合国家标准或者行业标准劳动防护用品的权利。

(8)获得安全生产教育和培训的权利。

从业人员的三种义务为：

(1)自觉遵规的义务，即从业人员在作业过程中应当严格遵守本单位的安全生产规章

制度和操作规程，服从管理，正确佩戴和使用劳动防护用品。

(2)自觉学习安全生产知识的义务，即从业人员应当接受安全生产教育和培训，掌握本职工作所需的安全生产知识，提高安全生产技能，增强事故预防和应急处理能力。

(3)危险告知义务，即从业人员发现事故隐患或其他不安全因素，应当立即向现场安全生产管理人员或者本单位负责人报告；接到报告的人员应当及时予以处理。

4. 安全生产方针

安全生产方针是指政府对安全生产工作总的要求，它是安全生产工作的方向。我国安全生产的方针是“安全第一、预防为主、综合治理”。

5. 用电安全知识

电流对人体的伤害(电流伤害)主要为电击、电伤和电磁场伤害。其中，电击是指电流通过人体，破坏人体心脏、肺及神经系统的正常功能。电伤是指电流的热效应、化学效应和机械效应对人体的伤害，主要是指电弧烧伤、熔化金属溅出烫伤等。电磁场伤害是指在高频磁场的作用下，人会出现头晕、乏力、记忆力减退、失眠、多梦等神经系统的症状。

用于防止电流伤害的技术措施主要如下。

(1)绝缘、屏护和间距。

绝缘是为了防止人体触及带电体而用绝缘物把带电体封闭起来，瓷、玻璃、云母、橡胶、木材、胶木、塑料、布、纸和矿物油等都是常用的绝缘材料。屏护是采用遮拦、增设护盖箱等手段把带电体同外界隔绝开来。间距是指保证必要的安全距离，除用于防止触及或过分接近带电体外，还能起到防止火灾、防止混线、方便操作的作用，在低压工作中，最小检修距离不应小于 0.1 m。

(2)保护接地、保护接零。

保护接地是指为了防止电气设备外露的不带电导体意外带电造成危险，将该电气设备经保护接地线与深埋在地下的接地体紧密连接起来。保护接零是指在三相四线制电力系统中，把电气设备在正常情况下不带电的金属部分与电网的零线紧密地连接起来。

(3)装设漏电保护装置。

漏电保护装置可以在设备及线路漏电时通过保护装置的检测机构的转换取得异常信号，经中间机构转换和传递，然后促使执行机构动作，自动切断电源，起到保护作用。为了保证在故障情况下人身和设备的安全，应尽量装设漏电保护器。

(4)使用安全电压。

使用安全电压是用于小型电气设备或小容量电气线路的安全措施，可以把可能施加在人身上的电压限制在某一范围内，使得在这种电压下通过人体的电流不超过允许范围。通常，安全电压的工频电压有效值不超过 50 V，直流电压不超过 120 V。我国规定安全电压工频有效值的等级为 42 V、36 V、24 V、12 V 和 6 V。

(5)采用电磁屏蔽装置。

电磁危害的防护一般采用电磁屏蔽装置，金属或金属网可有效地消除电磁场的能量，因此可以用建设屏蔽室、穿屏蔽服等方式来防护。屏蔽装置应有良好的接地措施，以提高屏蔽效果。

从事电气工作的人员为特种作业人员，必须经过专门的安全技术培训和考核，经考试合格取得安全生产综合管理部门核发的《特种作业操作证》后，才能独立作业。电工作业人员要遵守电工作业相关安全操作规程，坚持维护检修制度，特别要注意高压检修工作的安全，必须坚持工作票、工作监护等工作制度。

6. 高空作业安全

高空作业通常指的是高处作业，即人在以一定位置为基准的高处进行的作业。国家标准规定凡在坠落高度基准面 2 m 以上（含 2 m）有可能坠落的高处进行作业，都称为高处作业。高处作业时应采取以下安全措施。

（1）佩戴安全帽、使用安全带等，确认安全时才能工作。

（2）不宜进行高处作业的人员不准登高作业。

（3）不准使用存在缺陷的高处工具。

（4）单梯与地面的夹角为 60°左右、地面光滑时，必须有防滑装置。

（5）梯子顶端要牢固，并采取相应的防护措施。禁止在不牢靠的物体上搭放梯子。

（6）高处作业禁止用抛、掷等办法传递工具、材料等。

（7）梯子上有人时禁止挪动梯子。

（8）上下梯不要手提工具、材料等，并要面里背外循级上下，禁止两人同时登梯。

（9）高处作业时应避开架空电线，当达不到安全距离时，必须采取安全措施。

（10）高处作业处应设置安全围栏和警告标志，禁止行人、车辆通行，防止落物伤人。

7. 消防安全

燃烧，俗称“起火”“着火”，是一种发光、发热的化学反应，需具备可燃物、助燃物和着火源三个条件。

按照物质燃烧的特征，车间内火灾通常可分为以下几类。

（1）A 类火灾。

A 类火灾是指固体物质火灾，通常采用的灭火剂是水。

（2）B 类火灾。

B 类火灾是指可燃液体和可熔化的固体火灾，通常采用的灭火剂是泡沫、二氧化碳、干粉、卤代烷。

（3）C 类火灾。

C 类火灾是指气体火灾，通常采用的灭火剂是干粉、卤代烷。

（4）D 类火灾。

D 类火灾为金属火灾，如钾、钠、镁引起的火灾，通常采用的灭火剂是特种石墨、干粉、7150。

（5）电器设备火灾。

电器设备火灾是指由通电设备燃烧引起的火灾，通常采用的灭火剂是二氧化碳、干粉、卤代烷。

发生火灾时常用的几种逃生方法如下。

(1)毛巾、手帕捂鼻护嘴法。

因火场烟气具有温度高、毒性大、氧气少、一氧化碳多的特点，人吸入后容易引起呼吸系统烫伤或神经中枢中毒，因此在疏散过程中，应使用湿毛巾或手帕捂住嘴和鼻(但毛巾与手帕不要超过 6 层厚)。注意：不要顺风疏散，应迅速逃到上风处躲避烟火的侵害。

(2)遮盖护身法。

将浸湿的棉大衣、棉被、门帘、毛毯、麻袋等遮盖在身上，确定逃生路线后，以最快的速度直接冲出火场，到达安全地点，但注意捂鼻护口，防止一氧化碳中毒。

(3)封隔法。

如果走廊或对门、隔壁的火势比较大，无法疏散，可退入一个房间内，将门缝用毛巾、毛毯、棉被、褥子或其他织物封死，防止受热，可不断向织物上浇水进行冷却。防止外部火焰及烟气侵入，从而达到抑制火势蔓延速度、延长救援时间的目的。

2.1.2　安全生产实施

1. 现场 7S 管理

所谓的 7S 管理是指“整理(Seiri)”“整顿(Seiton)”“清扫(Seiso)”“清洁(Seikeetsu)”“素养(Shitsuke)”“安全(Safety)”“节约(Saving)”，最早起源于日本。1955 年，日本企业提出了整理、整顿 2 个“S”。后来因管理的需求及水准的提升，才陆续增加了其余的 3 个“S”，从而形成目前广泛推行的 5S 架构，也使其重点由环境品质扩及人的行动品质，使生产安全、卫生、效率、品质及成本方面得到较大的改善。现在不断有人提出 6S、7S 甚至 8S，但其宗旨是一致的，只是不同的企业有不同的强调重点。

7S 管理方式保证了优雅的生产和办公环境，良好的工作秩序和严明的工作纪律，同时也是提高工作效率，生产高质量、精密化产品，减少浪费，节约物料成本和时间成本的基本要求，其具体内容如下。

(1)整理。

整理不是仅仅将物品打扫干净后摆放整齐，而是“处理”所有持怀疑态度的物品，从而增加作业面积，畅通物流、防止误用等。

(2)整顿。

整顿是指将需要的物品合理放置，加以标识，以便于任何人取放，从而使工作场所整洁明了，减少取放物品的时间，提高工作效率，保持井井有条的工作区秩序。

(3)清扫。

清除现场内的脏污、清除作业区域的物料垃圾，使之没有垃圾、灰尘，干净整洁；保养好设备，创造一个一尘不染的环境。

(4)清洁。

经常性地进行整理、整顿和清扫工作，并对以上三项进行定期与不定期的监督、检查，使整理、整顿和清扫工作成为一种惯例和制度。

(5)素养。

通过素养培养，让员工养成良好的习惯，使之成为遵守规章制度并具有良好工作素养及习惯的人。

(6)安全。

安全指清除安全隐患,排除险情,预防安全事故,保障员工的人身安全,保证生产的连续性,减少安全事故造成的经济损失。

(7)节约。

节约即对时间、空间、能源等方面合理利用,以发挥它们的最大效能,从而创造一个高效率的、物尽其用的工作场所。

2. 安全色、对比色和安全标志

(1)安全色是用来表达禁止、警告、指令和提示等安全信息含义的颜色。它的作用是使人们能够迅速发现和分辨安全标志,提醒人们注意安全,以防发生事故。我国《安全色》(GB 2893—2008)国家标准中采用了红、黄、蓝、绿 4 种颜色。其中,红色含义是禁止和紧急停止,也表示防火;蓝色含义是必须遵守;黄色含义是警告和注意;绿色含义是提示安全状态和通行。

(2)对比色是能使安全色更加醒目的颜色,也称为反衬色。对比色有黑、白两种颜色,黄色安全色的对比色为黑色,红、蓝、绿安全色的对比色均为白色。而黑、白两色互为对比色。红色与白色间隔条纹的含义是禁止越过,交通、公路上的防护栏以及隔离墩常涂此色。黄色与黑色间隔条纹的含义是警告、危险,工矿企业内部的防护栏杆、起重机吊钩的滑轮架、平板拖车排障器和低管道常涂此色。蓝色与白色间隔条纹的含义是指示方向,如交通指向导向标。

(3)安全标志由安全色、几何图形和形象的图形等符号构成,用以表达特定的安全信息。安全标志分为禁止标志、警告标志、指令标志和提示标志四类。

①禁止标志的作用是禁止人们的不安全行为。禁止标志的几何图形是带斜杠的圆环,图形背景为白色,圆环和斜杠为红色,图形符号为黑色。《安全标志及其使用导则》(GB 2894—2008)中规定的禁止标志有 40 种,其中常用禁止标志见表 2.1。

表 2.1　常用禁止标志

编号	图形标志	名称	设置范围和地点
1		禁止吸烟 No smoking	有甲、乙、丙类火灾危险物质的场所和禁止吸烟的公共场所等,如:木工车间、油漆车间、沥青车间、纺织厂、印染厂等
2		禁止堆放 No stocking	消防器材存放处、消防通道及车间主通道等

续表 2.1

编号	图形标志	名称	设置范围和地点
3		禁止启动 No starting	暂停使用的设备附近，如：设备检修、更换零件等
4		禁止合闸 No switching on	设备或线路检修时，相应开关附近
5		禁止叉车和厂内机动车辆通行 No access for fork lift trucks and other industrial vehicles	禁止叉车和其他厂内机动车辆通行的场所
6		禁止靠近 No nearing	不允许靠近的危险区域，如：高压试验区、高压线、输变电设备的附近
7		禁止攀登 No climbing	不允许攀爬的危险地点，如：有坍塌危险的建筑物、构筑物、设备旁
8		禁止触摸 No touching	禁止触摸的设备或物体附近，如：裸露的带电体，炽热物体，具有毒性、腐蚀性物体等处
9		禁止戴手套 No putting on gloves	戴手套易造成手部伤害的作业地点，如：旋转的机械加工设备附近

②警告标志的使用是提醒人们对周围环境引起注意,以避免可能发生的危险。警告标志的几何图形是三角形,图形背景是黄色,三角形边框及图形符号均为黑色。《安全标志及其使用导则》(GB 2894—2008)中规定的警告标志有 39 种,其中常用警告标志见表 2.2。

表 2.2 常用警告标志

编号	图形标志	名称	设置范围和地点
1		注意安全 Warning danger	易造成人员伤害的场所及设备等
2		当心触电 Warning electric shock	有可能发生触电危险的电器设备和线路,如:配电室、开关等
3		当心电缆 Warning cable	在暴露的电缆或地面下有电缆处施工的地点
4		当心自动启动 Warning automatic start-up	配有自动启动装置的设备
5		当心机械伤人 Warning mechanical injury	易发生机械卷入、轧压、碾压、剪切等机械伤害的作业地点
6		当心吊物 Warning overhead load	有吊装设备作业的场所,如:施工工地、港口、码头、仓库、车间等
7		当心挤压 Warning crushing	有产生挤压的装置、设备或场所,如自动门、电梯门、车站屏蔽门等
8		当心夹手 Warning hands pinching	有产生挤压的装置、设备或场所,如自动门、电梯门、列车车门等

续表 2.2

编号	图形标志	名称	设置范围和地点
9		当心高温表面 Warning hot surface	有灼烫物体表面的场所
10		当心叉车 Warning fork lift trucks	有叉车通行的场所

③指令标志的作用是强制人们必须做出某种动作或采用防范措施。指令标志的几何图形是圆形，背景为蓝色，图形符号为白色。《安全标志及其使用导则》(GB 2894—2008)中规定的指令标志有 16 种，其中常用指令标志见表 2.3。

表 2.3　常用指令标志

编号	图形标志	名称	设置范围和地点
1		必须戴防护眼镜 Must wear protective goggles	对眼睛有伤害的各种作业场所和施工场所
2		必须戴安全帽 Must wear safety helmet	头部易受外力伤害的作业场所，如：矿山、建筑工地、伐木场、造船厂及起重吊装处等
3		必须戴防护手套 Must wear protective gloves	易伤害手部的作业场所，如：具有腐蚀、污染、灼烫、冰冻及触电等危险的作业地点
4		必须穿防护鞋 Must wear protective shoes	易伤害脚部的作业场所，如：具有腐蚀、灼烫、触电、砸（刺）伤等危险的作业地点
5		必须接地 Must connect an earth terminal to the ground	防雷、防静电场所

④提示标志的作用是向人们提供某种信息(指示目标方向、标明安全设施或场所等)。提示标志的几何图形是长方形,按长短边的比例不同,分为一般提示标志和消防设备提示标志两类。提示标志图形背景为绿色,图形符号及文字为白色。《安全标志及其使用导则》(GB 2894—2008)中规定的提示标志有8种,其中常用提示标志见表2.4。

表2.4 常用提示标志

编号	图形标志	名称	设置范围和地点
1		紧急出口 Emergent exit	便于安全疏散的紧急出口处,与方向箭头结合设在通向紧急出口的通道、楼梯口等处
2		急救点 First aid	设置现场急救仪器设备及药品的地点
3		应急电话 Emergency telephone	安装应急电话的地点
4		紧急医疗站 Doctor	有医生的医疗救助场所

3. 劳动防护用品的正确使用

劳动防护用品是指用人单位为劳动者配备的,使其在劳动过程中免遭或者减轻事故伤害及职业病危害的个体防护装备。在车间作业过程中企业有义务为从业人员配备必要的个人防护用品,工作人员应根据不同的使用场所、工作岗位的要求,正确选择防护用品。使用防护用品时应了解防护用品的功能、性能及正确使用方法。使用个人防护用品前,必

须对其严格检查，损坏或磨损严重的应及时更换。个人防护用品应存放在便于取用的场所，定期检查并妥善进行维护保养。

常用的防护用品如下。

(1)安全帽。

安全帽主要用于防止物体打击伤害或高处坠落的物体伤害头部。

(2)防护眼镜和防护面罩。

防护眼镜和防护面罩主要用于防止异物进入眼睛，防止化学性物品、强光、激光、紫外线和红外线等对眼睛的伤害。

(3)防护鞋。

防护鞋主要用于防止脚部受到物体砸伤或刺割伤害、高低温伤害、酸碱性化学品伤害、触电伤害等。

(4)呼吸防护器。

呼吸防护器根据结构和原理可分为过滤式和送风隔离式两大类，用于阻隔粉尘和有害化学物质。使用呼吸防护器可以预防或减少尘肺病、职业性中毒的发生。

(5)护耳器。

护耳器包括耳塞、耳罩、耳帽，其作用主要是防止噪声危害。

(6)防护手套。

防护手套主要是棉手套，也有由新型橡胶体或聚氨酯塑料浸泡制成的手套，主要防止火与高温、低温的伤害，防止电化学物质的伤害，防止撞击、切割、擦伤、微生物侵害及感染等。

(7)安全带。

安全带主要用于预防作业人员从高处坠落。

2.2　工业机器人的安装与基本操作

2.2.1　标记和使用说明资料

在进行工业机器人安装与操作前，应认真阅读工业机器人厂商所提供的技术资料，按技术资料要求正确操作工业机器人，以免造成工业机器人或人身伤害。在工业机器人或工业机器人系统附有的使用说明材料中，需重点关注以下信息。

(1)调试、编程和重新启动步骤的说明，包括通用需求、地板承载能力、环境条件、可供运输和安装使用的起重点等安装要求。

(2)在第一次使用工业机器人及投入生产前，对工业机器人及其防护系统进行初步测试和检查的说明，包括降速控制的功能测试说明。

(3)安全操作、设置和维护的说明。

(4)关于使能装置数量和操作的信息，以及安装附加装置的说明。

(5)关于解救被机器所困人员的方法指南。

(6)关于确定运动范围和负载能力极限的信息,包括最大质量、工件和工件夹具重心的位置。

2.2.2 机械安装技术要求

1. 工业机器人安装面载荷要求

在进行工业机器人本体安装前,需先确认工业机器人安装位置是否能承受工业机器人运动过程中所产生的耐久性载荷和最大载荷,通常在机器人说明书中会明确给出工业机器人参考基坐标系在 X、Y、Z 三个方向所产生的力和转矩。表 2.5 和图 2.1 为某型号工业机器人产品的安装面载荷信息及其示意图。

表 2.5 某型号工业机器人产品的安装面载荷信息

力	耐久性载荷(操作中)	最大载荷(紧急停止)
X、Y 向力/N	±265	±515
Z 向力/N	−265±200	−265±365
X、Y 向转矩/(N·m)	±195	±400
Z 向转矩/(N·m)	±85	±155

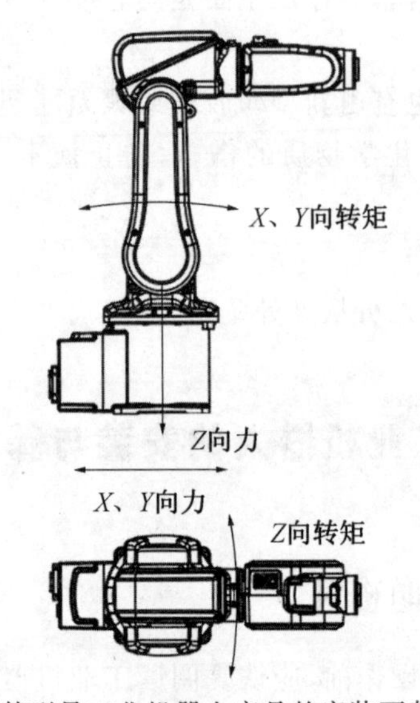

图 2.1 某型号工业机器人产品的安装面载荷示意图

2. 工业机器人基座紧固孔和连接螺栓

通常,工业机器人与安装面之间采用螺栓连接,并通过圆柱销定位;在工业机器人基座上预留有螺栓和销连接孔。表 2.6 和图 2.2 给出了某型号工业机器人产品底座安装面的安装信息及其示意图,其中,4×ϕ12 表示 4 个直径为 ϕ12 mm 的通孔,位置度为 ϕ0.5 mm,用于 4 个M10 mm×25 mm(公称直径×长度)质量等级为 8.8 的螺栓连接,螺栓拧紧力矩为47 N·m,中间添加 4 个 10.5 mm×20 mm×2 mm(内径×外径×厚度)的平垫片;2×ϕ6H8 表示 2 个直径为ϕ6 mm的定位销孔,位置度为 ϕ0.15 mm,用于 2 个 6 mm×20 mm(公称直径×公称长度)的圆柱销定位。

表 2.6　某型号工业机器人产品底座安装面的安装信息表

规格	描述
连接螺栓,4 件	M10 mm×25 mm(在底座上直接安装)
圆柱销,2 件	6 mm×20 mm
平垫片,4 件	10.5 mm×20 mm×2 mm
质量等级	8.8
拧紧力矩/(N·m)	47

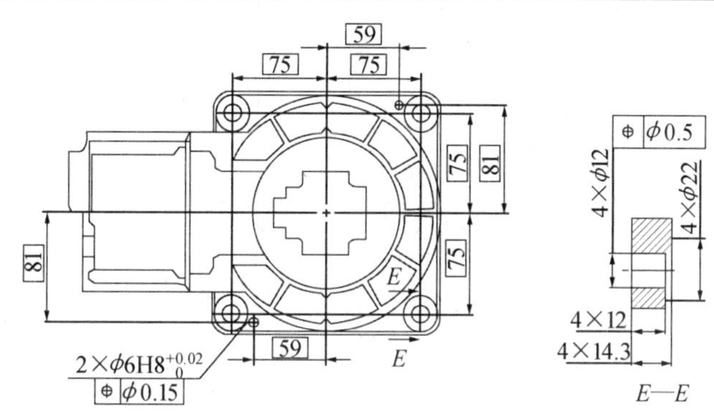

图 2.2　某型号工业机器人产品安装面的安装信息示意图(单位:mm)

3. 工业机器人工具法兰连接

通常,工业机器人末端预留工具法兰,在工具法兰上预留螺钉孔和定位销孔,用于与工业机器人末端执行器的连接。图 2.3 是某型号工业机器人产品末端法兰盘安装面的安装信息,其中,4×M5 表示圆周上均匀分布 4 个 M5 mm 的螺钉孔,位置度为 ϕ0.25 mm,深度为8 mm;ϕ5H7 表示直径为 ϕ5 mm 的定位销孔,位置度为 ϕ0.04 mm;ϕ20H7 表示工具法兰中心预留直径为 ϕ20 mm、深度为 6 mm 的装配孔。

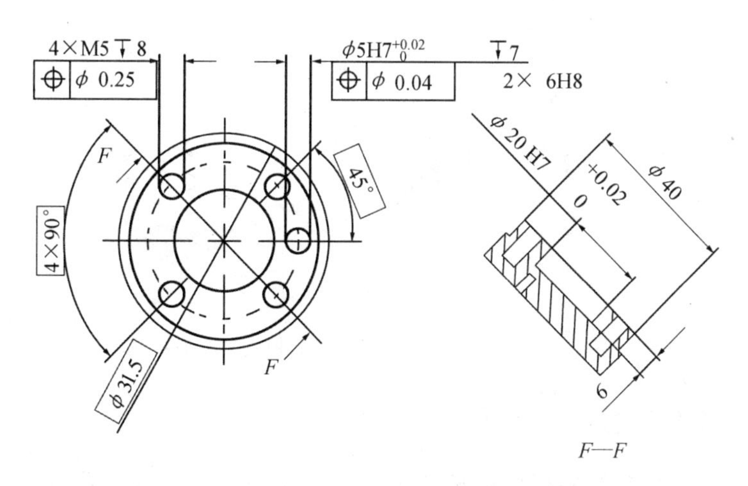

图 2.3　某型号工业机器人产品末端法兰盘安装面的安装信息(单位:mm)

工业机器人末端载荷应该在工业机器人负载曲线的范围内,切勿超过限定载荷。图 2.4 为典型的工业机器人负载曲线。

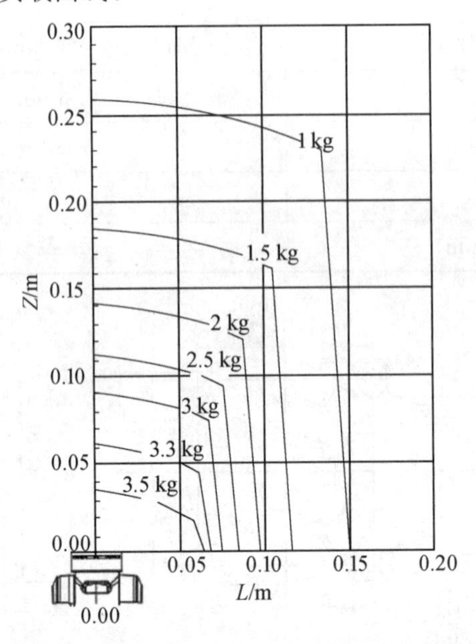

图 2.4　典型的工业机器人负载曲线

4. 工业机器人控制柜的安装

工业机器人控制柜应安装在工业机器人动作范围之外,其安装空间应满足说明书的要求。图 2.5 为某型号工业机器人控制柜安装空间要求,其左右两边各需要 50 mm 的自由空间,同时背面需要 100 mm 的自由空间来确保适当的冷却。切勿将电缆放置在控制器背部的风扇盖上,否则将使检查难以进行并导致冷却不充分。

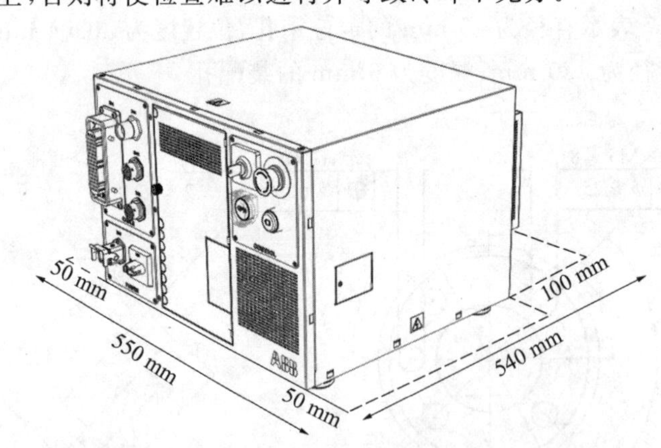

图 2.5　某型号工业机器人控制柜安装空间要求

2.2.3　电气连接技术要求

工业机器人本体与控制柜机械安装完成后,需通过线缆完成工业机器人本体与控制柜、示教器与控制柜之间的电气连接。

现以某型号工业机器人的电气安装过程为例，详细介绍工业机器人电气连接要求。图 2.6 为某型号工业机器人控制器端与本体端的接头/接口。

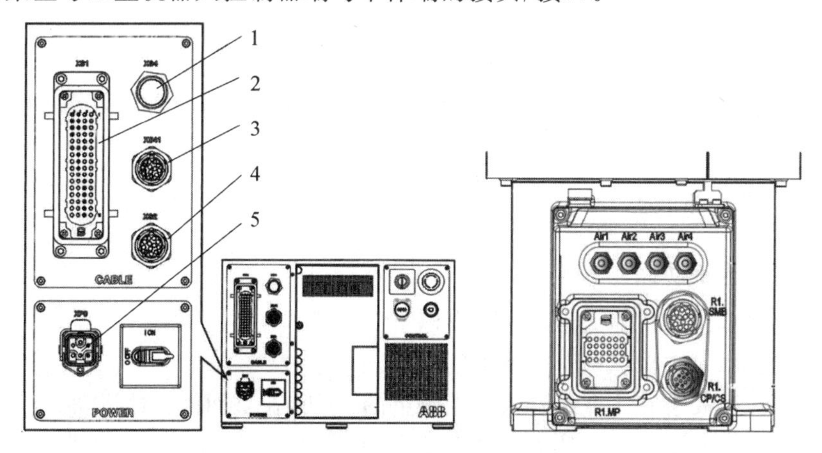

图 2.6　某型号工业机器人控制器端与本体端的接头/接口

1—XS.4 示教器连接器；2—XS.1 工业机器人供电连接器；3—XS.41 附加轴编码器(SMB)连接器；4—XS.2 工业机器人编码器(SMB)连接器；5—XP.0 主电路连接器

1. 电缆的选择

在选择和连接电缆时，需根据信号的类别选用不同类型的电缆，不同类别的信号绝不能混合。表 2.7 给出了工业机器人常用信号类型和采用的电缆类型。

表 2.7　工业机器人常用信号类型和采用的电缆类型

信号类型	描述	电缆类型
动力信号	为外部电动机和制动闸提供电源	截面面积至少为 0.75 mm^2 的屏蔽型电缆
控制信号	数字操作和数据信号(数字 I/O，安全停止等)	屏蔽型电缆
测量信号	模拟测量和控制信号(分解器和模拟 I/O)	屏蔽型双绞线电缆
数据通信信号	网关(现场总线)连接，计算机链路	屏蔽型双绞线电缆。现场总线和以太网连接时，应根据相应总线的标准规格使用特定电缆

2. 将工业机器人本体连接至控制器

将工业机器人本体动力电缆一端连接到工业机器人本体基座上的连接器插座 R1.MP，另一端连接到控制器操作面板上的工业机器人供电连接器 XS.1。

将工业机器人本体编码器(SMB)电缆一端连接到机器本体基座上连接器插座 R1.SMB，另一端连接到控制器操作面板上的机器人编码器(SMB)连接器 XS.2。

3. 将电源连接至控制器

将电源电缆从电源连接到控制器前面板上的主电路连接器XP.0。

4. 将示教器连接至控制器

将示教器电缆连接器插入控制器操作面板上的示教器连接器XS.4,顺时针旋转连接器的锁环,将其拧紧。

2.2.4 基本操作

1. 工业机器人手动操作

通常手动操作工业机器人运动一共有以下3种模式。

(1)单轴运动:每次操纵一个关节轴的运动。

(2)线性运动:安装在工业机器人法兰盘上的TCP,在空间做线性运动。

(3)重定位运动:安装在机器人法兰盘上的TCP,在空间绕坐标轴旋转运动,也可以理解为工业机器人绕着TCP做姿态调整的运动。

下面以某型号工业机器人的手动操作为例,介绍其手动操作步骤。

(1)打开工业机器人电源总开关。

(2)将工业机器人状态切换到手动状态。

(3)在工业机器人示教器状态栏中,确认工业机器人的状态已切换为“手动”。

(4)在工业机器人示教器中选择“手动操作”。

(5)单击“动作模式”,根据操作要求选择单轴运动、线性运动或重定位运动。若选择线性运动或重定位运动,则需指定工具坐标系。

(6)按下使能开关,确认工业机器人电动机上电,操作操纵杆或各轴运动按钮,可控制工业机器人完成相应动作。

(7)松开使能开关,工业机器人停止运动。

2. 工业机器人自动操作

下面以某型号工业机器人的自动操作为例,介绍工业机器人自动操作过程。

(1)在工业机器人自动运行前,需先对程序在手动状态下确认运动是否正确。

①打开工业机器人电源总开关。

②将控制柜上工业机器人状态切换到手动状态。

③在工业机器人示教器状态栏中,确认工业机器人的状态已切换为“手动”。

④在工业机器人示教器中选择“手动操作”。

⑤在工业机器人示教器中选择要运行的程序。

⑥将程序指针指向主程序的第一句指令。

⑦按下使能开关,确认工业机器人电动机上电,按下“单步向前”或“程序启动”按钮,小心观察机器人的移动。

⑧程序运行结束,在按下“程序停止”键、工业机器人运动停止后,才可以松开使能开关。

(2)在手动状态下完成了确认运动后,就可以将工业机器人系统设置为自动运行状态。

①将工业机器人状态切换到自动状态。

②在示教器上单击“确定”，确认状态的切换。

③将程序指针指向主程序的第一句指令。

④按下电动机“上电”按钮，电动机上电。

⑤按下“程序启动”按钮，这时观察到程序已在自动运行过程中。

⑥单击“速度”按钮可以设定程序中工业机器人运动的速度。

3. 紧急停止

机器人控制器和示教器上都设置有紧急停止按钮，如图 2.7 所示。

从紧急停止状态恢复至正常操作状态，如图 2.8 所示。

图 2.7　紧急停止按钮

图 2.8　紧急停止按钮解除

2.3　工业机器人安全操作要求

2.3.1　工业机器人的运行特点

工业机器人的运行特点与其他机器和设备的运行特点有明显的不同之处：

(1)工业机器人能够在大操作空间进行高能量运动。

(2)根据不同的操作要求，工业机器人机械臂的初始运动和路径不确定且可以改变。

(3)工业机器人的操作空间可能会和其他工业机器人的操作空间或其他机器及相关设备的工作区发生部分重叠。

2.3.2　工业机器人操作过程常见危险

1. 机械危险

(1)工业机器人安装时，由于连接不当或螺栓未拧紧，引起的工业机器人倾倒。

(2)工业机器人负载安装不当或运行中由于振动引起连接松动，导致工业机器人负载脱落。

(3)工业机器人连接线缆处理不当引起操作人员绊倒或发生缠绕。

(4)工业机器人运动过程中与人员或周边设备发生撞击。

(5)工业机器人运动时，旋转或运动部件与操作人员头发或衣服发生缠绕。

2. 电气危险

(1)工业机器人安装工作中,由于连接电路操作不当引起的操作人员与带电部件接触。

(2)电气柜和终端的不同电压混淆,如驱动电源、控制电源(24 V与110 V),导致操作人员触电。

(3)工业机器人停止运行后,控制器内储存的电量未完全释放,发生电击。

3. 其他危险

(1)工业机器人运行后,操作人员与电动机等发热部件接触,导致烫伤。

(2)控制装置出现故障,导致工业机器人制动器松开,工业机器人发生意外移动。

(3)由于电磁场干扰或能源波动导致工业机器人控制系统产生不可预测的行为。

(4)由于区域照明不足,导致危险和对危险情况的识别变得模糊不清。

(5)人机界面单元放置太高或太低,不便于查看。

(6)机械臂过载,导致机械部件断裂或弯曲。

2.3.3 工业机器人常用安全警示标志

工业机器人常用安全警示标志见表2.8。

表2.8 工业机器人常用安全警示标志

安全标志	标志含义
	危险:如果不依照说明操作,就会发生事故,并导致严重或致命的人员伤害和/或严重的产品损坏。该标志适用于以下险情:触碰高压电气装置、爆炸或火灾、含有有毒气体、压轧、撞击和从高处跌落等
	警告:如果不依照说明操作,可能会发生事故,造成严重的伤害(可能致命)和/或重大的产品损坏。该标志适用于以下险情:触碰高压电气单元、爆炸、火灾、吸入有毒气体、挤压、撞击、高空坠落等
	小心:如果不依照说明操作,可能会发生能造成伤害和/或产品损坏的事故。该标志适用于以下险情:灼伤、眼部伤害、皮肤伤害、听力损伤、挤压、滑倒、跌倒、撞击、高空坠落等。此外,它还适用于某些涉及功能要求的警告消息,即在装配和移除设备过程中出现有可能损坏产品或引起产品故障的情况时,就会采用这一标志
	注意:描述重要的事实和条件

续表 2.8

安全标志	标志含义
	提示:描述从何处查找附加信息或如何以更简单的方式进行操作
	电击:针对可能会导致严重的人身伤害或死亡的电气危险的警告
	静电放电(ESD):针对可能会导致产品严重损坏的电气危险的警告
	高温表面:在运行机器人时,可能达到可导致烫伤的表面温度。注意:戴防护手套
危险 机器人工作时, 禁止进入机器人工 作范围。 ROBOT OPERATING AREA DO NOT ENTER	危险:机器人工作时,禁止进入机器人工作范围
WARNING ROTATING HAZARD CAN CAUSE SEVERE INJURY, TURN POWER OFF AND LOCK-OUT POWER BEFORE INSPECTION OR SERVICE. 警 告 转动危险 可导致严重伤害，维护保养 前必须断开电源并锁定。	警告:转动危险,可导致严重伤害,维护保养前必须断开电源并锁定
IMPELLER BLADE HAZARD 警告:叶轮危险 检修前必须断电	警告:叶轮危险,检修前必须断电
WARNING SC REW HAZARD 警告:螺旋危险 检修前必须断电	警告:螺旋危险,检修前必须断电

续表 2.8

安全标志	标志含义
ROTATING SHAFT HAZARD 警告:旋转轴危险 保持远离,禁止触摸	警告:旋转轴危险,保持远离,禁止触摸
ENTANGLEMENT HAZARD 警告:卷入危险 保持双手远离	警告:卷入危险,保持双手远离
PINCH POINT HAZARD 警告:夹点危险 移除护罩禁止操作	警告:夹点危险,移除护罩,禁止操作
SHARP BLADE HAZARD 警告:当心伤手 保持双手远离	警告:当心伤手,保持双手远离
MOVING PART HAZARD 警告:移动部件危险 保持双手远离	警告:移动部件危险,保持双手远离
ROTATING PART HAZARD 警告:旋转装置危险 保持远离,禁止触摸	警告:旋转装置危险,保持远离,禁止触摸
MUST BE LUBRICATED PERIODICALLY 注意: 按要求定 期加注机油	注意:按要求定期加注机油
MUST BE LUBRICATED PERIODICALLY 注意: 按要求定 期加注润滑油	注意:按要求定期加注润滑油
MUST BE LUBRICATED PERIODICALLY 注意: 按要求定 期加注润滑脂	注意:按要求定期加注润滑脂

续表 2.8

安全标志	标志含义
	挤压:挤压伤害风险
	储能警告:此部件蕴含储能,与不得拆卸标志一起使用
	不得拆卸:拆卸此部件可能会导致伤害
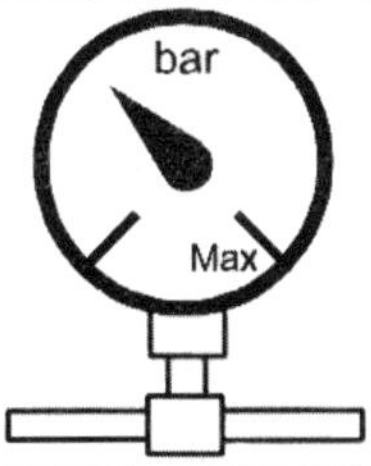	压力:警告此部件承受了压力。通常另外印有文字,标明压力大小
	制动闸释放:按此按钮将会释放制动闸,意味着操纵臂可能会掉落
	禁止拆解警告标记
	禁止踩踏警告标志
	请参阅用户文档

2.3.4 安全操作规程

1. 工作人员要求

对工业机器人操作人员进行分类管理,应明确各类工作人员的工作任务和权限。

(1)普通操作者。

普通操作者主要负责打开和关闭系统、开始和停止机器人程序以及从警报状态恢复系统。工业机器人工作过程中,应禁止普通操作者进入由安全护栏封闭的区域进行相应操作。

(2)程序员或示教操作者。

程序员或示教操作者主要负责示教机器人、调整外围设备和其他必须在由安全护栏封闭的区域内进行的工作。程序员或示教操作者必须接受专门的工业机器人课程培训。

(3)维护工程师。

维护工程师主要负责修理和维护工业机器人。维护工程师必须接受专门的工业机器人课程培训。

2. 工业机器人工作环境要求

在使用工业机器人时应提供安全护栏以及其他的安全措施。未经许可,非操作人员不能擅自进入工业机器人工作区域。

工业机器人有以下使用禁忌。

(1)禁止在易燃环境中使用工业机器人。

(2)禁止在易爆环境中使用工业机器人。

(3)禁止在放射性环境中使用工业机器人。

(4)禁止在十分潮湿的环境中使用工业机器人。

(5)禁止使用工业机器人搭载人或动物。

(6)禁止攀爬或悬挂于工业机器人之下。

3. 工业机器人示教和手动操作要求

(1)示教时请勿戴手套,应使用手指或触摸笔去操作示教器触摸屏,切勿使用锋利的物体(例如螺钉旋具或笔尖)操作触摸屏。

(2)不要摔打、抛掷或重击示教器,否则会导致破损或故障。在不使用示教器时,将其挂到专门存放它的支架上,以防止意外掉落。

(3)示教器使用和存放时应避免被人踩踏电缆。

(4)定期清洁触摸屏。灰尘和小颗粒可能会挡住屏幕,造成故障。

(5)示教前需仔细确认示教器的安全保护装置是否能够正常工作,如“急停键”“安全开关”等。

(6)示教操作应在手动减速模式下进行,工业机器人速度应限制在 250 mm/s 以下。

(7)要预先考虑好避让工业机器人的运动轨迹,并确认该路径不受干扰,避免工业机器人碰撞到周边物体等。

(8)在察觉到危险时,立即按下“急停键”,停止工业机器人运转。

4. 工业机器人再现和生产运行要求

(1)工业机器人切换到自动模式前，需先在示教模式下将作业程序完整运行一遍，确认工业机器人动作无误。

(2)工业机器人切换到自动模式前，应该确认没有人在安全护栏区内。

(3)工业机器人处于自动模式时，严禁人员进入工业机器人本体动作范围。

(4)必须知晓所有能影响工业机器人移动的开关、传感器和控制信号的位置和状态。

(5)必须知晓工业机器人控制器和外围控制设备上的“急停键”的位置，准备在紧急情况下按下这些按钮。

(6)在进入安全护栏区内时，应确认工业机器人程序运行完毕，工业机器人处于停止状态。

(7)工业机器人电动机长期运转后温度可能会很高，应注意工件和工业机器人系统的高温表面，避免烫伤。

5. 工业机器人维护要求

(1)进行工业机器人的安装、维修和保养时切记要将总电源关闭，带电作业可能会产生致命性后果。

(2)在对气动系统进行维护前，应关闭供压系统，并且排放管道内的气体，使气压降至环境气压。

(3)维护时应注意液压、气压系统以及带电部件。即使断电，这些电路上的残余电量也很危险。

(4)当要进入由安全护栏封闭的区域时，维护工人应该检查整个系统，确认没有危险位置。

(5)在调试与运行工业机器人时可能会执行一些意外的或不规范的运动，需要时刻警惕并与工业机器人保持足够的安全距离。

(6)搬运部件或部件容器时，人员应做好静电放电防护，避免由于传导大量的静电荷而损坏敏感的电子设备。

(7)当移除一个电动机或制动器时，应使用起重机或其他设备预先支撑工业机器人的机械臂，避免装卸过程中机械臂坠落。

(8)当拧动电动机、制动器或其他重的负载时，应使用起重机或其他装备保护维护工人不承受过量负载。否则，维护工人可能会受到严重伤害。

(9)发生火灾时，请确保全体人员安全撤离后再行灭火。应首先处理受伤人员。当电气设备(例如机器人或控制器)起火时，应使用二氧化碳灭火器，切勿使用水或泡沫灭火。

2.3.5　危险工况处置

1. 紧急停止

工业机器人控制器和示教器上都设置有紧急停止按钮，出现下列情况时请立即按下任意紧急停止按钮。

(1)工业机器人运行时，其机械臂作业区域内有工作人员。

(2)机械臂伤害了工作人员或损伤了机器设备。

如需关闭主电源开关,为确保控制器完全断电,所有模块上的主电源开关都必须关闭。

从紧急停止状态恢复至正常操作状态,需按照以下步骤操作。

(1)确保已经排除所有危险。

(2)定位并重置引起紧急停止状态的设备。

(3)按下电动机"开"按钮,从紧急停止状态恢复正常操作状态。

2.解救受困于机器人机械臂的工作人员

如果工作人员受困于机器人的机械臂,必须解救该人员以免其进一步受伤。从机器人的机械臂下解救受困人员需按照以下步骤。

(1)按下任意紧急停止按钮。

(2)确保受困人员不会因解救操作进一步受伤。

(3)移动工业机器人以解救受困人员。如果需要释放工业机器人制动闸,先确保机械臂质量不会增加对受困人员的压力进而增加任何受伤风险。释放工业机器人制动闸后将可能手动移动的小型工业机器人手动移开,对于大型工业机器人需要使用高架起重机或类似设备移开。释放制动闸前请确定已准备好适合的设备。

(4)解救受困人员并给予医疗。

(5)确保工业机器人工作车间已清空,无人员受伤风险。

第3章

工业机器人标准

3.1 标准化组织概况

3.1.1 国际标准化组织

目前，国际上与工业机器人相关的标准化组织主要有国际标准化组织(International Organization for Standardization，ISO)和国际电工委员会(International Electrotechnical Commission，IEC)。

1. 国际标准化组织

ISO是最早进行工业机器人标准化研究的国际标准化组织。目前，ISO的工业机器人相关国际标准制定主要由机器人标准化技术委员会(ISO/TC 299)负责。其工作范围包括除了军用和玩具之外的所有机器人。

ISO/TC 299共有7个工作组，其组织结构图如图3.1所示，其中WG1针对机器人词汇和特性相关标准开展工作，WG3针对工业机器人安全相关标准开展工作。

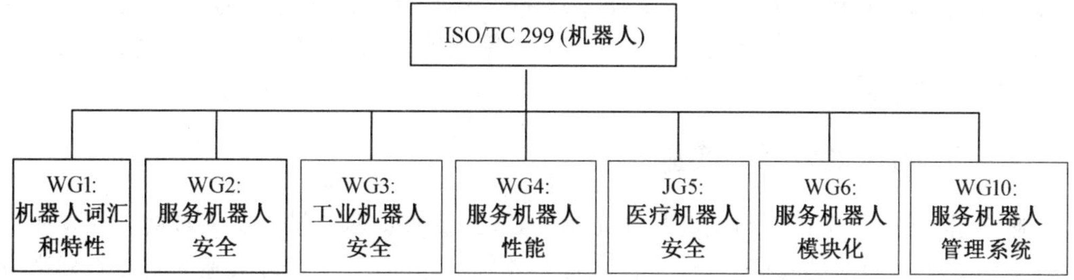

图3.1　ISO/TC 299工作组组织结构图

2. 国际电工委员会

IEC制定的标准主要涉及家用服务机器人的安全和性能、工业机器人的功能安全和医疗机器人等方面。标准化工作主要由IEC/TC 59、IEC/TC 61、IEC/TC 62、IEC/TC 116技术委员会承担。

2015年6月,IEC标准管理局同意成立机器人技术应用顾问委员会(Advisory Committee on Applications of Robot Technology,ACART),主要任务包括:

(1)协调机器人技术的共性因素,如术语、符号等。

(2)制定指南,提出制定机器人技术相关产品标准的关键因素。

(3)促进IEC和ISO在机器人技术方面的协作。

(4)解决标准重复问题,提出避免未来IEC和ISO内部及之间工作重复的程序。

(5)与IEC合格评定局(Conformity Assessment Board, CAB)紧密协作。

3.1.2 国家机器人标准化组织

2015年9月,我国国家标准化管理委员会批准成立国家机器人标准化总体组。总体组负责拟定我国机器人标准化战略和推进措施,制定我国机器人标准体系框架,协调我国机器人相关国家标准的技术内容和技术归口,组织开展机器人基础共性等相关国家标准制定、国际标准化和标准应用实施等工作。总体组汇集了国内16个相关的全国专业标准化技术委员会,其中自动化与集成标准化委员会下设的机器人与机器人相关设备分技术委员会(SAC/TC159/SC2)主要负责制定工业机器人标准。

3.2 标准检索与使用

3.2.1 标准检索

(1)对于ISO标准,可在ISO标准化组织发布的网站(现网址:https://www.iso.org/standards.html)通过标准号等信息进行检索查询。

(2)对于IEC标准,可在IEC标准化组织发布的网站(现网址:https://webstore.iec.ch/home)通过标准号、关键字等进行检索查询。

(3)在我国,对于国标(GB)检索有多重途径,其中一个途径在"国家标准全文公开系统"网站(现网址:http://openstd.samr.gov.cn/bzgk/gb/)通过标准号等信息进行检索查询。"国家标准全文公开系统"网站由我国国家标准化管理委员会发布,具有权威、及时、便捷、免费的特点。

3.2.2 标准的发布与实施

通常,标准的发布日期与实施日期是不一致的,发布日期要早于实施日期。在发布日期和实施日期之间的过渡期间,仍执行现行有效版本标准,已发布待实施的新版本标准应做好宣贯,为其有效实施做技术准备。新发布的标准实施后即为现行有效状态,废止之前

版本的标准。

3.3 工业机器人领域现行标准

3.3.1 国际标准

截至 2021 年 5 月，ISO/TC 299 发布的国际标准（ISO）和指导性技术文件（TR）共有 24 项，其中和工业机器人相关的标准见表 3.1。

表 3.1 ISO/TC 299 发布的工业机器人相关标准

序号	标准号	标准名称
1	ISO 8373:2012	*Robots and robotic devices — Vocabulary*
2	ISO 9283:1998	*Manipulating industrial robots — Performance criteria and related test methods*
3	ISO 9409-1:2004	*Manipulating industrial robots — Mechanical interfaces — Part 1: Plates*
4	ISO 9409-2:2002	*Manipulating industrial robots — Mechanical interfaces — Part 2: Shafts*
5	ISO 9787:2013	*Robots and robotic devices — Coordinate systems and motion nomenclatures*
6	ISO 9946:1999	*Manipulating industrial robots — Presentation of characteristics*
7	ISO 10218-1:2011	*Robots and robotic devices — Safety requirements for industrial robots — Part 1: Robots*
8	ISO 10218-2:2011	*Robots and robotic devices — Safety requirements for industrial robots — Part 2: Robot systems and integration*
9	ISO 11593:1996	*Manipulating industrial robots — Automatic end effector exchange systems — Vocabulary and presentation of characteristics*
10	ISO/TR 13309:1995	*Manipulating industrial robots — Informative guide on test equipment and metrology methods of operation for robot performance evaluation in accordance with ISO 9283*
11	ISO 14539:2000	*Manipulating industrial robots — Object handling with grasp-type grippers — Vocabulary and presentation of characteristics*
12	ISO/TS 15066:2016	*Robots and robotic devices — Collaborative robots*
13	ISO/TR 20218-1:2018	*Robotics — Safety design for industrial robot systems — Part 1: End-effectors*
14	ISO/TR 20218-2:2017	*Robotics — Safety design for industrial robot systems — Part 2: Manual load/unload stations*

3.3.2 国家标准

国家机器人标准化总体组制定了我国机器人标准体系框架,协调我国机器人相关国家标准的技术内容和技术归口,组织开展机器人基础共性等相关国家标准制定、国际标准化和标准应用实施等工作。

我国的机器人标准体系从两个维度进行构建。

(1)一个维度是按照机器人的类型划分,分别为:

①工业机器人相关标准。

②个人/家用服务机器人相关标准。

③专业(特种)服务机器人相关标准。

④医疗服务机器人相关标准。

⑤公共服务机器人相关标准。

(2)一个维度是以技术与应用为主要原则进行区分,包括:

①名词术语和分类:机器人的名词、术语、分类和定义方面的标准。

②性能及检测方法:机器人的性能要求标准和性能检测方法类标准,包括通用技术条件、性能试验方法、检验规则和实施规范等标准。

③安全及检测方法:机器人的安全要求和试验方法标准,包括电气安全要求、机械安全要求、总体安全要求、安全试验方法和实施规范等标准。

④功能安全及检测方法:机器人的功能安全要求、功能安全试验方法及评估方法等标准。

⑤信息安全及检测方法:机器人的信息安全要求、信息安全测试方法等标准。

⑥电磁兼容及检测方法:机器人的电磁兼容及其试验方法标准,包括电磁兼容、电磁抗扰度、电磁发射、试验方法和实施规范等标准。

⑦可靠性及检测方法:机器人的可靠性要求、试验方法、评估指南等标准。

⑧噪声及检测方法:机器人的噪声要求及检测标准、试验方法、实施规范等标准。

⑨节能及检测方法:机器人的能耗、能效要求及其试验和评估方法等标准。

⑩环境适应性和环境保护:环境适应性标准是指机器人对气候环境、生物环境、化学环境、机械环境和特殊环境的适应性要求、试验方法和实施规范等标准。环境保护标准规定了机器人在研发、生产、制造、应用和报废等全生命周期过程中,在环境保护方面的要求,并规范了如何评价机器人对环境产生的影响。

⑪接口和可易性:机器人内部设备之间、机器人与外部设备之间的接口和可替换能力的通用要求、试验方法和实施规范等标准。接口包括机械接口、电气接口和软件接口。

⑫模块化:机器人模块化的通用要求,包括软件和硬件模块化要求和评价方法等标准。

⑬通信与数据交换:机器人与机器人、机器人与其他自动化系统的通信和数据交换类标准。

⑭人机交互:人机交互指人与机器人、工作环境与机器人之间的信息交换性能,其标准包含人机界面、语音交互、视觉识别、触觉感知、情感计算以及其他机器人领域应用的人

工智能方面的标准。

⑮设计和框架：机器人设计要求和指导类标准，以及机器人本体和系统的框架类标准。

⑯软件：机器人软件类标准，包括控制器程序、界面程序等方面的软件要求、检测和评估类标准。

⑰核心零部件：机器人核心零部件标准，包括控制器、高精密减速器、伺服电动机及驱动器、传感器、电池等核心零部件标准。

⑱售后：机器人售后服务类标准，在确实必要时可制定。

我国的工业机器人领域标准中，有的标准是在等效采用的国际标准基础上进行修订，有的标准是自主制定，其中部分工业机器人领域的现行标准见表3.2。

表3.2　我国部分工业机器人领域的现行标准

序号	标准号	标准名称	对应国际标准号
1	GB/T 16977—2019	《机器人与机器人装备　坐标系和运动命名原则》	ISO 9787:2013
2	GB/T 12644—2001	《工业机器人　特性表示》	ISO 9946:1999
3	GB/T 17887—1999	《工业机器人　末端执行器自动更换系统词汇和特性表示》	ISO 11593:1996
4	GB/T 19400—2003	《工业机器人　抓握型夹持器物体搬运　词汇和特性表示》	ISO 14539:2000
5	GB/T 12642—2013	《工业机器人　性能规范及其试验方法》	ISO 9283:1998
6	GB/T 20868—2007	《工业机器人　性能试验实施规范》	—
7	GB/T 20722—2006	《激光加工机器人　通用技术条件》	—
8	GB/T 20723—2006	《弧焊机器人　通用技术条件》	—
9	GB/T 14283—2008	《点焊机器人　通用技术条件》	—
10	GB/T 14468.1—2006	《工业机器人　机械接口　第1部分：板类》	ISO 9409-1:2004
11	GB/T 14468.2—2006	《工业机器人　机械接口　第2部分：轴类》	ISO 9409-2:2002
12	GB 11291.1—2011	《工业环境用机器人　安全要求　第1部分：机器人》	ISO 10218-1:2006
13	GB 11291.2—2013	《机器人与机器人装备　工业机器人的安全要求　第2部分：机器人系统与集成》	ISO 10218-2:2011
14	GB/T 36008—2018	《机器人与机器人装备　协作机器人》	ISO/TS 15066:2016
15	GB/T 5226.7—2020	《机械电气安全　机械电气设备　第7部分：工业机器人技术条件》	—
16	GB/T 38326—2019	《工业、科学和医疗机器人　电磁兼容　抗扰度试验》	—
17	GB/T 38336—2019	《工业、科学和医疗机器人　电磁兼容　发射测试方法和限值》	—

续表 3.2

序号	标准号	标准名称	对应国际标准号
18	GB/T 20867—2007	《工业机器人　安全实施规范》	—
19	GB/T 29824—2013	《工业机器人　用户编程指令》	—
20	GB/T 33262—2016	《工业机器人模块化设计规范》	—
21	GB/T 34884—2017	《滚动轴承　工业机器人谐波齿轮减速器用柔性轴承》	—
22	GB/T 34897—2017	《滚动轴承　工业机器人 RV 减速器用精密轴承》	—
23	GB/T 37414.1—2019	《工业机器人电气设备及系统　第 1 部分：控制装置技术条件》	—
24	GB/T 38559—2020	《工业机器人力控制技术规范》	—
25	GB/T 38560—2020	《工业机器人的通用驱动模块接口》	—
26	GB/T 37414.2—2020	《工业机器人电气设备及系统　第 2 部分：交流伺服驱动装置技术条件》	—
27	GB/T 37414.3—2020	《工业机器人电气设备及系统　第 3 部分：交流伺服电动机技术条件》	—
28	GB/T 38642—2020	《工业机器人生命周期风险评价方法》	—
29	GB/T 38872—2020	《工业机器人与生产环境通信架构》	—
30	GB/T 38873—2020	《分拣机器人通用技术条件》	—
31	GB/T 38890—2020	《三自由度并联机器人通用技术条件》	—
32	GB/T 39266—2020	《工业机器人机械环境可靠性要求和测试方法》	—
33	GB/T 39360—2020	《工业机器人控制系统性能评估与测试》	—
34	GB/T 39401—2020	《工业机器人云服务平台数据交换》	—
35	GB/T 39402—2020	《面向人机协作的工业机器人设计规范》	—
36	GB/T 39404—2020	《工业机器人控制单元的信息安全通用要求》	—
37	GB/T 39406—2020	《工业机器人可编程控制器软件开发平台程序的 XML 交互规范》	—
38	GB/T 39407—2020	《研磨抛光机器人系统　通用技术条件》	—
39	GB/T 39408—2020	《电子喷胶机器人系统　通用技术条件》	—
40	GB/T 39463—2020	《工业机器人电气设备及系统　通用技术条件》	—
41	GB/T 39561.5—2020	《数控装备互联互通及互操作　第 5 部分：工业机器人对象字典》	—

续表 3.2

序号	标准号	标准名称	对应国际标准号
42	GB/T 39561.7—2020	《数控装备互联互通及互操作　第 7 部分：工业机器人测试与评价》	—
43	GB/T 39633—2020	《协作机器人用一体式伺服电动机系统通用规范》	—
44	GB/T 39134—2020	《机床工业机器人数控系统　编程语言》	—
45	GB/T 39004—2020	《工业机器人电磁兼容设计规范》	—
46	GB/T 39005—2020	《工业机器人视觉集成系统通用技术要求》	—
47	GB/T 39006—2020	《工业机器人特殊气候环境可靠性要求和测试方法》	—
48	GB/T 39007—2020	《基于可编程控制器的工业机器人运动控制规范》	—

3.4　工业机器人标准的制定与修订

国家标准的制定与修订主要由全国专业标准化技术委员会(Technical Committees，TC)负责。TC 是由国家标准化管理委员会批准组建，在一定专业领域内从事全国性标准化工作的技术组织，主要承担国家标准的起草和技术审查等标准化工作。专业领域较宽的技术委员会可以下设分技术委员(Subcommittee，SC)。

我国国家标准的制定和修订程序与 ISO、IEC 国际标准的程序基本相同，主要分为 9 个阶段，即预研、立项、起草、征求意见、审查、发布、出版、复审、废止。

第 4 章

工业机器人整机质量要求与检测方法

4.1 工业机器人运动性能要求及检测方法

4.1.1 标准应用

在工业机器人运动性能检测方面，*Manipulating industrial robots—Performance criteria and related test methods*(ISO 9283:1998)详细定义了工业机器人运动性能的 14 项性能指标及其计算方法。《工业机器人　性能规范及其试验方法》(GB/T 12642—2013)采用翻译法，等同采用 *Manipulating industrial robots—Performance criteria and related test methods*(ISO 9283:1998)标准。该国家标准定义了工业机器人重要的运动性能指标，说明了这些指标应如何给定，并推荐了试验方法，另外还指出了哪些特性是对工业机器人运动性能起显著影响的性能指标。作为《工业机器人　性能规范及其试验方法》(GB/T 12642—2013)标准的补充，国家标准化组织还制定了《工业机器人　性能试验实施规范》(GB/T 20868—2007)。此标准提供了制造商和用户等使用《工业机器人　性能规范及其试验方法》(GB/T 12642—2013)对工业机器人进行试验时的实施细则和操作步骤。

《工业机器人　性能规范及其试验方法》(GB/T 12642—2013)规定了工业机器人运动性能指标及其检测方法，包括：

(1)位姿准确度和位姿重复性。

(2)多方向位姿准确度变动。

(3)距离准确度和距离重复性。

(4)位置稳定时间。

(5)位置超调量。

(6)位姿特性漂移。

(7)互换性。

(8)轨迹准确度和轨迹重复性。

(9)重复定向轨迹准确度。

(10)拐角偏差。

(11)轨迹速度特性。

(12)最小定位时间。

(13)静态柔顺性。

(14)摆动偏差。

4.1.2　检测用仪器设备

1.常用检测方法

根据国际工业机器人性能检测和评估标准 *Manipulating industrial robots—Porformance criteria and related test methods*(ISO 9283:1998)和国家标准《工业机器人性能规范及其试验方法》(GB/T 12642—2013)对工业机器人运动性能检测的要求，工业机器人运动性能检测方法根据测量原理可分为试验探头法、轨迹比较法、三边测量法、极坐标测量法、三角测量法、惯性测量法、坐标测量法和轨迹描述法。

根据检测用仪器设备的不同，现有常用的检测方法如下。

(1)激光跟踪仪测量法。

激光跟踪仪作为一种高精度便携式的三坐标检测设备，以其快捷、简便、精确、可靠的特点而被广泛地应用到机械行业当中。利用激光跟踪仪作为检测工具，既能保证检测精度，又能简化检测过程。其检测原理(图4.1)为：跟踪头发出的激光对目标反射器进行跟踪，通过仪器的双轴测角系统及激光干涉测距(或红外绝对测距)系统确定目标反射器在球坐标系中的空间坐标，并通过仪器自身的校准参数和气象传感器对系统内部的系统误差和大气环境误差进行补偿，从而得到更精确的空间坐标。

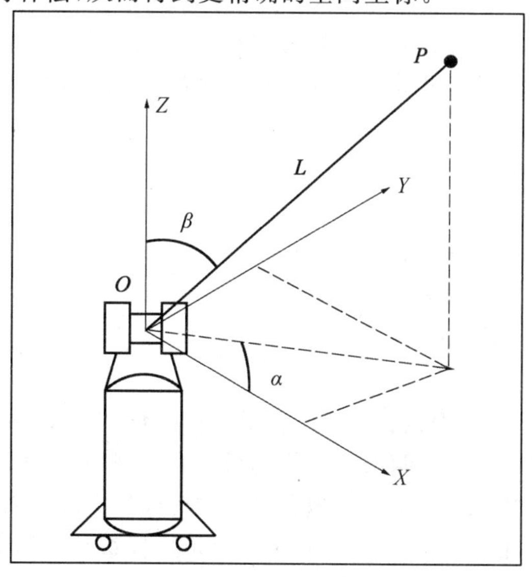

图4.1　激光跟踪仪测量法的检测原理

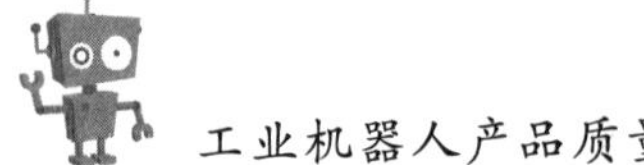

目前，激光跟踪仪的主要生产厂商和代表型号有美国自动精密工程公司（API）的Radian 系列激光跟踪仪，瑞典海克斯康测量技术有限公司的 Leica AT960 激光跟踪仪和美国法如科技的激光跟踪仪。

其中，Leica AT960 激光跟踪仪的主要性能指标如下：

①测量半径不小于 20 m/s。

②跟踪速度不小于 6 m/s。

③采样频率不小于 1 000 Hz。

④空间测量精度优于(15±6) μm/s。

⑤可以自动识别靶标，测量时操作者可将注意力集中在待测物上，而不必担心断光、接光问题的出现。

(2)钢索式测量法。

钢索式测量法的检测原理(图 4.2)是机器人末端连接从 3 个固定供索器拉出的 3 根钢索，使用电位计或编码器计算 3 根钢索的长度，从而达到计算机器人末端位置的目的。

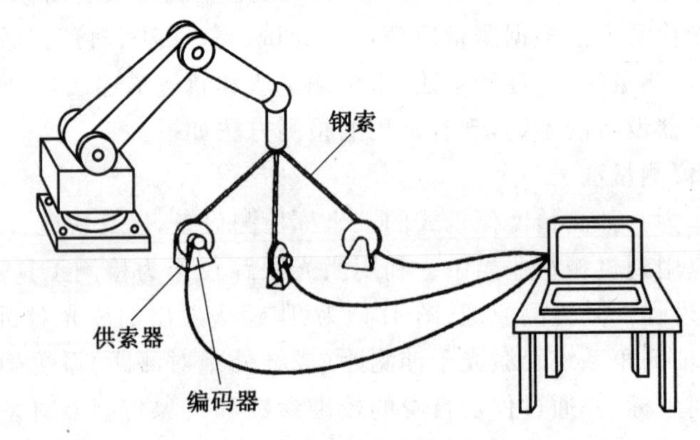

图 4.2　钢索式测量法的检测原理

目前，采用钢索式测量法的检测设备为 Dynalog 公司的 Compu Gauge 系统，该系统采用 4 根钢索进行冗余测量，可进行工业机器人静态和动态六维性能指标的测量，其主要性能指标为：

①分辨率小于 0.01 mm。

②测量重复性小于 0.02 mm。

③测量空间为 1.5 m×1.5 m×1.5 m。

④采样频率可达 1 000 Hz。

⑤跟踪速度不小于 5 m/s。

(3)结构光测量法。

结构光测量法的检测原理(图 4.3)是利用合作靶标的十字图案定义靶标坐标系，相机坐标系作为视觉测量坐标系，两条线结构光照射合作靶标平面，基于三角测量原理，获得两条结构光的三维空间坐标，进一步拟合出合作靶标的空间平面，同时在图像上提取十字图案作为靶标坐标系的空间特征。计算视觉测量坐标系与靶标坐标系之间的位置和姿态变换关系，获得两者之间的六维位姿。

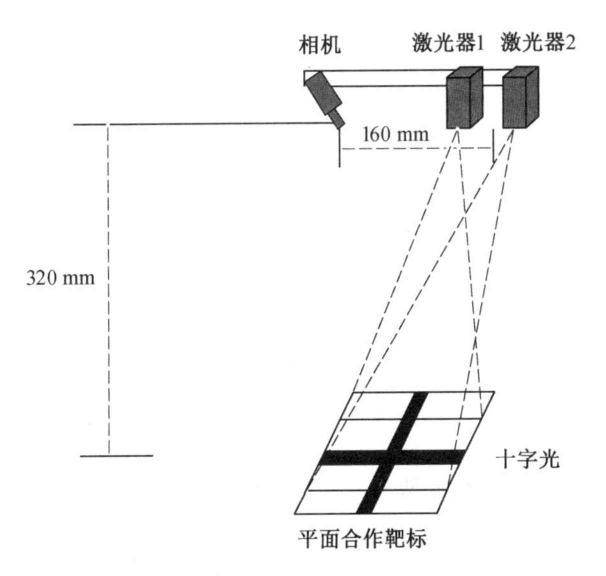

图 4.3　结构光测量法的检测原理

中国科学院沈阳自动化研究所自主研发的机器人运动性能高精度六维视觉测量仪即采用了结构光测量法。该测量仪能够直接采集机器人六维位姿信息，具有非接触、高精度、便携性好等优点。该测量仪配备了一套具有自主知识产权的机器人运动性能测试软件，能够实现机器人六维位姿信息采集，能够进行符合国家、国际标准的机器人运动性能参数计算。该测量仪及其配套软件如图 4.4 所示。

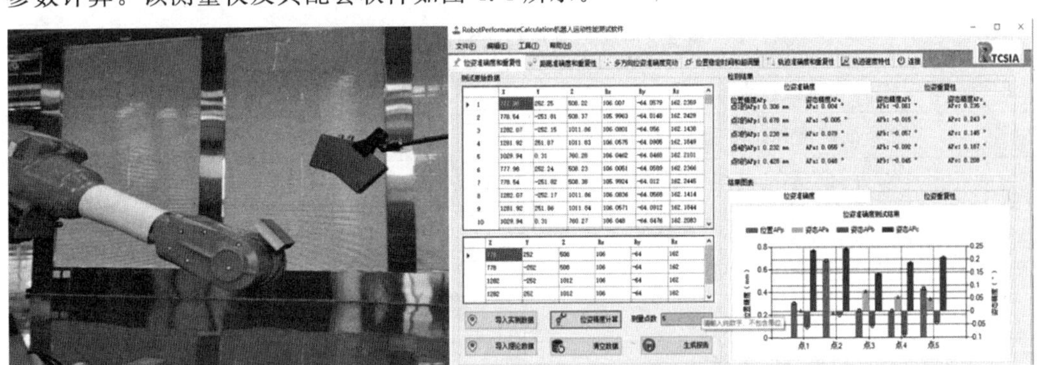

图 4.4　机器人运动性能高精度六维视觉测量仪及其配套软件

该测量仪的主要技术指标为：

①位置精度为 0.01 mm。

②角度精度为 0.05°。

③分辨率为 0.001 mm。

2. 检测用仪器设备的使用及维护

本书以激光跟踪仪为例，介绍运动性能测试中检测用仪器设备的使用方法及维护方法。

(1)设备使用。

试验人员应遵照激光跟踪仪的使用说明书和设备操作规程，按章操作，非专业人员不可操作设备。因不同设备的操作不尽相同,此处仅对激光跟踪仪的操作流程和注意事项进行简要介绍。

设备操作流程主要如下。

①运行前安装。

a.旋转扭动快卸机座,将其固定在加长套筒上,并使用铰链钩形扳手将快卸机座拧紧。

b.将锁定杆位置调整到未锁定状态,然后将激光跟踪仪放置于支架上,拉动锁定杆将激光跟踪仪锁定。

c.将外部温度传感器、LAN 网线连接到控制器一端,将交流电源连接到控制器及接地插座上,将主电缆连接到控制器及激光跟踪仪上,再将控制器放置于加长套筒的通用支架夹具中。

d.开启控制器上的开关,激光跟踪仪会自动进行预热及初始化操作,其中激光跟踪仪所发出的激光为红色闪烁,表示正在预热。

e.待红色激光常亮后为预热完成状态,即可开始进行试验检测操作。

②运行中采集数据。

a.选择检测模式及测量。

对工业机器人产品进行位姿准确度和位姿重复性测试时,测量靶标选择带有六维测量功能的靶标,激光跟踪仪的测量模式选择 6D 测量;当进行轨迹准确度和轨迹重复性测试时,激光跟踪仪的测量模式选择连续轨迹测量;选择完毕后点击测量即可。各检测项目的测量模式选择见表 4.1。

表 4.1　各检测项目的测量模式选择

试验特性	测量模式
位姿准确度和位姿重复性	6D 独立测量
多方向位姿准确度变动	6D 独立测量
距离准确度和距离重复性	6D 独立测量
位置稳定时间	轨迹扫描测量
位置超调量	轨迹扫描测量
位姿特性漂移	6D 点位测量
互换性	6D 点位测量
轨迹准确度和轨迹重复性	轨迹扫描测量
重复定向轨迹准确度	轨迹扫描测量
拐角偏差	轨迹扫描测量
轨迹速度特性	轨迹扫描测量
最小定位时间	轨迹扫描测量
静态柔顺性	6D 点位测量
摆动偏差	轨迹扫描测量

b. 导出测量数据。

将采集的数据以 txt 或 excel 等格式导出，按照各项目的计算公式进行分析处理。

在使用激光跟踪仪时，应注意：

①一般激光跟踪仪的激光等级为 2 级。从安全角度考虑，2 级激光产品对眼睛是有危害的。考虑到人眼的安全，不要长时间注视激光。

②在激光跟踪仪开启状态下需移除防护罩，否则产品可能因过热而受损。在盖上防护罩前，应确保产品已关闭。

③在操作本产品过程中，需要与运动部件保持安全距离，否则有可能发生挤压肢体或者头发、衣物被运动部件缠住的危险。

④禁止使用起重设备提升本产品。

(2)设备维护。

激光跟踪仪应按生产厂家使用说明或设备维护保养规程进行维护，其维护保养的主要内容如下。

①为了在日常工作中获得精确的测量结果，在以下情况下，需对激光跟踪仪进行检查和调整(补偿)：

a. 第一次使用之前。

b. 在进行高精度测量之前。

c. 经过长时间运输之后。

d. 经过长时间工作之后。

e. 经过长时间存放之后。

f. 受到机械冲击后，例如跌落后。

g. 处于高温或低温环境中时。

②清洁仪器时需使用干净、柔软的布(软麻布除外)。如需要，可用水或纯酒精蘸湿后使用，不要使用其他液体。

③不要把激光跟踪仪暴露在潮湿的环境中。水进入系统会增加触电的风险，导致严重的人身伤害。

④不要将激光跟踪仪暴露在严重粉尘污染的环境中，避免粉尘对仪器元件造成严重损害。

3. 检测用仪器设备的性能检查

在设备两次校准日期之间、外出检测后、设备故障维护后及对检测结果有疑问时，需对检测用仪器设备进行性能核查工作。通常，建议每半年核查一次。

以标准铟钢尺长度作为核查标准。使用检测用仪器设备分别测量两靶球的空间坐标，计算两靶球间距，重复 10 次测量并计算平均值。最后计算测量平均值与理论值的差值，若差值不大于设备精度，则该检测用仪器设备的性能是符合要求的。

4.1.3　运动性能检测总则

1. 检测前提条件

检测开始前应对工业机器人进行必要的校准、调整及功能试验，保证能够进行全面的

操作。试验前应对工业机器人进行适当的预热,位姿特性漂移试验除外。

2. 试验环境条件

检测试验的环境温度应为 20 ℃。采用其他的环境温度时应在试验报告中指明并加以解释。试验环境的气候条件要求见表 4.2。同时为了保证机器人与测量仪器的稳定,建议将其置于试验环境中 24 h 以上,同时防止通风和阳光、加热器等外部热辐射。

表 4.2 试验环境的气候条件要求

环境参数	要求
气候条件	①测试环境温度:(20±2) ℃; ②测试环境湿度:45%~75%

3. 位移测量原则

应以工业机器人机座坐标系或测量设备所确定的坐标系来表示测量点的位置和姿态数据(x_j、y_j、z_j、a_j、b_j、c_j)。如果工业机器人指令位姿和轨迹不是由测量系统来确定,则必须把测量点数据转换到一个公共坐标系中。通常,测量应在实到位姿稳定后进行。

在数据后处理过程中,计算姿态偏差时所用的坐标系转动顺序应相同,推荐采用围绕移动轴(导航角或欧拉角)转动或围绕固定轴转动。

4. 试验负载要求

试验中所采用的负载条件应在试验报告中说明,其中 100%额定负载(制造商规定的质量、重心位置和惯性力矩)为必须采用。除此之外,为测试机器人与负载相关的性能参数,可选用表 4.3 中指出的将额定负载降至 10%或由制造商指定的其他数值进行附加试验。

表 4.3 试验负载

试验特性	使用负载	
	100%额定负载 (√表示必须采用;—表示不适用)	额定负载降至 10% (○表示选用;—表示不适用)
位姿准确度和位姿重复性	√	○
多方向位姿准确度变动	√	○
距离准确度和距离重复性	√	—
位置稳定时间	√	○
位置超调量	√	○
位姿特性漂移	√	—
互换性	√	○
轨迹准确度和轨迹重复性	√	○
重复定向轨迹准确度	√	○
拐角偏差	√	○

续表 4.3

试验特性	使用负载	
	100%额定负载 (√表示必须采用;—表示不适用)	额定负载降至 10% (○表示选用;—表示不适用)
轨迹速度特性	√	○
最小定位时间	√	○
静态柔顺性	—	○
摆动偏差	√	○

如果机器人末端装有测量仪器,则应将测量仪器的质量和位置当作试验负载的一部分。图 4.5 所示是试验用末端执行器实例,其重心(Centre of Gravity,CG)和工具中心点(Tool Centre Point,TCP)有偏移。试验时,TCP 是测量点。测量点的位置应在试验报告中说明。

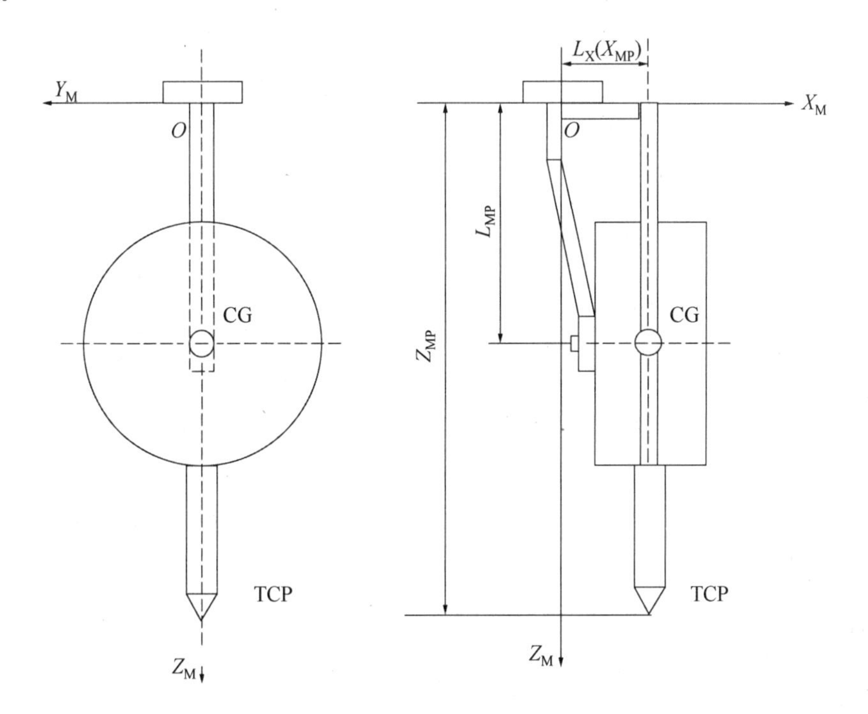

图 4.5　试验用末端执行器实例

5. 试验速度要求

所有位姿特性试验都应在指定位姿间可达到的最大速度下进行,即在每种情况下,速度补偿均置于 100%,并可在此速度的 50%和(或)10%下进行附加试验。

对于轨迹特性试验,应在额定轨迹速度的 100%、50%和 10%下进行,机器人至少应能在试验轨迹的 50%长度内达到试验速度。试验报告中应说明额定轨迹速度及试验轨迹的形状和尺寸。

6. 测试立方体的选择

位于工作空间中的单个立方体，其顶点用 $C_1 \sim C_8$ 表示，如图 4.6 所示。该立方体应满足以下要求：

(1)立方体应位于机器人工作空间中预期应用最多的部分。

(2)立方体应具有机器人工作空间内最大的体积，且其棱边平行于机座坐标系。

在试验报告中应以图形说明工作空间中所用立方体的位置。

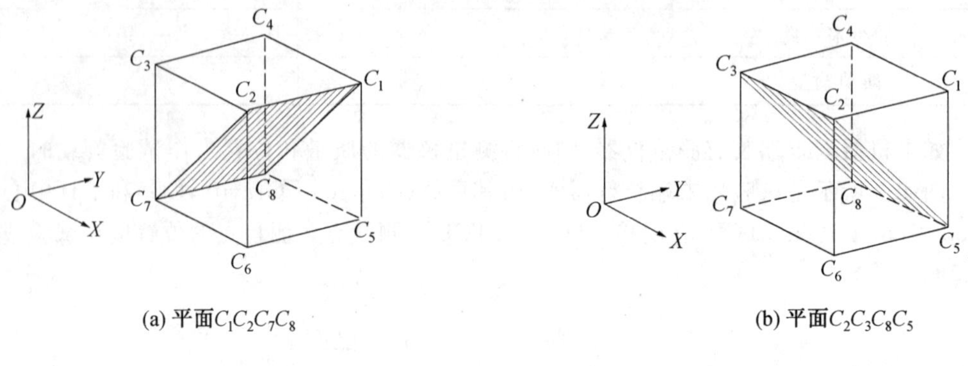

(a) 平面$C_1C_2C_7C_8$　　(b) 平面$C_2C_3C_8C_5$

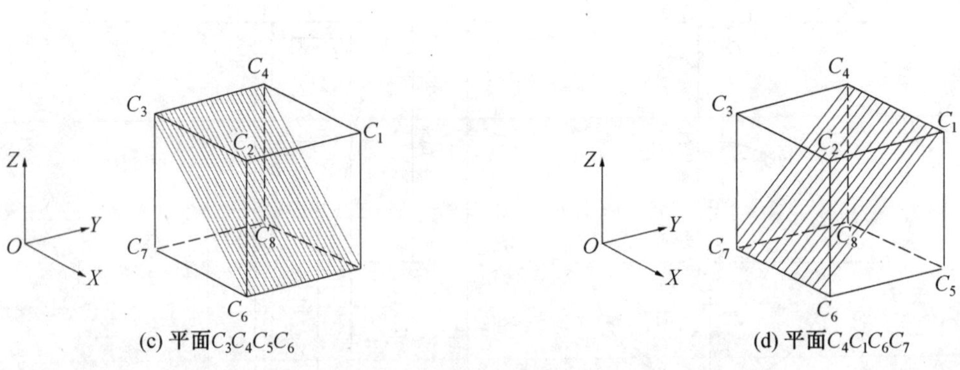

(c) 平面$C_3C_4C_5C_6$　　(d) 平面$C_4C_1C_6C_7$

图 4.6　工作空间中的立方体

位姿试验应选用下列平面之一，并在试验报告中指出选用了哪一个平面。

(1)$C_1C_2C_7C_8$。

(2)$C_2C_3C_8C_5$。

(3)$C_3C_4C_5C_6$。

(4)$C_4C_1C_6C_7$。

7. 试验位姿要求

测量平面的对角线上分布 5 个位姿测试点，并对应于选用平面上的点 $P_1 \sim P_5$ 加上轴向(X_{MP})和径向(Z_{MP})测量点偏移。点 $P_1 \sim P_5$ 是机器人手腕参考点的位置。

测量平面平行于选用平面，如图 4.7 所示。制造商可规定试验位姿应由机座坐标系(最佳)和(或)关节坐标系来确定。

P_1 是对角线的交点，也是立方体的中心。线 P_2P_5 离对角线端点的距离等于对角线长度的(10±2)%(图 4.8)。若无法选择该点，则在报告中说明在对角线上所选择的点。

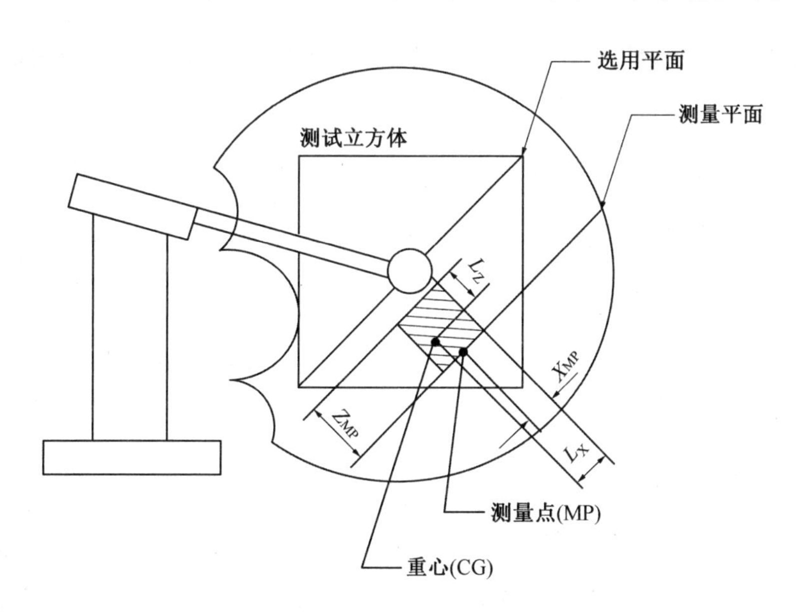

图 4.7　选用平面和测量平面

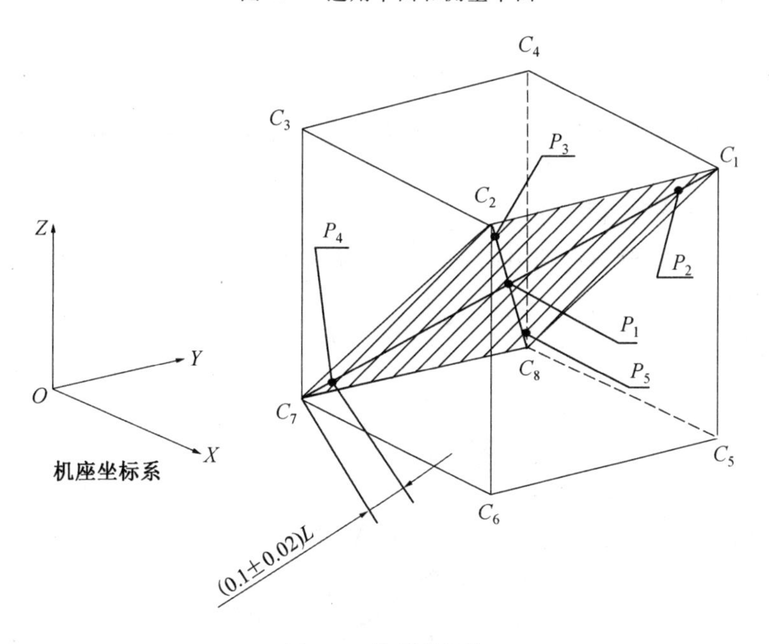

图 4.8　使用的位姿

当工业机器人在各位姿间运动时，所有关节均应运动。试验时应注意不超出操作规范。

8. 试验轨迹要求

(1)试验轨迹的位置。

试验轨迹应位于图 4.9 所示的 4 个平面之一。对于自由度为 6 轴的工业机器人，除

制造商特殊规定外,应选用平面 1;对自由度少于 6 轴的工业机器人,应由制造商指定所选用的平面。

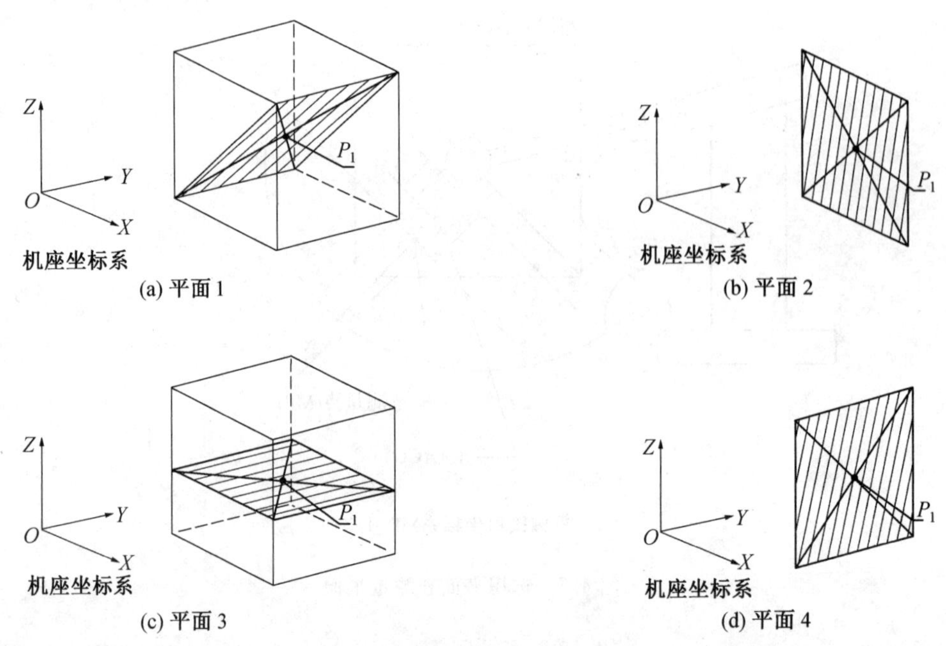

图 4.9 试验轨迹定位平面的确定

在轨迹特性测量中,机械接口的中心应位于所选用平面上,且其姿态相对于该平面应保持不变。

(2)试验轨迹的形状和尺寸。

图 4.10 给出了试验轨迹的示例,共包括一条直线轨迹、一条矩形轨迹、一条大圆轨迹和一条小圆轨迹。

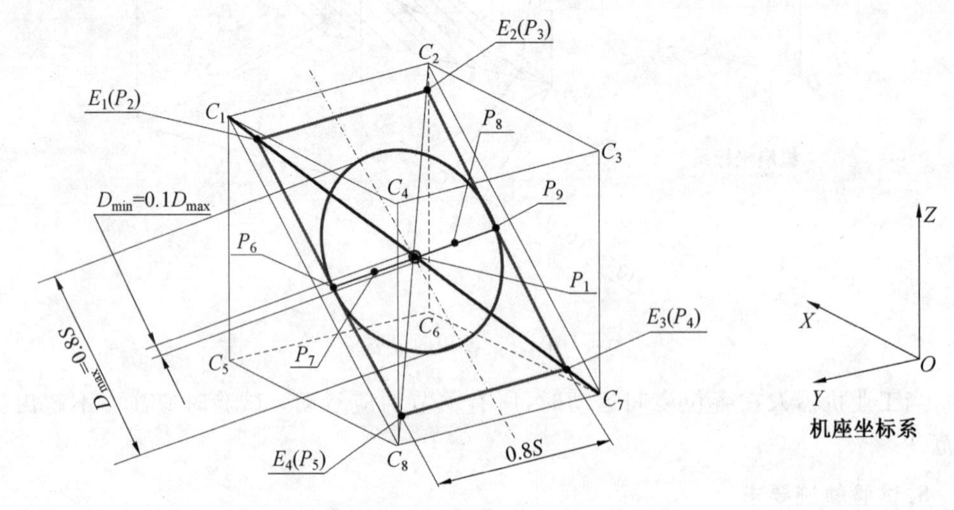

图 4.10 试验轨迹实例(S 为立方体的边长)

图 4.10 中，P_2P_4 是立方体对角线上的直线轨迹，轨迹长度应是所选平面相对顶点间距离的 80%。另一直线轨迹 P_6P_9，可用于重复定向试验。

对于圆形轨迹试验，大圆的直径 D_{max} 应为立方体边长的 80%，小圆的直径 D_{min} 应是同一平面中大圆直径的 10%，圆心均为 P_1。

对于矩形轨迹，拐角记为 E_1、E_2、E_3 和 E_4，每个拐角离平面各顶点的距离为该平面对角线长度的(10±2)%。

9. 试验循环次数

试验循环次数要求见表 4.4。

表 4.4　试验循环次数

试验特性	循环次数(或时间)
位姿准确度和位姿重复性	30 次
多方向位姿准确度变动	30 次
距离准确度和距离重复性	30 次
位置稳定时间	3 次
位置超调量	3 次
位姿特性漂移	连续循环 8 h
互换性	30 次
轨迹准确度和轨迹重复性	10 次
重复定向轨迹准确度	10 次
拐角偏差	3 次
轨迹速度特性	10 次
最小定位时间	3 次
摆动偏差	3 次
静态柔顺性	每个方向重复 3 次

10. 试验顺序

建议先进行位置稳定时间和位置超调量试验，可以获得后续测量中的停顿时间。之后再进行位姿特性、轨迹特性等一系列试验。

4.1.4　位姿准确度和位姿重复性测试

1. 基本概念

(1)位置准确度：指令位姿的位置与实到位置集群重心之差，通常也称作位置绝对定位精度。

(2)位置重复性：对同一指令位姿从同一方向重复响应 n 次后，实到位置的一致程度，用以位置集群中心为球心的球半径之值表示。通常也称作位置重复定位精度，是工业机器人产品常用的参数之一。

(3)姿态准确度：指令位姿的姿态与实到姿态平均值之差，通常也称作姿态绝对定位

精度。

(4)姿态重复性:对同一指令位姿从同一方向重复响应 n 次后,实到姿态的一致程度,以围绕平均值的角度散布表示,通常也称作姿态重复定位精度。

2.试验方法开发

(1)试验要求。

①在机器人末端执行器安装100%或10%(选测)的额定负载。

②机器人的试验速度设为100%额定速度,50%或10%额定速度(选测)。

③机器人的试验位姿点设为:P_1、P_2、P_3、P_4、P_5,如图4.10所示。其中,P_1 是对角线的交点,也是立方体的中心。P_2P_5 离对角线端点的距离等于对角线长度的(10±2)%。若无法选择该点,则在报告中说明在对角线上所选择的点。

(2)试验实施程序。

①机器人的工具中心点以选定的试验速度和负载,从指令位姿点 P_1 开始,依次移至指令位姿点 P_5、P_4、P_3、P_2、P_1。$P_1 \rightarrow P_5 \rightarrow P_4 \rightarrow P_3 \rightarrow P_2 \rightarrow P_1$ 为一个运动循环,如图4.11所示。

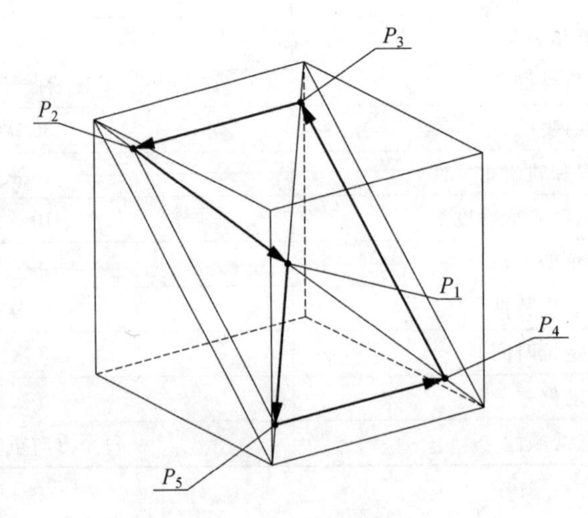

图4.11　试验位姿

②机器人运动采用点到点控制或连续轨迹控制均可。

③在每一位姿点停顿时间应大于测出的位姿稳定时间,循环次数为30次。

④使用检测用仪器设备测量每个位姿点的坐标(即实到位姿坐标)并记录,试验结束后计算本次试验结果。

3.试验数据分析

(1)位姿准确度。

位置准确度计算公式为

$$\mathrm{AP}_P=\sqrt{(\bar{x}-x_c)^2+(\bar{y}-y_c)^2+(\bar{z}-z_c)^2} \tag{4.1}$$

$$\mathrm{AP}_x=(\bar{x}-x_c) \tag{4.2}$$

$$\mathrm{AP}_y=(\bar{y}-y_c) \tag{4.3}$$

$$AP_z = (\bar{z} - z_c) \tag{4.4}$$

和

$$\bar{x} = \frac{1}{n}\sum_{j=1}^{n} x_j \tag{4.5}$$

$$\bar{y} = \frac{1}{n}\sum_{j=1}^{n} y_j \tag{4.6}$$

$$\bar{z} = \frac{1}{n}\sum_{j=1}^{n} z_j \tag{4.7}$$

式中　$\bar{x}$、$\bar{y}$ 和 $\bar{z}$—— 对同一位姿重复响应 n 次后所得各点集群中心的坐标；

x_c、y_c、z_c—— 指令位姿的坐标；

x_j、y_j、z_j—— 第 j 次实到位姿的坐标。

姿态准确度计算公式为

$$AP_a = (\bar{a} - a_c) \tag{4.8}$$

$$AP_b = (\bar{b} - b_c) \tag{4.9}$$

$$AP_c = (\bar{c} - c_c) \tag{4.10}$$

和

$$\bar{a} = \frac{1}{n}\sum_{j=1}^{n} a_j \tag{4.11}$$

$$\bar{b} = \frac{1}{n}\sum_{j=1}^{n} b_j \tag{4.12}$$

$$\bar{c} = \frac{1}{n}\sum_{j=1}^{n} c_j \tag{4.13}$$

式中　$\bar{a}$、$\bar{b}$、$\bar{c}$—— 在对同一位姿重复响应 n 次后所得的姿态角的平均值；

a_c、b_c、c_c—— 指令位姿的姿态角；

a_j、b_j、c_j—— 第 j 次实到位姿的姿态角。

(2) 位姿重复性。

位置重复性计算公式为

$$RP_l = \bar{l} + 3S_l \tag{4.14}$$

其中

$$\bar{l} = \frac{1}{n}\sum_{j=1}^{n} l_j \tag{4.15}$$

$$l_j = \sqrt{(x_j - \bar{x})^2 + (y_j - \bar{y})^2 + (z_j - \bar{z})^2} \tag{4.16}$$

$$\bar{x} = \frac{1}{n}\sum_{j=1}^{n} x_j \tag{4.17}$$

$$\bar{y} = \frac{1}{n}\sum_{j=1}^{n} y_j \tag{4.18}$$

$$\bar{z} = \frac{1}{n}\sum_{j=1}^{n} z_j \tag{4.19}$$

$$S_l=\sqrt{\frac{\sum_{j=1}^{n}(l_j-\bar{l})^2}{n-1}} \tag{4.20}$$

式中　$\bar{x}$、$\bar{y}$、$\bar{z}$—— 对同一位姿重复响应 n 次后所得各点集群中心的坐标；

x_j、y_j、z_j—— 第 j 次实到位姿的坐标；

l_j—— 第 j 次实到位姿与位姿集群中心的距离；

$\bar{l}_j$—— 对同一位姿重复响应 n 次后，实到位姿与位姿集群中心的距离；

S_l—— 标准偏差。

姿态重复性计算公式为

$$\mathrm{RP}_a=\pm 3S_a=\pm 3\sqrt{\frac{\sum_{j=1}^{n}(a_j-\bar{a})^2}{n-1}} \tag{4.21}$$

$$\mathrm{RP}_b=\pm 3S_b=\pm 3\sqrt{\frac{\sum_{j=1}^{n}(b_j-\bar{b})^2}{n-1}} \tag{4.22}$$

$$\mathrm{RP}_c=\pm 3S_c=\pm 3\sqrt{\frac{\sum_{j=1}^{n}(c_j-\bar{c})^2}{n-1}} \tag{4.23}$$

式中　$\pm 3S_a$、$\pm 3S_b$、$\pm 3S_c$—— 围绕平均值 $\bar{a}$、$\bar{b}$、$\bar{c}$ 的角度散布；

S_a、S_b、S_c—— 标准偏差。

4.1.5　多方向位姿准确度变动测试

1. 基本概念

多方向位姿准确度变动表示从 3 个相互垂直方向对相同指令位姿响应 n 次时，各平均实到位姿间的偏差。该指标可用于分析工业机器人的关节运动回差。

2. 试验方法开发

(1) 试验要求。

① 在工业机器人末端执行器安装 100% 额定负载。

② 工业机器人的试验速度设为 100% 额定速度，50% 或 10% 额定速度(选测)。

③ 工业机器人的试验位姿点设为：P_1、P_2、P_4，如图 4.10 所示。

(2) 试验实施程序。

① 在机座坐标 $-X$、$-Y$、$-Z$ 方向上分别选定与指令位姿 P_1 点距离不小于 200 mm 的 3 个点：a、b、c，如图 4.12 所示。

② 在机器人的工具中心点(TCP) 以选定的试验速度和负载运动。$a\rightarrow P_1\rightarrow b\rightarrow P_1\rightarrow c\rightarrow P_1\rightarrow a$ 为一个运动循环，如图 4.12 所示。

③ 到达 P_1 的停顿时间应大于测出的位姿稳定时间，循环次数为 30 次。

④ 使用检测用仪器设备测量每个位姿点的坐标(即实到位姿坐标) 并记录。

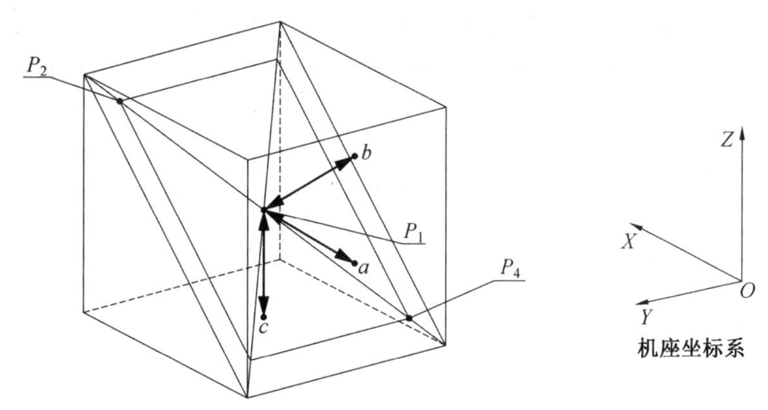

图 4.12　试验位姿（以 P_1 点为例）

⑤ 位姿点 P_2 的试验程序与位姿点 P_1 相同，按上述的 ① ～ ④ 程序进行测试并记录。对应选定的 a、b、c 点应分别在 $-X$、$-Y$、$-Z$ 方向上。

⑥ 位姿点 P_4 的试验程序与位姿点 P_1 相同，按上述的 ① ～ ④ 程序进行测试并记录。对应选定的 a、b、c 点应分别在 X、Y、Z 方向上。

⑦ 试验结束后计算本次测试结果。

3. 试验数据分析

多方向位姿准确度的计算公式见式(4.24)，其中 $v\mathrm{AP}_P$ 是位置计算结果，$v\mathrm{AP}_a$、$v\mathrm{AP}_b$、$v\mathrm{AP}_c$ 是姿态计算结果：

$$vAP_P = \max\sqrt{(\bar{x}_h - \bar{x}_k)^2 + (\bar{y}_h - \bar{y}_k)^2 + (\bar{z}_h - \bar{z}_k)^2},\quad h、k = 1、2、3 \tag{4.24}$$

$$v\mathrm{AP}_a = \max|(\bar{a}_h - \bar{a}_k)|,\quad h、k = 1、2、3 \tag{4.25}$$

$$v\mathrm{AP}_b = \max|(\bar{b}_h - \bar{b}_k)|,\quad h、k = 1、2、3 \tag{4.26}$$

$$v\mathrm{AP}_c = \max|(\bar{c}_h - \bar{c}_k)|,\quad h、k = 1、2、3 \tag{4.27}$$

(1) 式中的 1、2、3 是机器人从 a、b、c 三点分别移动至试验位姿点的轨迹编号。

(2) 公式(4.24) 中：

① 当 $h=1$、$k=2$ 时，x_h、y_h、z_h 为从 a 点移动至试验位姿点后由设备测得的坐标值，x_k、y_k、z_k 为从 b 点移动至试验位姿点后由设备测得的坐标值。

② 当 $h=1$、$k=3$ 时，x_h、y_h、z_h 为从 a 点移动至试验位姿点后由设备测得的坐标值，x_k、y_k、z_k 为从 c 点移动至试验位姿点后由设备测得的坐标值。

③ 当 $h=2$、$k=3$ 时，x_h、y_h、z_h 为从 b 点移动至试验位姿点后由设备测得的坐标值，x_k、y_k、z_k 为从 c 点移动至试验位姿点后由设备测得的坐标值。

④ 最终结果为公式(4.25) ～ (4.27) 的最大值。

公式(4.25) ～ (4.27) 与上述公式(4.24) 的计算方式相同。

(3) $\bar{x}$、$\bar{y}$、$\bar{z}$、$\bar{a}$、$\bar{b}$、$\bar{c}$ 定义参照 4.1.4 节。

4.1.6　距离准确度和距离重复性测试

1. 基本概念

距离准确度和距离重复性由两个指令位姿与两组实到位姿均值之间的距离偏差和在这两个位姿间一系列重复移动的距离波动来确定，仅用于离线编程或人工数据输入的机器人。该两项指标可用于评价工业机器人运动指定距离的能力。

(1) 距离准确度表示在指令距离和实到距离平均值之间位置和姿态的偏差，分为位置距离准确度(AD_P) 和姿态距离准确度(AD_a、AD_b、AD_c)。

(2) 距离重复性表示在同一方向对相同指令距离重复运动 n 次后实到距离的一致程度，以围绕实到距离平均值的最大散布表示，分为位置距离重复性(RD) 和姿态距离重复性(RD_a、RD_b、RD_c)。

2. 试验方法开发

(1) 试验要求。

① 在工业机器人末端安装 100% 额定负载。

② 工业机器人程序的试验速度设为 100% 额定速度、50% 或 10% 额定速度(选测)。

③ 工业机器人程序的试验位姿点设为：P_2、P_4，如图 4.10 所示。

(2) 试验实施程序。

① 在工业机器人的工具中心点(TCP) 以选定的试验速度和负载，从指令位姿点 P_4 开始，移至指令位姿点 P_2，再回到 P_4，$P_4 \to P_2 \to P_4$ 为一个运动循环，如图 4.13 所示。

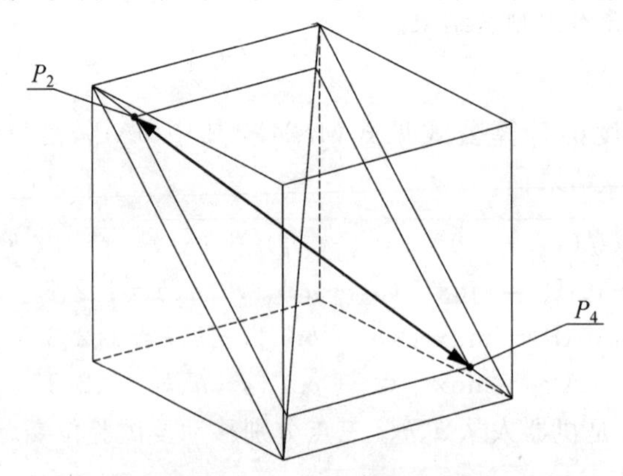

图 4.13　试验位姿

② 工业机器人运动采用点到点控制或连续轨迹控制均可。

③ 到达 P_2 和 P_4 时，停顿时间应大于测出的位姿稳定时间，循环次数为 30 次。

④ 使用检测用仪器设备测量每个位姿点的坐标(即实到位姿坐标) 并记录。

⑤ 试验结束后计算本次测试结果。

3. 试验数据分析

(1) 距离准确度。

位置距离准确度 AD_P 计算公式为

$$AD_P = \overline{D} - D_c \tag{4.28}$$

其中

$$\overline{D} = \frac{1}{n}\sum_{j=1}^{n} D_j \tag{4.29}$$

$$D_j = | P_{1j} - P_{2j} | = \sqrt{(x_{1j} - x_{2j})^2 + (y_{1j} - y_{2j})^2 + (z_{1j} - z_{2j})^2} \tag{4.30}$$

$$D_c = | P_{c1} - P_{c2} | = \sqrt{(x_{c1} - x_{c2})^2 + (y_{c1} - y_{c2})^2 + (z_{c1} - z_{c2})^2} \tag{4.31}$$

式中　P_{c1}、P_{c2}—— 指令位姿点；

P_{1j}、P_{2j}—— 实到位姿点；

n—— 重复次数。

位置距离准确度也可用机座坐标系各轴分量 AD_x、AD_y、AD_z 来表示，计算公式为

$$AD_x = \overline{D}_x - D_{cx} \tag{4.32}$$

$$AD_y = \overline{D}_y - D_{cy} \tag{4.33}$$

$$AD_z = \overline{D}_z - D_{cz} \tag{4.34}$$

其中

$$\overline{D}_x = \frac{1}{n}\sum_{j=1}^{n} D_{xj} = \frac{1}{n}\sum_{j=1}^{n} | x_{1j} - x_{2j} | \tag{4.35}$$

$$\overline{D}_y = \frac{1}{n}\sum_{j=1}^{n} D_{yj} = \frac{1}{n}\sum_{j=1}^{n} | y_{1j} - y_{2j} | \tag{4.36}$$

$$\overline{D}_z = \frac{1}{n}\sum_{j=1}^{n} D_{zj} = \frac{1}{n}\sum_{j=1}^{n} | z_{1j} - z_{2j} | \tag{4.37}$$

$$D_{cx} = | x_{c1} - x_{c2} | \tag{4.38}$$

$$D_{cy} = | y_{c1} - y_{c2} | \tag{4.39}$$

$$D_{cz} = | z_{c1} - z_{c2} | \tag{4.40}$$

姿态距离准确度计算方法相当于单轴距离准确度，即 AD_a、AD_b、AD_c，计算公式为

$$AD_a = \overline{D}_a - D_{ca} \tag{4.41}$$

$$AD_b = \overline{D}_b - D_{cb} \tag{4.42}$$

$$AD_c = \overline{D}_c - D_{cc} \tag{4.43}$$

其中

$$\overline{D}_a = \frac{1}{n}\sum_{j=1}^{n} D_{aj} = \frac{1}{n}\sum_{j=1}^{n} | a_{1j} - a_{2j} | \tag{4.44}$$

$$\overline{D}_b = \frac{1}{n}\sum_{j=1}^{n} D_{bj} = \frac{1}{n}\sum_{j=1}^{n} | b_{1j} - b_{2j} | \tag{4.45}$$

$$\overline{D}_c = \frac{1}{n}\sum_{j=1}^{n} D_{cj} = \frac{1}{n}\sum_{j=1}^{n} | c_{1j} - c_{2j} | \tag{4.46}$$

$$D_{ca} = | a_{c1} - a_{c2} | \tag{4.47}$$

$$D_{cb} = | b_{c1} - b_{c2} | \tag{4.48}$$

$$D_{cc} = | c_{c1} - c_{c2} | \tag{4.49}$$

式中　a_{c1}、b_{c1}、c_{c1}—— 指令位姿点 P_1 的姿态；

a_{c2}、b_{c2}、c_{c2}—— 指令位姿点 P_2 的姿态；

a_{1j}、b_{1j}、c_{1j}——P_{1j} 的姿态；

a_{2j}、b_{2j}、c_{2j}——P_{2j} 的姿态；

n—— 重复次数。

(2) 距离重复性。

位置距离重复性计算公式为

$$\mathrm{RD}=\pm 3\sqrt{\frac{\sum_{j=1}^{n}(D_j-\overline{D})^2}{n-1}} \tag{4.50}$$

$$\mathrm{RD}_x=\pm 3\sqrt{\frac{\sum_{j=1}^{n}(D_{xj}-\overline{D}_x)^2}{n-1}} \tag{4.51}$$

$$\mathrm{RD}_y=\pm 3\sqrt{\frac{\sum_{j=1}^{n}(D_{yj}-\overline{D}_y)^2}{n-1}} \tag{4.52}$$

$$\mathrm{RD}_z=\pm 3\sqrt{\frac{\sum_{j=1}^{n}(D_{zj}-\overline{D}_z)^2}{n-1}} \tag{4.53}$$

姿态距离重复性计算公式为

$$\mathrm{RD}_a=\pm 3\sqrt{\frac{\sum_{j=1}^{n}(D_{aj}-\overline{D}_a)^2}{n-1}} \tag{4.54}$$

$$\mathrm{RD}_b=\pm 3\sqrt{\frac{\sum_{j=1}^{n}(D_{bj}-\overline{D}_b)^2}{n-1}} \tag{4.55}$$

$$\mathrm{RD}_c=\pm 3\sqrt{\frac{\sum_{j=1}^{n}(D_{cj}-\overline{D}_c)^2}{n-1}} \tag{4.56}$$

4.1.7 位置稳定时间和位置超调量测试

1. 基本概念

位置稳定时间是从机器人第一次进入门限带的瞬间，到不再超出门限带的瞬间所经历的时间。门限带可定义为“位姿重复性”中的重复性或由制造商制定。

位置超调量是工业机器人第一次进入门限带，再次超出门限带后的瞬时位置与实到稳定位置的最大距离。

位置稳定时间用于衡量工业机器人稳定到达位姿点的速度，而位置超调量用于衡量机器人到达位姿点的平稳、准确的能力。

2. 试验方法开发

(1) 试验要求。

① 在工业机器人末端执行器安装 100% 额定负载，10% 额定负载(选测)。

② 工业机器人的试验速度设为 100% 额定速度、50% 或 10% 额定速度(选测)。

③ 工业机器人的试验位姿点设为：P_1、P_2，如图 4.10 所示。

(2) 试验实施程序。

位置稳定时间与位置超调量的试验程序基本相同。二者都是以“位姿准确度”中的循环方式使工业机器人在试验负载和试验速度下运行。当工业机器人达到指令位姿 P_n 后，连续测量位姿点的位置坐标，直到稳定。

① 在工业机器人的工具中心点(TCP)以选定的试验速度和负载，从位姿点 P_2 移至指令位姿点 P_1，超过预先估计的位置稳定时间后，再返回 P_2，$P_2 \rightarrow P_1 \rightarrow P_2$ 为一个运动循环，如图 4.14 所示。

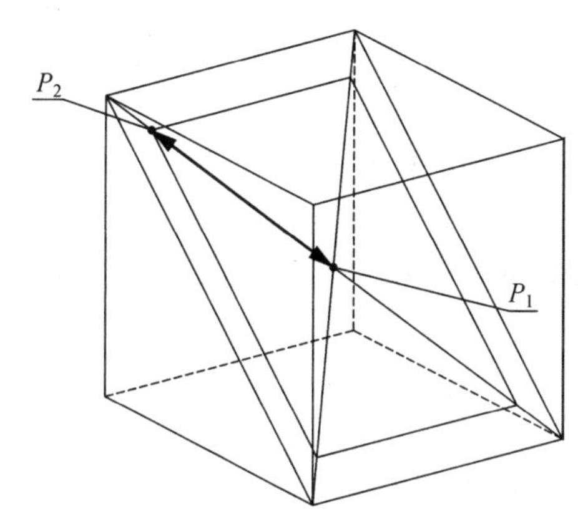

图 4.14　试验位姿

② 工业机器人运动采用点到点控制或连续轨迹控制均可。

③ 根据预估位置稳定时间，设置测试时间。测试中，如果预设的测试时间不能覆盖完整的运动稳定过程，应适当延长测试时间并重新进行试验，直至测试时间可以覆盖完整的运动稳定过程。

④ 循环次数为 3 次。

⑤ 使用检测用仪器设备测量整条轨迹的坐标并记录。

⑥ 试验结束后计算本次测试结果。

3. 试验数据分析

位置稳定时间(t) 试验结果取 3 次测量的平均值，门限带可定义为位姿重复性。

位置超调量(OV) 试验结果取 3 次测量的最大值，计算公式如下：

$$\mathrm{OV} = \max \mathrm{OV}_j, \quad j = 1,2,3 \tag{4.57}$$

$$\mathrm{OV}_j = \max D_{ij}, \quad \max D_{ij} > \text{门限带} \tag{4.58}$$

$$\mathrm{OV}_j = 0, \quad \max D_{ij} \leqslant \text{门限带} \tag{4.59}$$

$$\max D_{ij} = \max \sqrt{(x_{ij} - x_j)^2 + (y_{ij} - y_j)^2 + (z_{ij} - z_j)^2}, \quad i = 1,2,\cdots,m \tag{4.60}$$

式中　i—— 工业机器人进入门限带后，检测用仪器设备采集的轨迹点序号；

x_j、y_j、z_j—— 机器人移动至试验位姿点且完全停止后的实到位姿点坐标。

对于某些特殊应用，OV 也可用其分量 OV_x、OV_y、OV_z 来表示。

4.1.8 位姿特性漂移测试

1. 基本概念

位姿特性漂移表示在指定的时间(T)内位姿准确度和位姿重复性的变化，分为位姿准确度漂移(dAP)和位姿重复性漂移(dRP)。该指标可用于确定工业机器人从开始运行至达到性能稳定的时间，或测量指定时间内工业机器人位姿特性的变化程度。

2. 试验方法开发

(1) 试验要求。

① 在工业机器人末端执行器安装 100% 额定负载。

② 工业机器人的试验速度设为 100% 额定速度，50% 或 10% 额定速度(选测)。

③ 工业机器人的试验位姿点设为：P_1、P_2，如图 4.10 所示。

(2) 试验实施程序。

① 在工业机器人的工具中心点(TCP)以选定的试验速度和负载，从位姿点 P_2 移至指令位姿点 P_1，在 P_1 点的停顿时间应大于测出的位姿稳定时间，再经由中间点 d 返回到 P_2，$P_2 \rightarrow P_1 \rightarrow d \rightarrow P_2$ 为一个运动循环，如图 4.15 所示。

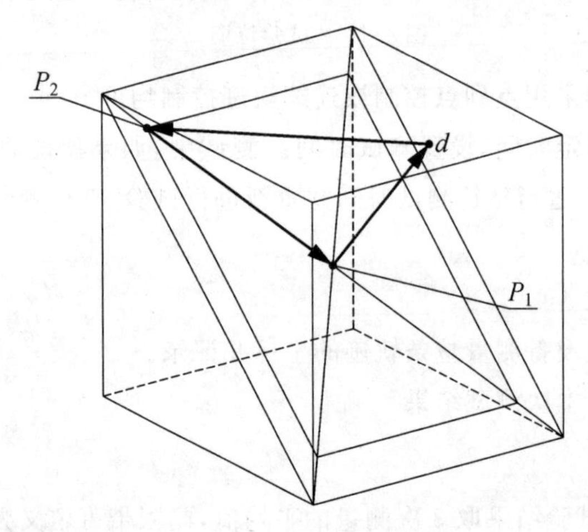

图 4.15　试验位姿(举例)

② 中间点 d 的设定应使工业机器人的姿态有较大变化，以实现返回时所有关节均运动。

③ 每组测试中，运动循环次数为 10 次。

④ 使用检测用仪器设备测量位姿点 P_1 的坐标(即实到位姿坐标)并记录。

⑤ 测试组的间隔时间为 10 min。

⑥ 连续进行 8 h 测试，按上述的 ① ～ ⑤ 程序进行测试并记录。

⑦ 试验结束后计算本次测试结果。

3. 试验数据分析

位姿准确度漂移(dAP)是在指定的时间(T)内位姿准确度的变化，其计算公式为

$$dAP_P = | AP_{t=1} - AP_{t=T} | \tag{4.61}$$

$$dAP_a = | AP_{at=1} - AP_{at=T} | \tag{4.62}$$

$$dAP_b = | AP_{bt=1} - AP_{bt=T} | \tag{4.63}$$

$$dAP_c = | AP_{ct=1} - AP_{ct=T} | \tag{4.64}$$

位姿重复性漂移(dRP)是在指定时间(T)内位姿重复性变化，其计算公式为

$$dRP_P = | RP_{t=1} - RP_{t=T} | \tag{4.65}$$

$$dRP_a = | RP_{at=1} - RP_{at=T} | \tag{4.66}$$

$$dRP_b = | RP_{bt=1} - RP_{bt=T} | \tag{4.67}$$

$$dRP_c = | RP_{ct=1} - RP_{ct=T} | \tag{4.68}$$

其中，AP、RP 的计算公式参考 4.1.4 节。

4.1.9　互换性测试

1. 基本概念

互换性(E)表示在相同环境条件、机械安装和作业程序的情况下，更换同一型号的工业机器人，测得的位姿点集群的中心偏差，即试验中偏差最大的两个工业机器人集群中心间的距离。互换性考量的是机械公差、轴校准误差和工业机器人安装误差。该指标可用于确定在生产线或其他作业场合中，同一型号的工业机器人是否可以相互替换。

2. 试验方法开发

(1) 试验要求。

① 在工业机器人末端执行器安装 100% 额定负载。

② 工业机器人的试验速度设为 100% 额定速度。

③ 工业机器人的试验位姿点设为：P_1、P_2、P_3、P_4、P_5，如图 4.10 所示。

④ 工业机器人选用：5 台同型号。

(2) 试验实施程序。

① 第一台工业机器人应安装在制造商指定的场所，工业机器人的工具中心点(TCP)以选定的试验速度和负载，从指令位姿点 P_1 开始，依次移至指令位姿点 P_5、P_4、P_3、P_2、P_1。$P_1 \rightarrow P_5 \rightarrow P_4 \rightarrow P_3 \rightarrow P_2 \rightarrow P_1$ 为一个运动循环，如图 4.16 所示。

② 工业机器人运动采用点到点控制或连续轨迹控制均可。

③ 循环次数均为 30 次。

④ 使用检测用仪器设备测量每个位姿点的坐标(即实到位姿坐标)并记录。

⑤ 对其余 4 台工业机器人采用相同的机械安装基础，使用相同的作业程序，保持测量系统固定不变，在相同的试验条件按上述的 ①～④ 程序进行测试并记录。

⑥ 试验结束后计算本次测试结果。

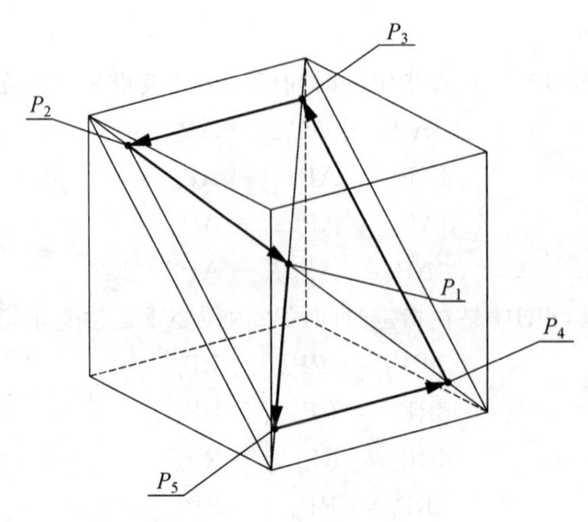

图 4.16　试验位姿

3. 试验数据分析

互换性的计算公式为

$$E=\max\sqrt{(x_h-x_k)^2+(y_h-y_k)^2+(z_h-z_k)^2},\quad h、k=1,2,\cdots,5 \tag{4.69}$$

式中　1、2、3、4、5—— 机器人序号；

x、y、z—— 实到位姿坐标；

其中，h、k 取值意义参见 4.1.5 节。

4.1.10　轨迹准确度、轨迹重复性和轨迹速度特性测试

1. 基本概念

轨迹准确度表征的是工业机器人在同一方向上沿指令轨迹准确移动的能力。轨迹准确度由下述两个因素决定，即指令轨迹的位置与各实到轨迹位置集群的中心线之间的偏差(即位置轨迹准确度)，指令姿态与实到姿态平均值之间的偏差(即姿态轨迹准确度)。轨迹准确度是在位置和姿态上沿所得轨迹的最大轨迹偏差。

轨迹重复性表示机器人在同一指令轨迹重复 n 次时，实到轨迹的一致程度。

轨迹准确度、轨迹重复性可用于测量工业机器人采用轨迹方式进行运动时的精度。

机器人轨迹速度特性指标分为轨迹速度准确度(AV)、轨迹速度重复性(RV)、轨迹速度波动(FV)，用于表征轨迹运动时工业机器人的速度波动情况。

轨迹速度准确度(AV)：指令速度与沿轨迹进行 n 次重复测量所获得的实到速度平均值之差，可用指令速度的百分比表示。

轨迹速度重复性(RV)：对同一指令速度测量所得实到速度的一致程度，应以指令速度的百分比表示。

轨迹速度波动(FV)：再现指令速度的过程中速度波动的最大值。

2. 试验方法开发

(1) 试验要求。

① 在机器人末端执行器安装 100% 额定负载,10% 额定负载(选测)。

② 机器人的试验速度设为 100% 额定速度,50% 或 10% 额定速度(选测)。

③ 机器人程序的试验位姿分为两种,如图 4.10 所示,分别是:

a. 圆形轨迹:大圆的直径应为立方体边长的 80%,圆心为 P_1;小圆的直径应是同一平面中大圆直径的 10%,圆心为 P_1。

b. 直线轨迹:矩形轨迹拐角记为 E_1、E_2、E_3 和 E_4,每个拐角离平面各顶点的距离为该平面对角线长度的(10± 2)%。其中试验轨迹为直线轨迹 $E_1 \rightarrow E_3$。

(2) 试验实施程序。

① 机器人的工具中心点(TCP) 以选定的试验速度和负载,从指令位姿点 E_1 移至指令位姿点 E_3,该轨迹为指令轨迹。停顿数秒,再返回 E_1。$E_1 \rightarrow E_3 \rightarrow E_1$ 为一个运动循环,如图 4.17 所示。

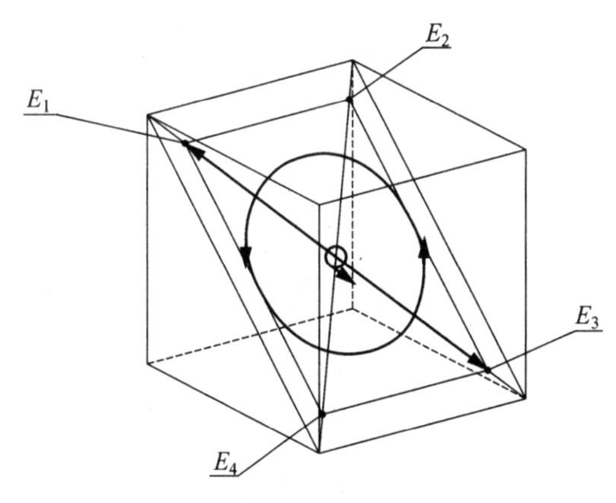

图 4.17　试验位姿

② 循环次数为 10 次。

③ 使用检测用仪器设备测量整条轨迹的坐标(即实到轨迹坐标) 并记录。

④ 机器人的工具中心点(TCP) 以选定的试验速度和负载,沿大圆轨迹运动一周,按上述的 ② ~ ③ 程序进行测试并记录。

⑤ 机器人的工具中心点(TCP) 以选定的试验速度和负载,沿小圆轨迹运动一周,按上述的 ② ~ ③ 程序进行测试并记录。

⑥ 试验结束后计算本次测试结果。

3. 试验数据分析

(1) 轨迹准确度。

位置轨迹准确度计算公式为

$$AT_P = \max\sqrt{(\bar{x}_i - x_{ci})^2 + (\bar{y}_i - y_{ci})^2 + (\bar{z}_i - z_{ci})^2}, \quad i=1,2,\cdots,m \tag{4.70}$$

其中

$$\bar{x}_i=\frac{1}{n}\sum_{j=1}^{n}x_{ij} \tag{4.71}$$

$$\bar{y}_i=\frac{1}{n}\sum_{j=1}^{n}y_{ij} \tag{4.72}$$

$$\bar{z}_i=\frac{1}{n}\sum_{j=1}^{n}z_{ij} \tag{4.73}$$

计算 AT_P 时,应该考虑下述因素:

① 根据指令轨迹形状与试验速度,沿指令轨迹选择一些计算点及相应的正交平面。所选正交平面数应在报告中说明。

②x_{cj}、y_{cj}、z_{cj} 是在指令轨迹上第 i 点的坐标。

③x_{ij}、y_{ij}、z_{ij} 是第 j 条实到轨迹与第 i 个正交平面交点的坐标,j 为循环次数。

姿态轨迹准确度 AT_a、AT_b、AT_c 定义为沿轨迹线上指令姿态的最大偏差,计算公式为

$$AT_a=\max|\bar{a}_i-a_{ci}|,\quad i=1,2,\cdots,m \tag{4.74}$$

$$AT_b=\max|\bar{b}_i-b_{ci}|,\quad i=1,2,\cdots,m \tag{4.75}$$

$$AT_c=\max|\bar{c}_i-c_{ci}|,\quad i=1,2,\cdots,m \tag{4.76}$$

其中

$$\bar{a}_i=\frac{1}{n}\sum_{j=1}^{n}a_{ij} \tag{4.77}$$

$$\bar{b}_i=\frac{1}{n}\sum_{j=1}^{n}b_{ij} \tag{4.78}$$

$$\bar{c}_i=\frac{1}{n}\sum_{j=1}^{n}c_{ij} \tag{4.79}$$

式中 a_{ci}、b_{ci}、c_{ci}—— 点(x_{ci}、y_{ci}、z_{ci})处的指令姿态;

a_{ij}、b_{ij}、c_{ij}—— 点(x_{ij}、y_{ij}、z_{ij})处的实到姿态。

(2) 轨迹重复性。

轨迹重复性计算公式为

$$RT_P=\max RT_{Pi}=\max[\bar{l}_i+3S_{li}],\quad i=1,2,\cdots,m \tag{4.80}$$

其中

$$\bar{l}_i=\frac{1}{n}\sum_{j=1}^{n}l_{ij} \tag{4.81}$$

$$S_{li}=\sqrt{\frac{\sum_{j=1}^{n}(l_{ij}-\bar{l}_i)^2}{n-1}} \tag{4.82}$$

$$l_{ij}=\sqrt{(x_{ij}-\bar{x}_i)^2+(y_{ij}-\bar{y}_i)^2+(z_{ij}-\bar{z}_i)^2} \tag{4.83}$$

式中 $\bar{x}_i$、$\bar{y}_i$、$\bar{z}_i$、x_{ij}、y_{ij}、z_{ij}—— 含义同上。

$$RT_a = \max \sqrt[3]{\frac{\sum_{j=1}^{n} (a_{ij} - \bar{a}_i)^2}{n-1}}, \quad i = 1,2,\cdots,m \tag{4.84}$$

$$RT_b = \max \sqrt[3]{\frac{\sum_{j=1}^{n} (b_{ij} - \bar{b}_i)^2}{n-1}}, \quad i = 1,2,\cdots,m \tag{4.85}$$

$$RT_c = \max \sqrt[3]{\frac{\sum_{j=1}^{n} (c_{ij} - \bar{c}_i)^2}{n-1}}, \quad i = 1,2,\cdots,m \tag{4.86}$$

式中　$\bar{a}_i$、$\bar{b}_i$、$\bar{c}_i$、a_{ij}、b_{ij}、c_{ij}—— 含义同上。

(3) 轨迹速度特性。

轨迹速度准确度计算公式为

$$AV = \frac{\bar{v} - v_c}{v_c} \times 100\% \tag{4.87}$$

其中

$$\bar{v} = \frac{1}{n} \sum_{j=1}^{n} \bar{v}_j \tag{4.88}$$

$$\bar{v}_j = \frac{1}{m} \sum_{j=1}^{m} v_{ij} \tag{4.89}$$

式中　v_c—— 指令速度；

v_{ij} —— 第 j 次测量第 i 点处的实到速度；

m—— 沿轨迹测量的次数。

轨迹速度重复性计算公式为

$$RV = \pm \left(\frac{3S_v}{v_c} \times 100\% \right) \tag{4.90}$$

其中

$$S_v = \sqrt{\frac{\sum_{j=1}^{n} (\bar{v}_j - \bar{v})^2}{n-1}} \tag{4.91}$$

式中　v_c、$\bar{v}_j$、$\bar{v}$—— 含义同上。

轨迹速度波动计算公式为

$$FV = \max[\max_{i=1}^{m}(v_{ij}) - \min_{i=1}^{m}(v_{ij}), \quad j = 1,2,\cdots,n] \tag{4.92}$$

式中　v_{ij}—— 含义同上。

4.1.11　重复定向轨迹准确度测试

1. 基本概念

重复定向轨迹准确度表示工业机器人在直线轨迹上以恒定速度运行的同时，姿态沿 3 个方向连续变化时的轨迹准确度。该指标可用于测试工业机器人在指定轨迹上沿 3 个

方向交替变换姿态时对轨迹准确度指标的影响。

2. 试验方法开发

(1) 试验要求。

① 在机器人末端执行器安装100%额定负载,10%额定负载(选测)。

② 机器人的试验速度设为100%额定速度,50%或10%额定速度(选测)。

③ 机器人的试验位姿要求为直线轨迹 $P_6 \rightarrow P_9$,如图4.10所示。

(2) 试验实施程序。

① 机器人的工具中心点(TCP)以选定的试验速度和负载,从指令位姿点 P_6 开始,变姿态地经指令位姿点 P_7、P_1、P_8 到达 P_9,该轨迹为指令轨迹。再回到起点,停顿数秒。$P_6 \rightarrow P_7 \rightarrow P_1 \rightarrow P_8 \rightarrow P_9 \rightarrow P_6$ 为一个运动循环,如图4.18所示。

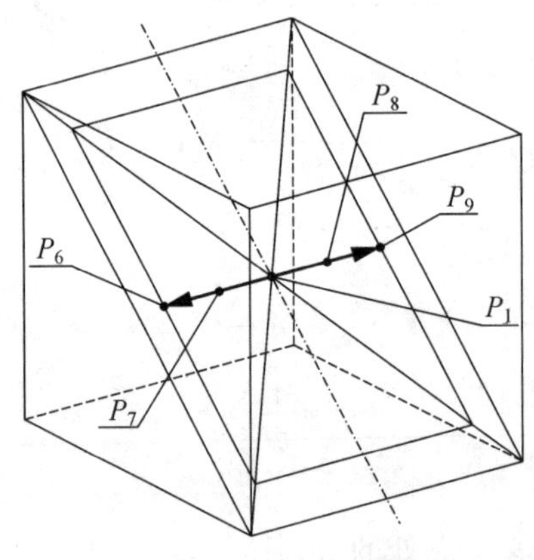

图4.18 试验位姿

② 机器人运动采用连续轨迹控制。

③ 循环次数为10次。

④ 使用检测用仪器设备测量整条轨迹的坐标(即实到轨迹坐标)并记录。

⑤ 试验结束后计算本次测试结果。

3. 试验数据分析

为了以简单方法表示在一条直线轨迹上沿3个方向交替变换姿态的影响,仅测量位置轨迹准确度。

位置轨迹准确度计算公式为

$$AT_P = \max\sqrt{(\bar{x}_i - x_{ci})^2 + (\bar{y}_i - y_{ci})^2 + (\bar{z}_i - z_{ci})^2}, \quad i = 1, 2, \cdots, m \tag{4.93}$$

其中

$$\bar{x}_i = \frac{1}{n}\sum_{j=1}^{n} x_{ij} \tag{4.94}$$

$$\bar{y}_i = \frac{1}{n}\sum_{j=1}^{n} y_{ij} \tag{4.95}$$

$$\bar{z}_i = \frac{1}{n}\sum_{j=1}^{n} z_{ij} \tag{4.96}$$

计算 AT_P 时，应该考虑下述因素：

① 根据指令轨迹形状与试验速度，沿指令轨迹选择一些计算点及相应的正交平面。所选正交平面数应在报告中说明。

② x_{cj}、y_{cj}、z_{cj} 是在指令轨迹上第 i 点的坐标。

③ x_{ij}、y_{ij}、z_{ij} 是第 j 条实到轨迹与第 i 个正交平面交点的坐标。

式中变量含义同 4.1.10 节。

4.1.12　拐角偏差测试

1. 基本概念

拐角偏差表示机器人从一条轨迹转到与之垂直的第二条轨迹时出现的偏差，其中：

圆角误差（CR）为拐角点与实到轨迹间的最小距离。

拐角超调（CO）为机器人不减速地以设定的恒定轨迹速度进入第二条轨迹后偏离指令轨迹的最大值。

2. 试验方法开发

（1）试验要求。

① 在机器人末端执行器安装 100% 额定负载。

② 机器人的试验速度设为 100% 额定速度，50% 或 10% 额定速度（选测）。

③ 机器人的试验位姿要求为：矩形轨迹拐角记为 E_1、E_2、E_3 和 E_4，每个拐角与所在平面各顶点的距离 D 为该平面对角线长度的（10 ± 2）%，如图 4.10 所示。

（2）试验实施程序。

① 机器人的工具中心点（TCP）以选定的试验速度和负载，以 E_4 和 E_1 的中点为起点，直线移向指令拐角点 E_1，再移至 E_1 和 E_2 的中点，然后回到 E_4 和 E_1 的中点，完成一个运动循环，如图 4.19 所示。此外也可选择 E_4、E_2 作为起点和终点。

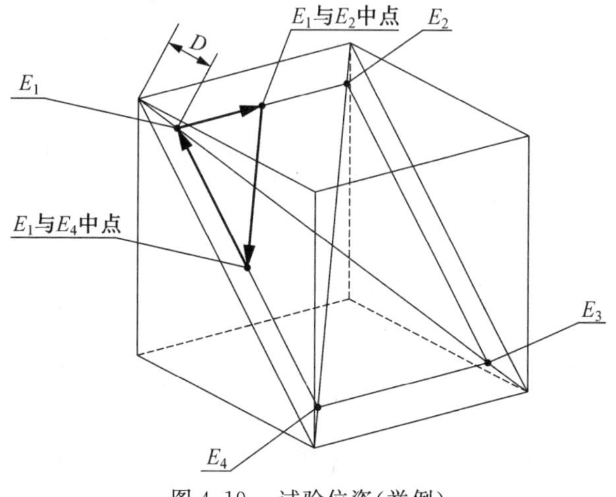

图 4.19　试验位姿（举例）

② 拐角点是两段直线轨迹的交点。在该点,机器人继续运动,不停顿,但可按制造商规定的方式完成两条轨迹的平滑过渡。

③ 循环次数为 3 次。

④ 使用检测用仪器设备测量运动轨迹的坐标(即实到轨迹坐标)并记录。

⑤ 对于指令拐角点 E_2、E_3、E_4 的特性试验与拐角 E_1 程序类似,按上述的 ① ～ ④ 程序进行测试并记录。

⑥ 试验结束后计算本次测试结果。

3. 试验数据分析

圆角误差定义为连续 3 次测量循环计算所得的最大值,计算公式为

$$\mathrm{CR} = \max \mathrm{CR}_j, \quad j = 1,2,3 \tag{4.97}$$

$$\mathrm{CR}_j = \min\sqrt{(x_i - x_e)^2 + (y_i - y_e)^2 + (z_i - z_e)^2}, \quad i = 1,2,\cdots,m \tag{4.98}$$

式中　x_e、y_e、z_e—— 指令拐角点的坐标;

x_i、y_i、z_i—— 实到轨迹上的指令拐角附近第 i 个点的坐标。

拐角超调定义为连续 3 次测量循环计算所得到的最大值,如第二条指令轨迹沿 Z 轴方向定义,且第一条指令轨迹在 $-Y$ 轴方向,则拐角超调计算公式为

$$\mathrm{CO} = \max \mathrm{CO}_j, \quad j = 1,2,3 \tag{4.99}$$

$$\mathrm{CO}_j = \max\sqrt{(x_i - x_{ci})^2 + (y_i - y_{ci})^2}, \quad i = 1,2,\cdots,m \tag{4.100}$$

式中　x_{ci}、y_{ci}—— 指令轨迹上对应于 z_{ci} 的点坐标;

x_i、y_i—— 实到轨迹上对应于 z_i 的点坐标。

当$(y_i - y_{ci})$为正时,式(4.99)与式(4.100)才是正确的;若$(y_i - y_{ci})$为负,则不存在拐角超调。

4.1.13　最小定位时间测试

1. 基本概念

定位时间是机器人在点位控制方式下从静态开始移动一定距离和(或)摆动一定角度到达稳定状态所经历的时间。机器人稳定于实到位姿所用的时间包含于总的定位时间内。该指标可用于确定工业机器人的工作节拍。

2. 试验方法开发

(1) 试验要求。

① 在机器人末端执行器安装 100% 额定负载,10% 额定负载(选测)。

② 机器人的试验速度设为 100% 额定速度。

③ 机器人的试验位姿为 $P_1 \to P_{1+1} \to P_{1+2} \to P_{1+3} \to P_{1+4} \to P_{1+5} \to P_{1+6} \to P_{1+7}$,如图 4.20 所示,其中测试点与前一位姿的距离见表 4.5。

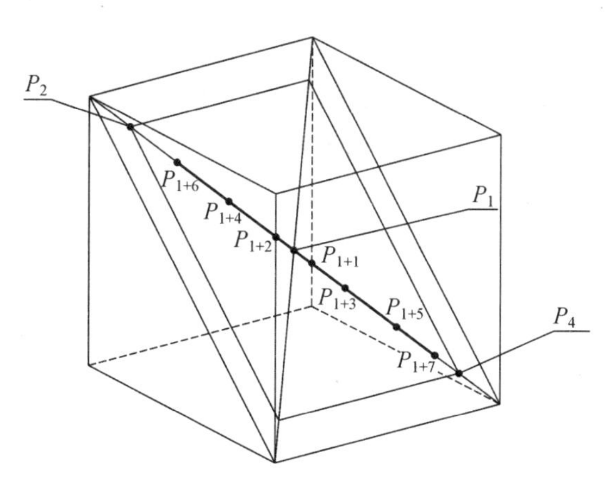

图 4.20　试验位姿

表 4.5　最小定位时间测试点与前一位姿的距离

位姿	P_1	P_{1+1}	P_{1+2}	P_{1+3}	P_{1+4}	P_{1+5}	P_{1+6}	P_{1+7}
与前一位姿的距离 $(D_x=D_y=D_z)$/mm	0	−10	+20	−50	+100	−200	+500	−1 000

(2) 试验实施程序。

① 机器人的工具中心点(TCP) 以选定的试验速度和负载移动，$P_1 \to P_{1+1} \to P_{1+2} \to P_{1+3} \to P_{1+4} \to P_{1+5} \to P_{1+6} \to P_{1+7} \to P_1$ 为一个运动循环。

② 位姿点 P_{1+n} 的总数 n 取决于 P_2 和 P_4 之间的距离，位姿点 P_{1+n} 的选取应在 P_2 和 P_4 之间。

③ 循环次数为 3 次。

④ 使用检测用仪器设备测量整条轨迹的坐标并记录。

⑤ 试验结束后计算本次测试结果。

3. 试验数据分析

机器人位置稳定时间包含于总的定位时间内。最小定位时间为 3 次测量的平均值。

4.1.14　静态柔顺性测试

1. 基本概念

静态柔顺性表示机器人在单位负载作用下最大的位移，可在机器人机械接口处加载并测量位移。该指标可用于表示工业机器人的刚度特性。

2. 试验方法开发

(1) 试验条件要求。

① 在平行于机座坐标轴的 $+X$、$+Y$、$+Z$、$-X$、$-Y$、$-Z$ 6 个方向上，以 10% 额定负载施加在机器人工具中心点(TCP)。

② 机器人的试验位姿为 P_1，如图 4.10 所示。

(2) 试验实施程序。

① 利用测量仪器测量空载时机器人工具中心点(TCP)的空间坐标值。

② 在工具中心点(TCP)处,平行 Z 轴正方向,以10%额定负载为增量,逐步增加到额定负载。

③ 负载变化后,使用检测用仪器设备测量工具中心点处的空间坐标并记录。

④ 在 $-Z$ 轴、$+X$ 轴、$-X$ 轴、$+Y$ 轴和 $-Y$ 轴5个方向,按上述的①~③程序进行测试并记录。

⑤ 试验结束后计算每个方向的测试结果。

3. 试验数据分析

静态柔顺性表示机器人机械接口处在单位负载(单位为N)作用下的最大位移(单位为mm),S 为柔顺性(单位为mm/N),计算公式为

$$S=\frac{1}{i}\overline{S}_i,i=1,2,\cdots,n \tag{4.101}$$

$$\overline{S}_i=\frac{1}{10}\sum_{j=1}^{10}D_j \tag{4.102}$$

$$D_j=\frac{1}{jF}\sqrt{(x_j-x_c)^2+(y_j-y_c)^2+(z_j-z_c)^2},j=1,2,\cdots,10 \tag{4.103}$$

式中　$\overline{S}_i$——按额定负载10%比例逐次增加到额定负载后的柔顺性;

D_j——第 j 次施加10%额定负载后的柔顺性;

x_j、y_j、z_j——第 j 次施加10%额定负载后的坐标值;

x_c、y_c、z_c——空载状态下的坐标值;

F——被测机器人的10%额定负载,N。

4.1.15　摆动偏差测试

1. 基本概念

摆动是轨迹上一个或多个运动的组合,主要用于弧焊。摆动偏差分为摆幅误差(WS)和摆频误差(WF)两个特性指标。

摆幅误差(WS)表示实际摆幅平均值 S_a 与指令摆幅 S_c 之间的偏差,以百分比表示。

摆频误差(WF)表示实际摆频 F_a 与指令摆频 F_c 之间的偏差,以百分比表示。

2. 试验方法开发

(1) 试验条件要求。

① 在机器人末端执行器安装100%额定负载,10%额定负载(选测)。

② 机器人的试验速度设为100%额定速度,50%或10%额定速度(选测)。

③ 机器人的试验轨迹:设定工业机器人的摆幅(S_c)和摆动距离(WD_c),使机器人由 P_6 摆动至 P_9,为锯齿状摆动轨迹。

(2) 试验实施程序。

① 在机器人的工具中心点(TCP) 以选定的试验速度和负载,从试验指令摆动轨迹起始点 P_6 开始,运动摆动至轨迹终点 P_9。$P_6 \rightarrow P_9$ 为一个运动循环,如图 4.21 所示。

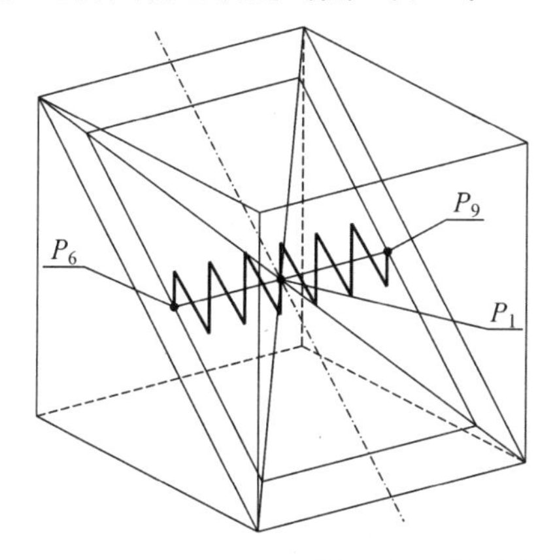

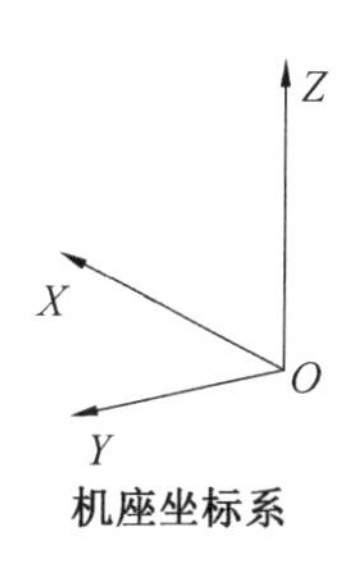

图 4.21　试验位姿(举例)

② 循环次数为 10 次。

③ 使用检测用仪器设备测量整条轨迹的坐标并记录。

④ 试验结束后计算本次测试结果。

3. 试验数据分析

摆幅误差(WS) 计算公式为

$$\mathrm{WS}=\frac{S_a-S_c}{S_c}\times 100\% \tag{4.104}$$

摆频误差(WF) 计算公式为

$$\mathrm{WS}=\frac{F_a-F_c}{F_c}\times 100\% \tag{4.105}$$

其中

$$F_a=10\times\frac{\mathrm{WV}_a}{1-\mathrm{WD}_a} \tag{4.106}$$

$$F_c=10\times\frac{\mathrm{WV}_c}{1-\mathrm{WD}_c} \tag{4.107}$$

式中　WV_c—— 指令摆动速度;

WV_a—— 实际摆动速度;

WD_c—— 指令摆动距离;

WD_a—— 平均的实际摆动距离。

4.1.16　测试结果评价

目前现行的国家标准、国际标准、行业标准等并没有对工业机器人的运动性能中涉及的位姿准确度、位姿重复性等性能指标的限值提出具体要求。因此在对工业机器人产品

的运动性能进行测试并评价时,可根据工业机器人产品标称的性能指标,与经过测试获得的试验结果进行比对。例如,在进行位姿重复性试验时,当测试中5个点的位置重复性均小于等于该工业机器人的标称值时,则可认为该工业机器人该项特性是满足要求的。

4.2 工业机器人环境适应性要求及检测方法

4.2.1 概述

工业机器人的环境适应性是指工业机器人产品在寿命周期中的综合环境因素作用下能实现所有预定的性能和功能且不被破坏的能力,是产品对环境适应能力的具体体现,是一种重要的质量特性。

环境适应性主要考核气候环境适应性和机械环境适应性两方面内容。

(1)气候环境适应性。

工业机器人在运输、贮存、使用等寿命周期中一般会承受不同的气候环境应力(如高温、低温、湿热等),在预计可能的气候环境应力的作用下应能实现其预定功能和性能。

(2)机械环境适应性。

工业机器人在运输、贮存和使用过程中会承受不同的机械环境应力(包括振动、冲击等),在预计可能的机械环境应力的作用下应能实现其预定功能和性能。

4.2.2 标准应用

国际上,特别是欧盟国家,通常采用IEC 60068系列标准对工业机器人产品的环境适应性进行评价。在我国国家标准中,环境适应性系列标准主要是等同采纳国际标准。其中,GB/T 2423系列标准等同采用IEC 60068系列标准。

全国工业自动化系统与集成标准化技术委员会在2020年发布了《工业机器人特殊气候环境可靠性要求和测试方法》(GB/T 39006—2020)和《工业机器人机械环境可靠性要求和测试方法》(GB/T 39266—2020)两项国家推荐标准。

本节对工业机器人通常涉及的环境适应性项目进行重点介绍,其中涉及6项环境适应性试验和测试技术,具体如下。

(1)低温试验。

(2)高温试验。

(3)恒定湿热试验。

(4)振动试验。

(5)冲击试验。

(6)运输试验。

这6项环境适应性试验和测试技术均依据基础标准规定的试验方法实施,后面章节将依据产品标准的要求和基础标准的试验方法对其逐项进行介绍。

4.2.3 气候环境试验

1. 试验设备

气候环境试验设备模拟的主要是大自然固有的环境因素，如温度、湿度、风、雨、雷、电等；还有部分环境因素，如砂尘、火烧等，既有自然界客观存在，也可人为诱发产生。对工业机器人产品进行气候环境试验使用的主要设备类型见表4.6。

表4.6　气候环境试验设备类型

序号	试验类型	试验设备(试验箱)类型
1	温度试验	高温试验箱
		低温试验箱
		高低温试验箱
		温度冲击试验箱
2	湿热试验	恒定湿热试验箱
		交变湿热试验箱

(1)技术指标要求。

气候环境试验箱的选择应满足表4.7中的试验参数要求。

表4.7　气候环境试验箱的试验参数要求

项目	试验参数要求
内部容积	约被试样品体积的5倍
温度范围/℃	−70～150
温度变化速率/(℃·min^{-1})	基本环境试验不大于1， 环境应力筛选时为5～10
湿度①范围/(%RH)	10～100
湿度用水电阻率/(Ω·m)	不小于500
风速/(m·s^{-1})	0.5～2

注：①相对湿度单位为%；湿度单位为%RH。

气候环境试验箱技术指标应满足试验允差和精度要求，所依据的标准温湿度参数变化范围及容许误差见表4.8。

表4.8　气候环境试验参数变化范围及容许误差

环境参数	温度范围	偏差	均匀度	波动度
温度/℃	−70～150	±2.0	2.0	±0.5
湿度/(%RH)	10～100	±5.0	7.0	±3.0

(2)设备使用。

试验人员应遵照设备使用说明书和设备操作规程,按章操作,非专业人员不可操作设备,因不同厂家、不同型号的设备操作不尽相同,此处仅对通用的操作流程和注意事项进行简要介绍。

设备操作流程主要如下。

①运行前检查。

a. 检查压缩机进、排气口压力值是否正常。开机前压力传感器显示的压力值为静态平衡压力,将该值与厂家标定压力值进行比对,若差别不大(压力值会受环境温度影响稍有变化)即可视为正常。观察开机前压缩机进、排气口压力值是判断制冷剂是否存在泄漏的重要方法。

b. 检查压缩空气压力、冷却水压力是否正常。

c. 检查动力供电、加湿用水液位是否正常。

d. 打开控制器,检查控制器的温湿度示值是否接近于大气环境的温湿度值。

运行前检查全部正常,才可以按设备操作规程启动设备开始试验。

②运行中监视。

气候环境试验箱通常按照设定的试验程序自动运转,但为了防止气候环境试验箱在运行过程中出现非预期的故障,试验人员应监视气候环境试验箱的工作状态。

a. 透过观察窗观察被试工业机器人产品的状态。

b. 通过控制系统的显示屏查看气候环境试验箱的运行状态,确认气候环境试验箱的运行参数是否满足试验标准要求;查看气候环境试验箱历史运行记录,检查试验过程的运行状态。

c. 通过压缩机组的运转噪声及运行是否有异响判断机组的运转是否正常。

d. 观察压缩机进、排气口压力值是否正常。

e. 观察加湿用水的液位,确认加湿用水是否需要补充。

除上述所列的观察手段,气候环境试验箱还会配置其他观察手段,试验人员应该按照生产厂商给出的设备操作说明书,充分利用各种观察方法,保证气候环境试验箱运转正常,顺利完成试验。

③设备关机。

试验运行程序完成后,应增加一步后置程序,让气候环境试验箱缓慢恢复到大气环境温湿度,而不要在高温或低温状态下突然停机。恢复到室温后,试验人员按照操作规程要求的步骤关机,先停机、再关水、最后切断供电。

(3)常见故障及解决方法。

气候环境试验箱通常具备故障诊断、自我检测、保护报警等系统,当气候环境试验箱各个组成部分的运行参数(如制冷剂的压力、润滑油压差、超温保护值、冷却水压力等)出现偏离设定的数值范围时,控制系统会报警并停机。试验人员应该根据报警信息,及时查找故障的源头并进行处置后,再次开机运行。

常见故障现象及排查解决方法见表 4.9。

表 4.9　气候环境试验箱常见故障现象及排查解决方法

序号	故障现象	可能原因	解决方法
1	控制器无显示	①外部供电电源无电； ②控制器供电端子接线脱落； ③触摸屏与 PLC 通信线脱落； ④控制器故障	①检查外部供电电源； ②检查连线并重新固定； ③重新连接通信线； ④更换控制器
2	启动设备后，设备不能运行	①设备报警； ②控制器故障或与厂方联系； ③控制屏与 PLC 通信线脱落	①根据报警信息进行处理； ②更换控制器； ③重新连接通信线
3	不加热	①超温保护动作； ②设定温度低于测量温度； ③固态继电器损坏； ④加热器损坏； ⑤测温传感器故障	①重新设置超温报警温度值； ②重新设置温度； ③更换固态继电器； ④更换加热器； ⑤检查测温传感器
4	显示乱跳	①连线松动； ②测温传感器损坏； ③控制器故障	①检查连线； ②更换测温传感器； ③检修控制器或与厂方联系
5	加热失控（超温保护）	①设定温度过高； ②固态继电器损坏； ③测温传感器故障； ④控制器故障	①重新设定到所需的温度值； ②更换固态继电器； ③检查测温传感器及其连线； ④检修控制器或与厂方联系
6	加湿不受控	①加湿器故障； ②水泵损坏； ③无供水水源或水路未排空； ④水位太低	①更换加湿器； ②更换水泵； ③打开供水水源，将水路排空； ④重新调整水位
7	机壳带电	①保护接地线未接好； ②其他负载线脱落； ③加热器绝缘性能不良； ④加湿器绝缘性能不良； ⑤因缺水致加湿器烧损	①接好保护接地线； ②检查线路； ③检修或更换加热器； ④检修或更换加湿器； ⑤检修水路并更换加湿器
8	不制冷	①压缩机未启动； ②氟利昂泄漏； ③设定温度不正确	①等待 10 min 后再启动； ②泄漏处补焊并添加制冷剂； ③重新设定温度
9	可制冷，但降温慢	①氟利昂泄漏； ②工作室水分过多	①泄漏处补焊并添加制冷剂； ②用干净棉纱抹干水分，工作室加热烘干一段时间后降温
10	升温缓慢	①加热器部分损坏； ②固态继电器损坏	①更换加热器； ②更换固态继电器

(4)设备维护。

气候环境试验箱通常都附有详细的维护保养手册,试验人员应按照相关要求进行设备维护,以保障试验箱能长期稳定地运行。除此之外,试验人员还应注意以下事项。

①定期更换过滤器和干燥器。

a.过滤器用于加湿用水的去离子化,过滤器在长期使用后其表面附着的钙、镁等离子会随着蒸汽喷入气候环境试验箱,污染被试验件的表面,因此应定期更换过滤器。

b.干燥器通过化学反应对空气反复进行吸湿还原的过程以获得干燥空气,干燥器长期使用后将失去吸湿的作用,因此应定期更换干燥器。

c.制冷管路系统中的干燥过滤器,用于吸收混入制冷剂中的水汽和过滤固体微粒。在制冷系统中若存在水分会锈蚀制冷部件及管路,使润滑油乳化变质,严重时会造成制冷系统的"冰塞"现象,固体微粒会加剧制冷系统运动部件(如压缩机、电磁阀)的磨损,或阻塞节流通道,对设备造成损害;此外干燥过滤器在吸水饱和或阻塞严重时,会节流流通的制冷剂,导致少量的制冷剂在干燥过滤器内蒸发制冷,此时干燥过滤器的外壳手感冰冷,甚至凝露、结霜,日常使用中若察觉此情况应及时更换干燥过滤器。

②定期补充及更换润滑油。

在制冷系统长期稳定的运行中,部分管道及元部件中会沉积冷冻润滑油,因此应注意观察压缩机曲轴箱的油面指示镜,当油液位过低时应及时补充润滑油。压缩机的长期运转会引起轴承轴套的磨损,这些磨损的微粒大部分会随着润滑油回到油箱。如果从油面指示镜中发现油液的颜色变化,可以从油箱底部的放油孔中放出少量油液进行检查,发现油液呈黑褐色且磨屑杂质较多时,应及时更换润滑油。试验人员需要进行的常规维护保养内容见表4.10。

表4.10　气候环境试验箱常规维护保养内容

序号	项目	内容
1	设备清洁	工作室清洁、设备外部清洁
2	温度传感器	干湿球及一体化表面清洁
3	湿球纱条	清洗或更换
4	超温保护	测试功能是否正常
5	风冷凝器	检查风机是否正常、冷凝器上散热片除尘
6	水冷凝器	冷凝器漏水检查、冷凝器除水垢
7	加湿器	加湿器清洗、加湿器除垢
8	蒸发器	蒸发器表面清理
9	电控柜	电控柜防尘罩除尘、检查紧固螺丝、保护元器件功能测试
10	纯水器	水质检查、纯水器加工业盐(食盐)
11	储水箱	储水箱清洗
12	压缩机	油液位检查

(5)性能核查。

为保障检测结果准确可靠且具备溯源性,设备应定期进行校准,在两次校准周期之间,应根据设备的使用频率对气候环境试验箱进行性能核查。试验人员应依据气候环境试验箱性能核查方法进行相关技术参数的符合性验证。

气候环境试验箱核查方法可参考《环境试验设备检验方法　第 2 部分:温度试验设备》(GB/T 5170.2—2017)和《环境试验设备温度、湿度参数校准规范》(JJF 1101—2019)。

①核查内容和偏差范围规定。

实验室根据自身需要,选择不同项目进行核查。温度参数主要指标包括温度偏差、温度波动度和温度均匀度 3 个项目;湿度参数主要指标包括湿度偏差、湿度波动度和湿度均匀度 3 个项目。对于偏差范围的规定,可参考表 4.8 中所列各参数容许误差。本节以温度参数的核查为例进行介绍,湿度参数的核查可参照进行。

②核查设备。

环境试验方法中通常都会明确环境参数的量值及精度指标,根据量值溯源及环境试验方法的规定,核查设备测量环境参数的最大误差不能超过被测参数测量值允许误差的 1/3。

③核查点的选取。

温度核查点的选取原则如下。

a. 试验中规定的有代表性的温度标称值。

b. 校准报告中的标称值。

④测试点的位置与数量。

根据试验设备容积的大小,将工作空间分为上、中、下 3 层。中层通过工作空间几何中心点,将一定数量的温度传感器布放在其中规定的位置上。试验设备容积小于等于 2 m^3 时,温度测量点为 9 个;试验设备容积大于 2 m^3 时,温度测量点为 15 个。温度传感器放位置和距离要求参照 GB/T 5170.2—2017 中相关规定。

⑤核查数据记录。

按规定布放温度传感器,将试验设备的温度控制器设定为核查点温度值,启动设备运行。当温度稳定后开始读数,记录时间间隔为 2 min,在 30 min 内共记录 16 组数据。

⑥数据处理。

对核查记录的数据,按照 GB/T 5170.2—2017 中所述方法进行运算,得出温度偏差、温度波动度和温度均匀度,核查结果所反映的设备情况如下。

a. 温度偏差分为上偏差和下偏差。上偏差为规定时间内所测的最高温度点与标称值的偏差。下偏差为规定时间内所测的最低温度点与标称值的偏差。上偏差和下偏差都应该在标准的允差范围以内,上偏差－下偏差≤2×|允差|,它反映着设备的控温准确性。

b. 温度均匀度是在任一时刻,设备工作空间最高温度值和最低温度值的最大差值,它反映着设备控温水平的一致性。

c. 温度波动度是气候环境试验箱工作空间内任一点温度随时间的变化量。箱体发散热量并不均匀,会在短时间内出现一定的波动,温度波动度反映着设备的控温稳定能力。

核查结束后,对核查的结果进行评价,根据核查的结果判断设备是否可以继续使用。若核查结果超出试验中规定的允许误差范围,则应找出原因,改进或修正设备,然后重新进行核查,直至试验设备符合要求。

2. 标准要求

产品标准《工业机器人特殊气候环境适应性要求和测试方法》(GB/T 39006—2020)明确了对工业机器人在寿命周期中温湿环境适应性的一般性要求:在低温环境(包含贮存或运行)的影响下,工业机器人应不产生由材料脆化、器件失效等引起的外观、功能、性能异常;在高温环境(包含贮存或运行)的影响下,工业机器人应不产生由材料老化、器件失效等引起的外观、功能、性能异常;在湿热环境的影响下,工业机器人应不产生由电化学腐蚀、电气短路、润滑剂性能降低等引起的外观、功能、性能异常。

3. 试验方法开发

《电工电子产品环境试验　第2部分:试验方法　试验A:低温》(GB/T 2423.1—2008)规定了低温试验的基本方法。《电工电子产品环境试验　第2部分:试验方法　试验B:高温》(GB/T 2423.2—2008)规定了高温试验的基本方法。《环境试验　第2部分:试验方法　试验Cab:恒定湿热试验》(GB/T 2423.3—2016)规定了恒定湿热试验的基本方法。工业机器人产品的温湿度试验主要依据这3个基础标准实施。

(1)试验条件要求。

对工业机器人产品进行温湿度试验时,其试验环境条件的具体要求见表4.11。

表4.11　试验环境条件

环境参数	要求
气候条件	(1)对工业机器人进行预处理,即试验前工业机器人需在下列标准条件下贮存至少24 h; (2)预处理环境条件满足: ①环境温度:15～35 ℃; ②湿度:20%RH～80%RH; ③大气压力:试验场所气压

在标准条件下对工业机器人进行试验前和试验后的检查试验,主要包括在外观检查和功能检查。功能检查项目通常包括:按钮功能和显示装置检查、联锁功能检查、各轴动作检查、指令动作检查。通电后,工业机器人以设定程序执行预期运动,视为工作状态。

(2)试验严酷等级。

通常温湿度试验环境依据样品在该环境下是否通电运行分为工作环境和贮存环境,工业机器人贮存环境的一般要求为低温－40 ℃和高温55 ℃。工业机器人的工作环境依据使用情况分为以下几类:

①类别Ⅰ:室内公共区域。

②类别Ⅱ:有淋雨防护和日晒防护的室外,或者环境条件恶劣的室内。

③类别Ⅲ:一般意义上的室外。

工业机器人在低温、高温和恒定湿热工作环境试验参数见表4.12。

表 4.12　工业机器人工作环境试验参数

试验项目	试验参数	工作环境		
		类别Ⅰ	类别Ⅱ	类别Ⅲ
低温试验（工作状态）	T_{min}/℃	0	−10	−40
高温试验（工作状态）	T_{max}/℃	45	45	55
恒定湿热试验（工作状态）		温度为 40 ℃，湿度为(85±3)%RH		

注：T_{min}——标称最低温度，℃；T_{max}——标称最高温度，℃。

(3)试验布置要求。

工业机器人本体及其电气控制装置作为被试产品应放置在气候环境试验箱中部，样品总体积不得超过气候环境试验箱内部容积的 20%～35%，推荐选用 20%。被试产品外轮廓面距气候环境试验箱内壁的距离应大于该方向上对应的两个内壁间直线距离的(1/10～1/8)，推荐选用1/8。如果工业机器人样品需进行工作状态试验，则工业机器人本体应牢固固定在气候环境试验箱底面，避免工业机器人通电运动后出现倾覆等安全问题，且电气控制装置应布置在机械臂作业空间之外。图 4.22 为工业机器人在气候环境试验箱内贮存状态的试验布置。图 4.23 为工业机器人在气候环境试验箱内工作状态的试验布置。

图 4.22　工业机器人在气候环境试验箱内贮存状态的试验布置

(4)试验实施程序。

①试验计划(或作业指导)中应明确试验要求和试验程序。

试验计划主要包括以下内容：

a.确定工业机器人产品的试验布置安装方式。

b.确定工业机器人产品在条件试验期间时的状态(工作或贮存)。

c.确定试验严酷等级，即温湿度和试验持续时间。

图 4.23　工业机器人在气候环境试验箱内工作状态的试验布置

d.确定试验温度变化速率。

e.确定条件试验期间的测量和负载。

f.确定试验恢复条件和最后检测。

②低温贮存试验实施程序。

将工业机器人放入气候环境试验箱中,然后将气候环境试验箱的温度设置到－40 ℃后启动气候环境试验箱。试验过程中,当试验温度低于 30 ℃时,相对湿度不应超过 50%。

当试验箱内温度达到－40 ℃后,开始计时。工业机器人在此条件下连续暴露 24 h。试验结束后增加一段后置程序,试验箱升温至大气环境温湿度,稳定一段时间后取出工业机器人。为防止样品出箱时出现凝露现象影响性能,试验全程升降温速率为 1 ℃/min。整个试验过程中,工业机器人处于不带电贮存状态。

试验结束后,待工业机器人恢复到标准条件后进行验证试验。

为防止试验中工业机器人出现结冰和凝露,允许将工业机器人用塑料膜密封后进行试验,必要时还可以在塑料膜内装入吸潮剂。

③低温运行试验实施程序。

将工业机器人放入气候环境试验箱中,然后将气候环境试验箱温度设置到 T_{min} 后启动气候环境试验箱。试验过程中,当试验温度低于 30 ℃时,相对湿度不应超过 50%。

当箱内温度达到 T_{min} 后,待温度稳定,使工业机器人通电运行,并在此条件下连续暴露4 h。整个试验过程中工业机器人处于试验工作状态。

试验结束后,将工业机器人断电停止运行,气候环境试验箱升温,使样品温度保持并稳定在与试验室大气条件相同或稍高 1～2 ℃,调整气候环境试验箱内相对湿度至与试验室大气环境条件同等,稳定一段时间后取出工业机器人。为防止样品出箱时出现凝露现象,试验全程升降温速率为 1 ℃/min。

④高温贮存试验实施程序。

将工业机器人放入气候环境试验箱中,然后将气候环境试验箱设置到 55 ℃后启动气候环境试验箱。试验过程中,试验环境相对湿度不超过 50%。

当箱内温度达到 55 ℃后，开始计时。工业机器人在此条件下连续暴露为 24 h，试验结束后待箱内温度恢复到室温后取出工业机器人，试验全程升降温速率为1 ℃/min。整个试验过程中，工业机器人处于不带电贮存状态。

试验结束后，待工业机器人恢复到标准条件后进行验证试验。

⑤高温运行试验实施程序。

将工业机器人放入气候环境试验箱中，将气候环境试验箱设置到 T_{max}后启动气候环境试验箱。试验过程中试验环境相对湿度不超过 50%。

当箱内温度达到 T_{max}，待温度稳定后通电运行，工业机器人在此条件下连续暴露4 h。整个试验过程中工业机器人处于工作状态。

试验结束后，工业机器人断电、停止运行，待箱内温度恢复到室温后取出工业机器人，试验全程升降温速率为 1 ℃/min。

⑥恒定湿热试验实施程序。

将工业机器人放入气候环境试验箱内，从室温开始试验，当温度达到设定值 40 ℃且稳定一段时间后，再调整湿度达到设定值(85±3)%RH，这样可以避免湿度过大时样品表面出现凝露。当气候环境试验箱内条件达到规定温湿度条件时，开始计时，工业机器人在此条件下连续暴露 48 h。还可根据实际使用情况采用合适的试验持续时间，应在试验报告中进行注明并说明原因。整个试验过程中工业机器人处于工作状态。

试验结束后，工业机器人应有一段恢复时间，使工业机器人处于与初始检测时相同的大气环境条件。

需注意湿热试验对试验用水有明确要求，供水应采用纯净水、蒸馏水或去离子水，GB/T 2423.3—2016 标准要求纯水电导率不超过 20 μs/cm，换算为纯水电阻率不小于 500 Ω·m，电阻率越高说明水的绝缘性越好，使用纯水可以防止气候环境试验箱湿度传感器和水位开关短路损坏。进行湿热试验时，气候环境试验箱内壁和顶部的凝结水不应滴落在试验样品上，有喷雾系统的试验箱内，样品应远离喷射口且湿气不可直接喷到样品上，凝结水应连续排出气候环境试验箱，排出的凝结水不能重复使用。

4. 试验结果评价

(1)试验失效模式和机理。

温湿度试验的失效模式和失效机理见表 4.13。

(2)评价准则。

温湿度试验前后，应对工业机器人进行外观检查、功能检测，除相关产品另有规定外，功能性检测项目包括：按钮功能和显示装置检查、连锁功能检查、各轴动作检查、指令动作检查。试验中出现以下情况即视为产品不符合标准要求：

①被测工业机器人不能工作或部分功能丧失。

②被测工业机器人参数检测结果超出规范(规定)允许范围。

③被测工业机器人的材料出现脆化或老化、电化学腐蚀、元器件失效等情况。

表 4.13　温湿度试验的失效模式和失效机理

序号	环境因素	失效模式	失效机理
1	低温	①润滑性能降低; ②电气性能或机械性能发生变化; ③机械强度降低,破裂、断裂; ④结构损坏,运动零部件磨损加剧	①黏度增大,固化; ②结冰; ③脆化; ④物理性收缩
2	高温	①绝缘失效; ②电气性能变化; ③变形、卡死、爆裂; ④结构损坏; ⑤润滑性能降低; ⑥机械应力增加; ⑦运动零部件磨损加剧	①热老化; ②氧化; ③结构变化; ④化学反应; ⑤软化、熔化和升华; ⑥黏性降低,蒸发; ⑦物理性膨胀
3	恒定湿热	①膨胀,包装器材破坏,物体破裂; ②电气绝缘强度降低,绝缘体导电性增大; ③机械强度降低,功能受影响; ④电气性能下降	①受潮; ②化学反应; ③腐蚀; ④电蚀

4.2.4　机械环境试验

1. 试验设备

机械环境试验设备模拟的环境因素大部分属于诱发环境因素,对工业机器人产品进行机械环境试验所使用的试验设备见表 4.14。

表 4.14　机械环境试验设备

序号	试验类型	试验设备
1	振动试验	机械振动试验台
		气动振动试验台
		液压振动试验台
		电磁振动试验台
2	冲击试验	碰撞试验台
		跌落式冲击试验台
		振动试验台
3	运输模拟试验	振动试验台

振动台依据振动的实现方式不同主要分为电磁式、液压式、机械式和气动式。由于气动式振动台无法精确控制输出的频率,所以只用在特定的场合。机械式振动台因为其频率范围较窄且波形输出质量较差,除了一些特殊用途外,已经很少被使用。现在主流的振

动台就为电磁式振动台和液压式振动台。

振动台依据振动输出的轴向力不同分为单轴振动台、三轴振动台和六轴振动台。其中以单轴振动台最为普遍，而三轴振动台是在单轴振动台的基础上利用夹具来实现的。六轴振动台现在国内也已经有产品推出，主要应用在汽车和军工领域。振动台类型及特点见表 4.15。

表 4.15　振动台类型及特点

参数	电磁式振动台	液压式振动台	机械式振动台
额定推力/kN	0.1～1×10^3	0.1～2×10^3	0.1～500
承载能力/kg	1 000	5 000	1 000
最大位移/mm	±(5～50)； 典型值：±12.5	±(5～500)； 典型值：±100	±(5～50)； 典型值：±10
最大速度/(m・s^{-1})	<2.0； 典型值：1.8	>2.0； 取决于活塞面积及流量	<1.0； 典型值：0.5
空载最大加速度/(m^2・s^{-1})	1 000～1 500； 典型值：1 000	500； 典型值：100	300； 典型值：100
频率范围/Hz	0.5～10 000； 典型值：5～2 000	0～1 000； 典型值：0.1～200	0.1～200； 典型值：100
波形失真度/%	2～25； 典型值：10	5～50； 典型值：20	10～50； 典型值：25
横向振动/%	5～45； 典型值：20	5～30； 典型值：20	20～50； 典型值：30 以上
台面加速度 不均匀性/%	5～45； 典型值：25	5～30； 典型值：10	20～50； 典型值：30 以上
偏载能力	中等	最强	较差
激励波形	各类波形	各类波形	正弦振动
使用成本	高	高	最低

(1)力学试验设备技术指标要求。

力学试验设备的选择应满足的力学试验参数要求见表 4.16。

表 4.16　力学试验参数要求

项目	参数要求
振动频率范围	0～5 kHz； 与产品的工作任务有关，多数为 5～2 000 Hz
振动方式	正弦(定频、扫频)； 随机(宽带、窄带)
扫频曲线谱型	取决于产品任务的极值环境剖面
冲击波形	经典波形：半正弦波、梯形波、后峰锯齿波等
量值	取决于产品任务的极值环境剖面
其他	试验前、试验后进行产品的性能检查； 试验中一般应有和外界接口的条件

力学试验设备技术指标应满足试验允差和精度要求,力学试验参数变化范围及容许误差见表 4.17。

表 4.17　力学试验参数变化范围及容许误差

环境参数	一般参数变化范围	容许误差	测试精度
加速度	1～2 000 m/s²	±10%	±3%
速度	0.1～20 m/s	±10%	±3%
幅值(振动)	0.1～10 mm; 1.1～1 000 mm	±10%	±3%
频率	1～10 000 Hz	±2%(大于等于 100 Hz 时); ±0.5 Hz(小于 100 Hz 时)	±0.5%(大于等于 100 Hz 时); ±0.15 Hz(小于 100 Hz 时)

(2)核对振动台性能参数。

根据工业机器人产品尺寸及质量、夹具质量和试验条件等信息,核对振动台性参数是否能满足试验要求。

①核对最大推力 F_m。

给定负载的质量(含被试工业机器人产品质量 M_s 和夹具质量 M_j)和最大加速度 A_m,根据已知振动台运动部件的质量 M_d,理论上需要的最大推力 F_m 为

$$F_m=(M_d+M_s+M_j)\times A_m \tag{4.108}$$

式中　F_m——振动试验需要的最大推力,kN;

M_d——垂直振动时,M_d 为振动台动圈和扩展台面的总质量;水平振动时,M_d 为振动台动圈加连接牛头和水平滑台的总质量,kg;

M_s——样品的质量,kg;

M_j——夹具的总质量,kg;

A_m——正弦振动最大加速度或随机振动的均方根加速度,m/s^2。

试验前应核对样品在标准试验条件下的最大推力,振动台能提供的推力应至少为试验条件所需的最大推力。通常振动台还要预留一定的安全系数,实际确定振动台的最大推力为 F_m 的 1.2 倍时才能满足试验需求。

②核对最大速度 V_m。

正弦振动为简谐振动,给定振动频率 f 和振动幅值 A_0 即可确定速度,正弦振动的最大速度 V_m 为

$$V_m=A_0\omega\times10^{-3}=A_0\times2\pi f\times10^{-3} \tag{4.109}$$

式中　V_m——正弦振动试验时的最大速度,m/s;

A_0——振动时最大位移(单峰值 o－p),mm;

ω——简谐振动的圆周率,$\omega=2\pi f$,rad/s;

f——振动频率,Hz。

试验前应核对样品在标准试验条件下的最大速度,试验最大速度应不超过振动台标称的速度值。

③核对最大位移 A_0。

若给定振动的频率和加速度，则可以求得最大位移 A_0。已知正弦振动的最大加速度 A_m 为

$$A_m = A_0\omega^2 \times 10^{-3} = A_0 \times (2\pi f)^2 \times 10^{-3} \tag{4.110}$$

式中　A_m——正弦振动试验时的最大加速度，m/s^2；

A_0——振动时最大位移(单峰值 o－p)，mm；

ω——简谐振动的圆周率，$\omega = 2\pi f$，rad/s；

f——振动频率，Hz。

将式(4.110)转化为有关频率 f 的公式，加速度单位用重力加速度 g 表示，则最大位移 A_0 为

$$A_m = A_0 \frac{f^2}{248.5} \Rightarrow A_0 = \frac{248.5 \times A_m}{f^2} \tag{4.111}$$

式中　A_m——正弦振动试验时的最大加速度，g($g = 9.81\ m/s^2$)；

A_0——振动时最大位移(单峰值 o－p)，mm；

f——振动频率，Hz。

试验前应核对样品在标准试验条件下的最大位移，试验时最大位移应不超过振动台标称的最大位移，特别注意 A_0 为单峰值 o－p，若振动台标称为峰－峰值，应为 2 倍 A_0 值。

(3)加速度传感器参数及使用要求。

在振动试验中，振动加速度幅值是试验状态反馈和控制参数，振动信号的采集使用加速度传感器。加速度传感器按“加速度－电信号”变换原理的不同可分为压电式、压阻式、电容式。压电式加速度传感器具有测量频率范围宽、量程大、体积小、质量轻、对被测产品影响小以及安装使用方便等优点，是最常用的振动测量传感器。

压电式传感器利用弹簧质量系统原理，敏感芯体质量受振动加速度作用后产生一个与加速度成正比的力，压电材料受此力作用后沿其表面形成与此力成正比的电荷信号。压电材料一般可分为两大类，即压电晶体和压电陶瓷。常用压电晶体为石英，其特点为温度范围宽、性能稳定。压电陶瓷是普遍使用的压电材料，有体积小、结构简单、质量轻、使用寿命长等优点。

加速度传感器的主要技术参数如下。

①灵敏度。

加速度传感器的灵敏度是指在稳定工作状态下输出变化量与输入变化量的比值，对于线性传感器，其灵敏度就是校准曲线的斜率，为一常数。电压加速度传感器灵敏度的基本单位为 mV/g 或 $mV/(m \cdot s^{-2})$，电荷加速度传感器的灵敏度单位为 pC/g 或 $pC/(m \cdot s^{-2})$。常用电压加速度传感器的灵敏度为 10～100 mV/g，电荷加速度传感器灵敏度为10～50 pC/g。一般来说，灵敏度越高，其测量范围越小；反之，灵敏度越小，其测量范围越大。

②测量范围。

加速度传感器测量范围是指加速度传感器在一定的非线性误差范围内所能测量的最

大加速度。通用加速度传感器的非线性误差大多为±1%。振动试验最大加速度值不会超过1 000 m/s^2,冲击试验的最大加速度值可达到 3 000～50 000 m/s^2。

③频率范围。

加速度传感器的测量频率范围指加速度传感器以标定的灵敏度为基准,在其相应的频率响应幅值误差内(±5%或±10%)所确定的使用频率范围。一般力学试验所用频率为0.5～2 000 Hz。

④谐振频率。

加速度传感器本身是一个弹簧－质量－阻尼系统,因此必然有一个谐振频率,如果被测物的振动频率正好接近传感器谐振频率,加速度传感器的灵敏度会急剧增加,这时输出的值是没有意义的。一般加速度传感器的一阶谐振频率应该是振动测量及分析频率上限值的 5 倍以上。

⑤温度工作范围。

加速度传感器及输出引线是一个由多种材料组成的机械结构件,受材料性能限制,一般有工作温度范围。加速度传感器灵敏度随环境温度变化而发生改变,因此应根据试验条件选择适宜的温度工作范围。

(4)设备使用。

因不同厂家、不同型号的设备操作不尽相同,此处仅对通用的操作流程和注意事项进行简要介绍。

设备操作流程如下。

①操作前准备。

a.检查振动台与功率放大器的连接电缆,连接应正确、无误。

b.检查电源的输出功率是否满足设备的要求。

c.检查台体的隔振气囊的充气情况,确保气囊充填合适体积的气体(台体上通常会有指示标记)。

d.检查动圈的对中状态,可采用高度指示尺测量动圈高度,动圈对中后的高度以设备操作手册中的要求为准。

e.安装好夹具和被试产品。应根据产品、夹具和试验条件,核对振动台参数是否满足试验条件,同时要注意产品安装后其偏载不应超过振动台允许偏心力矩。应尽量调整夹具,将被试产品(包括夹具)的重心与台面的中心重合。

f.检查传感器连接是否牢固。传感器的安装很关键,若安装出现问题会使试验结果不真实,严重时甚至可能损坏设备或被试产品。传感器安装时应保证安装部位平坦光滑,注意振动方向,正确连接传感器线缆。如果传感器连接处有水浸入,必须用防水密封膏密封联结部。

g.振动控制仪连接线缆检查。为避免产生振动干扰,控制仪通常应独立接地,控制仪信号与功率放大器、传感器之间应通过屏蔽线缆连接。

h.检查冷却系统运行状态。对于风冷振动台应确认风机的运行状态;对于水冷振动台应检查管路阀门是否开启,循环水泵运转是否正常,内循环冷水机组运转是否正常。

②设备开机运行。

a. 控制仪启动后依照作业指导书的要求设置相关试验参数。注意：设置传感器灵敏度参数时应考虑试验频率段和量级参数，并结合校准证书上的溯源量值选取。试验参数设置完成后应仔细核对试验量级是否在振动台阈值范围内，以保证试验可正常进行且不会损坏设备。

b. 控制仪参数设置完成后，应再次检查传感器接线状态、样品安装状态、振动台气囊对中状态。确认以上状态正常后，给励磁通电一段时间（通常为 10 s 左右，目的是获得稳定的励磁电压）再逐渐把增益上升到约 80%（增益设置量级应根据被试产品的质量和量级而定），然后操作控制仪进行试验。具体操作应参照设备的说明书或操作规程进行。注意：启动系统后，严禁插拔输出信号线。此外，在使用水平滑台进行试验时必须打开静压油源，并且水平滑台应预先开机一段时间（通常约 10 min），直到用手能轻松推动水平滑台为止。

③设备关机。

a. 试验停止运行后，应先将增益恢复零位，再切断励磁电路供电。

b. 拆卸时应先拆除传感器，再拆卸被试产品和工装。完成垂直方向试验后，连接动圈的振动扩展台也应拆下，不可在设备断电后仍将扩展台压在动圈上，以免损坏设备。

c. 关闭功率放大器电源，此时系统各主要部件停止运行。冷却系统需继续运行一段时间，等待振动台体充分冷却后再关闭冷却系统。

(5)常见故障及解决方式。

振动台可能出现的故障主要为功率放大器故障、振动台台体故障以及外围附属设施故障。

①功率放大器故障。

功率放大器是电动振动台的驱动电源，其作用是将信号源的小功率信号放大，供给驱动线圈足够的不失真信号。因此，功率放大器的正常运行是振动台稳定工作的有力保证。

功率放大器通常设计有保护功能，包括最大功率限制、超温保护等，即使因操作不当等造成功率放大器故障，也不会对其造成损坏。

当振动台出现功率放大器故障时，应首先确认功率放大器的增益设置是否合适。其次要确认所设试验参数是否超过振动台阈值，结合功率放大器显示的故障代码或者相应报警信息，检查功率放大器的运行情况，是否出现温度过高、触发超温保护等现象。根据检查情况，分析故障原因并解决故障。如果是功率放大器内部出现故障，则很大可能是功率开关器件烧损，此时应联系设备的生产厂家进行处理。

②振动台台体故障。

振动台台体主要包含动圈和励磁线圈两个部分，这两部分是振动台的核心部件。一旦确认动圈本身出现故障，需生产厂家进行维修，其维修成本较高。当振动台出现励磁报警时，首先检查励磁线圈的电压是否正确，励磁回路中的断路器、整流器是否正常工作。必要时检测励磁线圈的阻值和绝缘性能。当振动台出现过电流报警时，需检查试验载荷是否超限、传感器安装的位置是否符合要求、振动控制仪设置参数是否正确，必要时检测动圈的阻值和绝缘性能。

③外围附属设施故障。

振动台的外围附属设施主要包括冷却系统、自动对中系统等。如果风冷系统出现故障,需检查冷却风机是否正常工作,冷却管道是否完好。如果水冷系统出现故障,需检查水冷系统是否正常工作,蒸馏水液位是否合适,进回水水压是否正常,循环管路是否出现堵塞等。如果出现对中系统故障,需检查对中系统的传感器是否正常,供气气源压力是否正常等。

(6)设备维护。

振动台的维护保养程序依据振动台的工作环境和使用的频繁次数确定。通常,一年至少进行一次较全面的维护保养。

①功率放大器。

a.确保通风口处空气流通顺畅,以保证冷却效果。

b.确保电缆连接紧固,无松动现象。

注意:以上操作应在主电源断开的情况下进行。

②振动台。

a.检查振动台内部的导向系统导轮、垫板、扭转弹簧和位移开关触点,如果有过多的耗损或破裂,则应及时更换。

b.确保振动台内部的清洁。

③冷却单元。

a.检查冷却水管路的连接状况:管路阀门不应松动;管路连接处如果出现渗漏情况应及时修理。

b.检查冷却水管路水压,冷却水压力应与设备要求的技术指标一致。如不同,则应查找原因并排除解决。

④水平滑台。

a.应经常观察静压油源的油量。通常,当油位指示高度低于1/2时应进行补充加油。

b.在水平滑台未与振动台体连接时,检查水平滑台的滑动状态。具体办法为:接通静压油源电源,待油源工作一段时间(约10 min)后,推动水平滑台应感觉滑动自然,无明显阻力。如水平滑台滑动不自然,首先确认静压油源的工作压力是否在设备说明书规定的范围内,其次检查水平滑台的底部是否有凸出的部分。如有凸出的部分,则应去除。

(7)性能核查。

为保障检测结果的准确可靠且具备溯源性,设备应定期进行校准。在两次校准周期之间,应根据设备的使用频率对振动台的性能进行核查,确认设备相关指标参数的符合性。振动台的核查方法可依据《环境试验设备基本参数检验方法　振动(正弦)试验用电动振动台》(GB/T 5170.14—2009)和《电动振动试验系统检定规程》(JJG 948—2018)。

①核查内容和偏差范围规定。

实验室根据自身需要,选择不同项目进行核查。本节主要介绍频率示值误差、台面幅值均匀度和台面横向振动比3个项目。对于偏差范围,各实验室根据测试的产品和依据的标准而定。

②核查设备。

核查时采用由加速度传感器(包括三轴加速度传感器)、带积分和滤波网络的放大器、

显示器或动态信号分析仪组成的振动幅值测量系统，加速度幅值测量结果的扩展不确定度优于3%（包含因子$k=2$）。

加速度传感器的安装谐振频率应大于5倍振动台运动部件的一阶共振频率，应尽量选用质量小的加速度传感器。

③频率示值误差的检验。

振动控制仪正弦自闭环控制，将信号发生器的输出端接动态信号分析仪，在控制仪的工作频率范围内，选取10个频率值（包括工作频率上、下限频率值），在适当的量级上控制，分别记录控制仪的频率示值和动态信号分析仪的测量值。

④台面加速度幅值均匀度的检验。

振动台空载，将不少于5只加速度传感器刚性连接在振动台台面中心和不同直径的安装螺孔分布圆周围，在试验系统规定的工作频率范围内，按倍频程选取10个频率值（包括上、下限频率值），在所选频率下以振动台主振方向所允许最大振动幅值的50%进行振动，从动态信号分析仪测得各个位置的振动加速度幅值。

台面加速度幅值均匀度N：

$$N=\frac{|\Delta a_{\max}|}{a}\times 100\% \tag{4.112}$$

式中　$|\Delta a_{\max}|$——同次测量中各点幅值与中心点加速度幅值的最大偏差，m/s^2；

a——同次测量中的中心点加速度幅值，m/s^2。

⑤台面横向振动比的检验。

将三轴向加速度传感器刚性连接在振动台台面中心，将加速度传感器接到动态信号分析仪。在振动台工作频率范围及试验系统规定的工作频率范围内，按倍频程选取10个频率值（包括上、下限频率值），在所选频率下以振动台主振方向所允许最大振动幅值的50%进行振动，从动态信号分析仪上同时测量并记录3个方向的加速度幅值。

台面横向振动比T：

$$T=\frac{\sqrt{a_X^2+b_Y^2}}{a_Z}\times 100\% \tag{4.113}$$

式中　a_X、b_Y——垂直于主振方向的两个互相垂直轴的加速度幅值分量；

a_Z——主振方向的加速度幅值。

核查结束后，对核查的结果进行评价，根据核查的结果判断设备是否可以继续使用。若核查结果超出试验中规定的允许误差范围，则应找出原因，进行设备改进或修正，然后重新进行核查，直至试验设备符合要求。

2. 标准要求

产品标准《工业机器人机械环境适应性要求和测试方法》（GB/T 39266—2020）中明确了工业机器人在寿命周期中对振动、冲击和运输适应性的一般要求。

试验结束后，应检查插件板、电子元器件，确认紧固件等无明显的位移和松动以及无机械损伤，通电运行后工作正常。

3. 试验方法开发

《环境试验　第2部分：试验方法　试验Fc：振动（正弦）》（GB/T 2423.10—2019）规

定了振动试验的一般方法。《环境试验　第2部分:试验方法试验　Ea和导则:冲击》(GB/T 2423.5—2019)规定了冲击试验的一般方法。《包装　运输包装件基本试验　第23部分:随机振动试验方法》(GB/T 4857.23—2012)规定了模拟运输试验的一般方法。对工业机器人产品进行机械环境适应性试验的方法依据这3个基础标准。

(1)试验条件要求。

对工业机器人产品进行机械环境适应性试验时,其试验环境条件的具体要求见表4.18。

表4.18　试验环境条件

环境参数	要求
气候条件	①环境温度:15 ～35 ℃; ②湿度:20%RH～80%RH; ③大气压力:86～106 kPa

在机械环境适应性试验前和试验后对工业机器人进行外观检查、功能检测。

振动试验时应将被测工业机器人安装在振动台面上,模拟实际使用的安装方式,在试验姿态下按作业指导书进行试验。试验过程中被测工业机器人应处于通电待机空载状态。若实际条件不允许,则工业机器人本体和控制系统可分别进行试验。

冲击试验时应将被测工业机器人直接紧固到台面上或通过夹具紧固到台面上,试验过程中被测工业机器人应处于不带电状态。

运输试验时应保证机器人处于包装运输状态;安装被测工业机器人时,应尽量模拟实际运输固定方式,若包装件能够以多种方式固定在运输车辆上,则应选择使包装件最易破损的方式。如果不确定,则应从各种可能方式中选择最严酷的方式。被测工业机器人包装件可采用围栏围住,以免振动过程中从台上坠落。

(2)试验严酷等级。

①振动试验严酷等级。

振动试验采用正弦振动试验谱,在3个轴向按照表4.19所示参数进行试验。

表4.19　工业机器人振动试验参数

试验项目	试验内容	数值
初始和最后振动响应检查	频率范围/Hz	5～55
	扫频速度/(倍频程 · min^{-1})	≤1
	振幅/mm	0.15
定频耐久试验	振幅/mm	0.75(5～25 Hz含25 Hz); 0.15(25～55 Hz)
	持续时间[①]/min	10
		30
		90

续表 4.19

试验项目	试验内容	数值
扫频耐久试验	频率范围/Hz	5～55
	振幅/mm	0.15
	扫频速度/(倍频程·min^{-1})	≤1
	循环次数/次	5

注:①持续时间根据工业机器人应用需求和制造商意见选择其一。

②冲击试验严酷等级。

冲击试验采用经典半正弦脉冲波形试验,工业机器人按照承受冲击程度和频次的不同,可分为非重复性冲击和重复性冲击,各类冲击试验的峰值加速度和脉冲持续时间(3 个轴向)从表 4.20 和表 4.21 中选取。

表 4.20　工业机器人非重复性冲击试验参数

峰值加速度/($m \cdot s^{-2}$)	脉冲持续时间/ms
50	30
150	11
300	18

表 4.21　工业机器人重复性冲击试验参数

峰值加速度/($m \cdot s^{-2}$)	脉冲持续时间/ms
100	16
150	6
250	6

③运输试验严酷等级。

运输试验采用随机振动试验谱,试验按照 GB/T 4857.23—2012 执行。试验条件应来自从运输环境中实际采集的数据。若无实际采集数据可用,则优先使用 ISO 13355:2016 规定的频谱,运输试验参数见表 4.22。

表 4.22　工业机器人运输试验参数

频率/Hz	功率谱密度/($g^2 \cdot Hz^{-1}$)
2	0.000 5
4	0.012
18	0.012
40	0.001
200	0.000 5
加速度均方根值(G_{rms}):0.604g	

根据工业机器人包装件运输环境条件不同,试验强度分为以下 3 个等级:

a. 等级 1:非常长距离运输(运输距离大于 2 500 km 或预期运输路况较差),试验时间为 180 min;

b. 等级 2:长距离运输(运输距离大于等于 200 km,小于等于 2 500 km),公路、铁路设施较为完备,气候温和,试验时间为 90 min;

c. 等级 3:短距离国内运输(运输距离小于 200 km),预期没有特殊的危害,试验时间为 15 min。

(3)样品布置与传感器安装。

振动试验时应将被测工业机器人安装在振动台上,安装固定应模拟实际使用的安装方式,一般通过扩展台和工装夹具刚性固定在振动台面上,工业机器人的试验姿态一般选取常用工作姿态或贮存运输时的姿态。图 4.24 为某工业机器人本体通过扩展台、夹具和压板固定在振动台垂直轴向的实例。图 4.25 为某工业机器人控制器通过扩展台、夹具固定在振动台垂直轴向的实例。

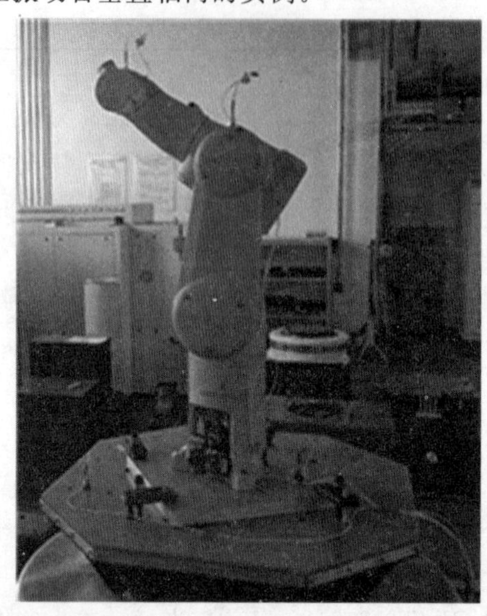

图 4.24　某工业机器人固定实例

图 4.25　某工业机器人控制器固定实例

振动试验样品安装固定后,需安装控制传感器和监测传感器。控制传感器用于实现振动试验闭环控制的检测点,可选择单点控制或多点加权平均控制,一般控制点应尽量靠近紧固试验样品的安装点处,如图 4.26 所示。监测传感器用于检测产品在振动试验中的产品响应状态参数,监测传感器一般安装在最能反映产品振动响应特性的点,工业机器人本体上粘贴 3 处监测传感器,如图 4.27 所示。

图 4.26　控制传感器布置

图 4.27　监测传感器布置

冲击试验的样品固定方式同振动试验基本一致，控制传感器一般采用单点控制，若无特别说明可不用安装监测传感器。

运输试验的控制传感器布置根据试验台台面大小，可选择单点控制或多点加权平均控制。控制传感器的安装位置应尽量靠近包装件与台面连接固定点处，若无特别说明可不用安装监测传感器。

需特别注意，传感器的粘贴方向应与试验振动方向一致，更换振动方向时也应及时调整传感器的粘贴方向，若使用 3 种加速度传感器，则应注意接线与振动方向一致。

(4)试验实施程序。

①试验计划(或作业指导)中应明确试验要求和试验程序。试验计划主要包括以下内容。

a. 确定工业机器人产品的试验姿态(或包装状态)和试验轴向。

b. 确定工业机器人产品的安装固定方式。

c. 确定控制点和监测(若需要)的位置。

d. 确定试验严酷等级。

e. 确定工业机器人样品试验的中间检测。

f. 试验恢复和最后检测。

②振动试验操作。

a. 初始振动响应检查。

将工业机器人按照要求进行安装固定，粘贴相应加速度传感器，依次在 3 个轴向按表 4.19 所示规定参数进行试验，并记录每个轴向上的共振。当共振点较多时，每个轴向取 4 个振幅较大的共振点。

在试验规定的频率范围内，当无明显的共振点或共振点超过 4 个时，则不做定频耐久试验，仅做扫频耐久试验。

共振点(或危险频率)的判断依据为：在试验样品上监测点测得的响应加速度数据中，峰值加速度幅值与控制点加速度幅值之比大于 2 的机械振动共振频率；使产品的性能指标或主要功能出现明显变化的频率。

b. 定频耐久试验。

用初始振动响应检查共振点上的频率和共振点所处频段的驱动振幅，依次进行定频耐久试验，定频耐久试验后进行最后振动响应检查。

c. 扫频耐久试验。

扫频耐久试验在 5～55 Hz 的频率范围由低到高，再由高到低，作为一次循环，共进行 5 次扫频循环。已做过定频耐久试验的被测工业机器人，可不进行扫频耐久试验。

d. 最后振动响应检查。

最后振动响应检查按表 4.19 所示的规定参数进行试验。经扫频耐久试验的被测工业机器人，可将最后一次扫频试验作为最后振动响应检查。将本试验记录的共振频率与初始振动响应检查记录的共振频率进行比较，若有明显变化，应对被测工业机器人进行修

整,重新进行试验。

e.最后检查。

在试验后被测工业机器人应有一段恢复时间。被测工业机器人处于与初始检测时相同的条件,且应能通过外观检查和功能检查。

③冲击试验操作。

对于非重复性冲击,除特殊规定外,应对被测工业机器人的3个相互垂直方向的每一方向(每一轴向有两个方向)连续施加3次冲击,即共18次。冲击量级可从表4.20中的推荐值选取,当采用其他量值或冲击方向时,应在报告中注明并说明采用的原因。

对于重复性冲击,除特殊规定外,应在被测工业机器人的3个互相垂直的轴线的每一方向上(每一轴向有两个方向)施加规定的冲击次数。冲击量级可从表4.21中的推荐值选取,每个方向的冲击次数为(100±5)次或(500±10)次。当采用其他的量值或冲击方向时,应在报告中注明并说明采用的原因。

在试验后被测工业机器人应有一段恢复时间。被测工业机器人处于与初始检测时相同的条件,且应通过外观检查和功能检查。

④运输试验操作。

按照表4.22试验严酷等级规定的试验量级和时间进行试验。试验过程中观察包装件的状态,若出现包装损坏或异响等情况,应及时停止试验。

在试验后被测工业机器人应有一段恢复时间。被测工业机器人包装件应处于与初始检测时相同的条件,查看机器人运输包装件是否有损坏,拆开包装后被测工业机器人应通过外观检查和功能检查。

4.试验结果评价

(1)试验失效模式和机理。

力学试验的失效模式和失效机理见表4.23。

表4.23 力学试验的失效模式和失效机理

环境因素	失效模式	失效机理
振动/冲击/运输	①机械强度降低、结构破坏; ②磨损加剧、功能受影响	①机械应力; ②疲劳

(2)评价准则。

振动试验前和试验后应对工业机器人进行外观检查、功能检测,除相关产品另有规定外,功能性检测项目包括按钮功能和显示装置检查、连锁功能检查、各轴动作检查、指令动作检查。试验中出现以下情况即视为产品不符合标准要求:

①被测工业机器人不能工作或部分功能丧失。

②被测工业机器人参数检测结果超出规范(规定)允许范围。

③被测工业机器人的机械结构部件或元器件发生松动、破裂、断裂损坏。

4.3　工业机器人电气安全要求及检测方法

4.3.1　标准应用

工业机器人产品属于机械电气设备。在国际上,《机械电气安全　机械电气设备　第1部分:通用技术条件》(IEC 60204-1:2016)对机械电气设备的通用电气安全技术条件进行了规定。我国的国家标准 GB/T 5226.1—2019 使用翻译法等同采用 IEC 60204-1:2016 标准。2020年发布的国家标准《机械电气安全　机械电气设备　第7部分:工业机器人技术条件》(GB/T 5226.7—2020)对工业机器人产品的电气安全提出了附加要求。因此,工业机器人产品的电气安全性能可依据标准号为 GB/T 5226.1—2019 和 GB/T 5226.7—2020 的这两项国家标准进行评价。下面对这两项国家标准所规定的电气要求进行说明。

4.3.2　基本要求

1. 电气设备和器件的选用

工业机器人产品中的电气设备和器件应适应于其预期的用途,符合相关标准的规定,并按其说明书使用。

例如,工业机器人电气控制装置中的开关器件应按预期应用于工业,符合 GB/T 14048 系列标准,并按其额定电气参数设计使用。

2. 电源

工业机器人的电气系统应能在以下电源条件下正常运行。

(1)电压:稳态电压值为 0.9～1.1 倍标称电压。

(2)频率:0.99～1.01 倍标称频率(连续的);0.98～1.02 倍标称频率(短时工作)。

(3)谐波:2～5 次畸变谐波总和不超过线电压方均根值的 10%。对于 6～30 次畸变谐波的总和,允许最多附加线电压方均根值的 2%。

(4)不平衡电压:三相电源电压负序和零序成分都不应超过正序成分的 2%。

(5)电压中断:在电源周期的任意时间,电源中断或零电压持续时间不超过 3 ms,相继中断间隔时间应大于 1 s。

(6)电压降:电压降不应超过大于 1 个周期的电源峰值电压的 20%,相继降落间隔时间应大于 1 s。

3. 环境及运行条件

工业机器人的电气系统在预期的使用环境和运行条件下应能正常工作。

(1)电磁兼容性应满足相关标准要求,详见 4.4 节。

(2)应能在 5～40 ℃温度范围内正常工作。最高温度为 40 ℃时,相对湿度不超过 50%,应能正常工作。温度低时,允许高的相对湿度。

(3)海拔 1 000 m 以下时,应能正常工作。

(4)对于污染、离子和非离子辐射、振动、冲击和碰撞等均应有相应的防护,以保证电气系统正常工作。

4. 运输、存放

应通过设计或采取适当的预防措施,以保障能经受得住在−25～55 ℃的温度范围内的运输和存放,并能经受温度高达 70 ℃、时间不超过 24 h 的短期运输和存放。应采取防潮、防振和抗冲击措施,以免损坏电气设备。

4.3.3 引入电源线端接法和切断开关

1. 引入电源线端接法

宜将机械电气设备连接到单一电源上。除非工业机器人的电气控制装置采用插头/插座直接连接电源,否则宜将电源线直接连到电气控制装置电源切断开关的电源端子上。使用中线时应在技术文件(如安装图和电路图)上表示清楚,标记符号 N,并应对中线提供单用绝缘端子。在电气控制装置内,中线和保护联结电路不应相连。

2. 连接外部保护接地导体的端子

工业机器人应提供连接外部保护导线(体)的端子,该连接端子应设置在各引入电源有关相线端子的邻近处。这种端子的尺寸与表 4.24 所要求截面积的铜导线相连接。如果外部保护导线(体)不是铜的,则应适当选择端子尺寸。端子处应加标志或用字母标志 PE 来标记。

表 4.24 外部保护铜导线的最小截面积

设备供电相线的截面积 S/mm²	外部保护导线的最小截面积 S_p/mm²
≤16	S
16～35	16
35	$S/2$

3. 电源切断(隔离)开关

每个引入的电源均应装设电源切断开关。

(1)开关器件。

①符合 GB/T 14048.3—2017 的隔离开关,使用类别 AC−23B 或 DC−23B。带辅助触点的隔离器在任何情况下,其辅助触点都使开关器件在主触点断开之前先切断负载电路。

②隔离符合 GB/T 14048.2—2020 的断路器。

③任何符合产品标准和满足 GB/T 14048.1—2012 规定的隔离要求,又在产品标准中定义适合作为驱动器负荷开关或其他感应负荷应用类别的开关器件。

④应在工业机器人电气控制装置的外部装设操作装置(如手柄)。该操作装置应易于接近,安装在站台以上 0.6～1.9 m 之间,上限宜为 1.7 m。

(2)将软电缆供电的插头/插座组合作为电源的切断开关。插头/插座应符合 GB/T 11918.1—2014 的规定。

(3)应配备防止工业机器人意外起动的断开器件。当工业机器人的电气设备/系统要求断开和隔离时,应配备电气设备的断开器件。装设在封闭电气工作区外的、防止意外起动的断开器件和断开电气设备的器件,应在其断开位置(或断开状态)提供安全措施(例如提供挂锁)。

4.3.4　电击防护

1. 基本防护

(1)用外壳的防护。

带电部件应安装在外壳内,直接接触的最低防护等级为 IP2X 或 IPXXB。

如果壳体上部表面是容易接近的,则其接触带电部分的最低防护等级应为 IP4X 或 IPXXD。

至少满足下列条件之一才允许开启外壳(即开门、罩、盖板等):

①应使用钥匙或工具开启外壳时。

②开启外壳之前已先切断其内部的带电部件。

③只有当所有带电件直接接触的防护等级至少为 IP2X 或 IPXXB 时,才允许不用钥匙或工具和不切断带电部件去开启外壳。若用遮栏提供这种防护条件,则在拆除遮拦时,要使用工具,否则所有被防护的带电部分能自动断电。

(2)用绝缘物防护带电体。

带电体应用绝缘物完全覆盖,只有用破坏性办法才能去掉绝缘层。在正常工作条件下,绝缘物应能经得住机械的、化学的、电气的和热的应力作用。

(3)残余电压的防护。

残余电压的防护是必须采取的防护措施。

电源切断后,任何残余电压高于 60 V 的带电部分,都应在 5 s 之内放电到 60 V 或 60 V 以下。如果这种防护办法会干扰工业机器人电气设备的正常功能,则应在容易看见的位置或在装有电容的外壳邻近处,作耐久性警告标志提醒注意危害,并说明在打开门以前的必要延时。

对插头/插座或类似的器件,拔出时会裸露出导体件(如插针),放电时间不应超过 1 s,否则这些导体件应加以防护,直接接触的防护等级至少为 IP2X 或 IPXXB。对于放电时间不小于 1 s,最低防护等级又未达到 IP2X 或 IPXXB 的器件(例如汇流线、汇流排或汇流环装置涉及的可移式集流器),应采用附加的开关开器件或适当的警告措施,提醒注意危险的警告标志,并注明所需的延时时间。当设备位于所有人都能接触的地方时,警告是不够的,避免接触带电部分的最低防护等级为 IP4X 或 IPXXD。

(4)用遮拦的防护。

用遮拦的防护应符合 GB/T 16895.21—2020 的规定。

2. 故障防护

故障防护应至少采取下列规定的措施之一。

(1)出现触摸电压的预防措施。

①采用Ⅱ类设备或等效绝缘。

②电气隔离。

(2)用自动切断电源做防护。

该措施是指在故障情况下,经保护器件自动操作,在极短时间内切断一路或多路相线。

3. 保护特低电压(Protective Extra Low Voltage,PELV)的保护

(1)基本要求。

采用 PELV 可保护人身免于间接接触和在有限区间直接接触的电击防护。

PELV 电路应满足下列全部条件:

①标称电压不应超过以下标准。

a. 当设备在干燥环境正常使用,带电部分与人体无大面积接触时,不超过 25 V AC 方均根值或 60 V DC 无纹波。

b. 其他情况,不应超过 6 V AC 方均根值或 15 V DC 无纹波。

②电路的一端或该电路电源的一点应连接到保护联结电路上。

③PELV 电路的带电体应与其他带电回路电气隔离。

④每个 PELV 电路的导线应与其他电路导线隔离。

⑤PELV 电路用插头/插座应遵守下列规定:

a. 插头应不能插入其他电压系统的插座。

b. 插座应不接受其他电压系统的插头。

(2)PELV 电源。

PELV 电源应为下列的一种:

①符合 GB/T 19212.1—2016 和 GB/T 19212.7—2012 要求的安全隔离变压器。

②安全等级等效于安全隔离变压器的电流源(如带等效绝缘绕组的发电机)。

③符合适用标准的电子电源,该电子电源即使出现内部故障,输出端子的电压也不超过 PELV 的规定值。

4.3.5 电气设备的保护

1. 过电流保护

(1)动力电路。

每根带电导线(包括控制电路变压器的供电电路)应装设过电流检测和过电流断开器件。

下列导线在所有关联的带电导线未切断之前不应断开:

①交流动力电路的中性导线。

②直流动力电路的接地导线。

③连接到活动机器的外露可导电部分的直流动力导线。

(2)控制电路。

连接电源电压的控制电路和由控制电路变压器供电的电路,应配置过电流保护。

(3)插座、照明电路、变压器。

插座和照明电路的所有未接地带电导线上均应设置过电流保护器件。变压器应按照制造厂说明书要求的形式和整定值设置过电流保护。

(4)过电路保护器件。

过电路保护器件的额定电流或整定电流取决于受保护导线的载流能力,应安装在导线截面积减小或导线载流容量减小处,并且其额定短路分断能力应不小于保护器件安装处的预期故障电流。

2. 电动机的保护

(1)热保护。

额定功率大于 0.5 kW 的电动机应提供电动机过热保护。

电动机的过热保护可由过载保护、超温度保护和限流保护来实现。在提供过载保护的场合,所有通电导线都应接入过载检测,中线除外。

(2)超速保护。

如果超速会引起危险,则应提供超速保护。超速保护后,应防止工业机器人自行重新起动。

3. 异常温度的防护(保护)

应防护会引起危险情况的异常温度。例如,为了保证工业机器人的电气控制装置内的温度,通常会装设风扇进行物理降温。

4. 电压降落或对电源中断随后复原影响的防护

如果电压降落或电源中断会引起工业机器人发生危险,则应在预定的电压值下提供欠压保护。电压复原后,应防止工业机器人自行重新起动。

5. 附加接地故障/残余电流保护

在用自动切断电源做保护时,该附加保护措施用于降低由于接地故障电流小于过电流保护检测水平而对电气设备造成的危险。

6. 相序保护

电源电压的相序错误会引起危险或损坏机械,应提供相序保护。工业机器人通常采用专用的驱动器驱动电机,电源电压相序不会影响工业机器人的运行,故工业机器人通常不需要相序保护。

7. 闪电和开关浪涌引起的过电压的防护

浪涌保护器件(Surge Protective Device,SPD)应装设在电源切断开关的引入端子和其他需要进行浪涌保护的端子处。

8. 短路电流定额

应应用设计原则或通过计算、试验来确定工业机器人电气系统的短路电流定额。

4.3.6　等电位联结电路

等电位联结电路分为保护联结电路和功能联结电路。

1. 保护联结电路

(1)基本要求。

保护联结电路是保护人员防止电击及故障防护的基本措施,主要由 PE 端子、机械设备上的保护导线(包括电路的滑动触点)、电气设备外露可导电部分和可导电结构件、机械可导电结构件等组成。

构成保护联结电路的所有部件,应能够承受由流过接地故障电流造成的最高热应力和机械应力。

保护导线(体)即不是电缆的一部分,也不与相线在同一公共外壳内。如果保护导线为铜材质且提供机械损坏防护,则其截面积不应小于 2.5 mm^2;如果没有提供机械损坏防护,其截面积不应小于 4 mm^2。如果保护导线为铝材质,其截面积不应小于 16 mm^2。

每个保护导线联结点应有标记或标签,如图 4.28 所示。

图 4.28　保护联结点符号

应将工业机器人的本体、电气控制装置均连接到保护联结电路。保护联结电路的连续性可以通过目视检查和试验来确认,详见 4.3.16 节 4. 部分。

(2)对地泄漏电流大于 10 mA 时的附加要求。

当工业机器人对地泄漏电流大于 10 mA 时,在任一引入电源处的保护联结电路应满足下列一项或多项要求:

①保护导体被完全封闭在电气控制装置的外壳内,或以其他方式保护整个导体不受机械损坏。

②保护导线全长的截面积至少为 10 mm^2(铜质)或 16 mm^2(铝质)。

③当保护导线的截面积小于 10 mm^2(铜质)或 16 mm^2(铝质)时,应提供第二保护导线,其截面积不应小于第一保护导线,两保护导线截面积之和不小于 10 mm^2(铜质)或 16 mm^2(铝质)。第二保护导体应有独立接线端子。

④在保护导线连续性损失的情况下,电源应自动断开。

⑤使用插头/插座组合时,采用符合 IEC 60309 系列标准的工业连接器,并且有足够的拔插力,多芯电力电缆中的保护接地导体的最小截面积为 2.5 mm^2。

工业机器人对地泄漏电流的试验方法在 4.3.6 节 8. 部分中详细介绍。

2. 功能联结电路

功能联结的目的是降低因绝缘失效和因敏感电气设备受电磁骚扰而影响工业机器人运行的后果。通常,功能联结可由连接到保护联结电路来实现,但也可以使用单独的导线(体)分别用于保护联结和功能联结。功能联结点应使用图 4.29 所示的符号进行标记或标识。

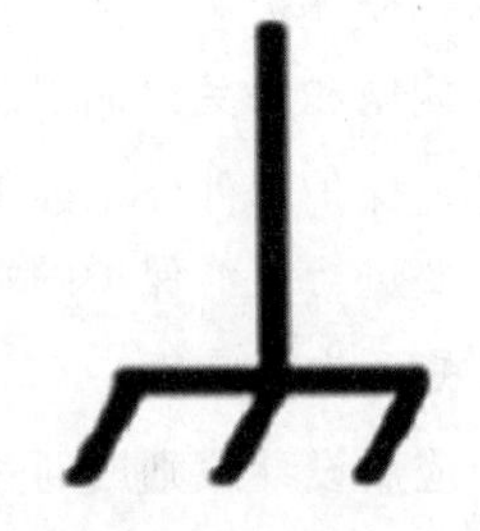

图 4.29　功能联结点符号

4.3.7　控制电路和控制功能

1. 控制电路

控制电路由交流电源供电时，应使用具有独立绕组的变压器供电。

交流控制电路的标称电压不宜超过 230 V(标称频率为 50 Hz)或 277 V(标称频率为 60 Hz)。直流控制电路的标称电压不宜超过 220 V。

通常，控制电路的电压等级见表 4.25。

表 4.25　控制电路的电压等级

控制电路电压	等级/V
交流	6,24,48,100,110,120,200,220,230
直流	5,6,12,24,48,110,220

2. 控制功能

控制功能主要包括起动、停止、紧急操作、无线控制系统等操作方面。针对工业机器人的安全要求，对控制功能有一些规定，在本书的第 7 章将对其进行详细的介绍。

4.3.8　操作板和安装在机械上的控制器件

控制器件应按 GB/T 18209.1—2010 和 GB/T 18209.2—2010 的规定进行选择、安装和标识。控制器件安装的位置应易于接近和操作，保证其在使用过程中不会被损坏。

1. 操动器

(1)颜色。

操动器的颜色应满足以下要求：

①“起动/接通”操动器颜色应为白、灰、黑或绿色，优先用白色，但不允许用红色。

②急停和紧急断开操动器应使用红色。

③停止/断开操动器应使用黑、灰或白色，优先用黑色，但不允许用绿色；也允许选用红色，但靠近紧急操作器件时建议不使用红色。

④作为起动/接通与停止/断开交替操作的按钮操动器的优选颜色为白、灰或黑色，不允许用红、黄或绿色(见 9.2.6 节)。

⑤对于按动运转而松开停止运转(如保持—运转)的按钮操动器，其优选颜色为白、灰或黑色，不允许用红、黄或绿色。

⑥复位按钮应为蓝、白、灰或黑色。如果它们还用作停止/断开按钮，则最好使用白、灰或黑色，优先选用黑色，但不允许用绿色。

⑦黄色供异常条件使用。

⑧对于不同功能使用相同颜色(白、灰或黑)的场合，如起动/接通和停止/断开操动器都用白色，应使用辅助编码方法(如形状、位置、符号)以识别按钮操动器。

(2)标记。

按钮宜使用表 4.26 给出的操动器符号标记，标记可标在其附近，最好直接标记在操动器上。

表 4.26　操动器符号

电源			
接通	断开	接通/断开	保持接通
	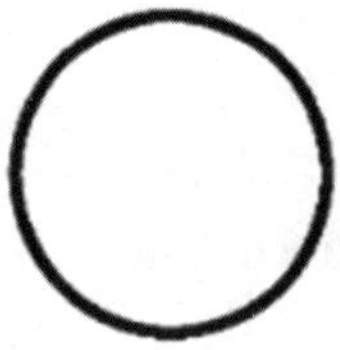		
机械操作			
起动	停止	保持-运转	急停
		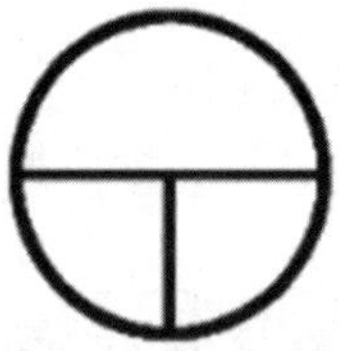	

(3)应用。

旋转控制器件(如电位器和选择开关)的安装应确保转动其旋转部件时,其静止部分不转动。

起动器件的设计和安装应尽量降低意外操作的可能。

急停器件的型式包括拉线操作开关、不带机械防护装置的脚踏开关和掌揿式或蘑菇头式的按钮装置。

使能控制器件主要有二位置式和三位置式两种。

①二位置式。

a. 位置 1:断开功能(操动器不起作用)。

b. 位置 2:使能功能(操动器起作用)。

②三位置式。

a. 位置 1:断开功能(操动器不起作用)。

b. 位置 2:使能功能(中间位置,操动器起作用)。

c. 位置 3:断开功能(超过中间位置,操动器不起作用)。

注意:当从位置 3 返回位置 2 时,使能功能不起作用。

2. 指示灯和显示器

指示灯和显示器用于指示和确认,其选择和安装方式应便于操作者识别。

(1)颜色。

指示灯玻璃的颜色代码表明机械的状态,应符合表 4.27 要求。

表 4.27　指示灯的颜色及其相对于机械状态的含义

颜色	含义	说明	操作者的动作
红	紧急	危险情况	立即动作去处理危险情况（如断开机械电源，发出危险状态报警并保持机械的清除状态）
黄	异常	异常情况 紧急临界情况	监视和（或）干预
绿	正常	正常情况	任选
蓝	强制性	指示操作者需要动作	强制性动作
白	无确定性质	其他情况，可用于对红、黄、绿、蓝色的应用有疑问时	监视

（2）闪烁灯和显示器。

通常，为了进一步区别或发出信息，尤其是给予附加的强调，对于较高优先级信息宜采用较高闪烁频率，也可以提供声音报警。

3. 光标按钮

光标按钮的颜色也应符合表 4.27 的要求。

4.3.9　控制设备的位置、安装和电柜

1. 位置和安装

工业机器人电气控制装置内控制设备的安装应易于正面操作和维修，除操作、指示、测量、冷却器件外，在门上或可拆卸的外壳孔盖上不应安装其他控制器件。控制设备及其元器件应清晰标识。与电气设备无直接联系的非电气部件不应安装在装有控制器件的外壳内。

接线端子也应按动力电路和控制电路分别单独成组布置，其中由外部电源馈电的控制电路还需再单独成组布置。

发热元件（如散热片、功率电阻）的安装应使控制设备及其元件的温度保持在规定的范围内。

2. 防护等级

工业机器人电气控制装置的防护等级应为 IP54 或 IP65。电气控制装置内控制装置的防护等级应不低于 IP22。

3. 电柜

控制装置安装在电柜内，构成电气控制装置。在机械结构上，电柜也可以理解为是电气控制装置的外壳。

电柜的材料应能承受机械、电气和热应力以及正常工作中可能遇到的湿度和其他环境因素的影响。若在外壳上有通孔，则应采取措施确保其防护等级。

4.3.10 导线和电缆

1. 一般要求

导线和电缆的选择应适合于工作条件(如电压、电流、电击防护、电缆的分组)和可能存在的外在影响(如环境温度、机械应力、水或腐蚀物质、火灾等危险)。

2. 导线

通常,导线应为铜质。如果用铝导线,截面积应至少为 16 mm^2。为了保证足够的机械强度,铜导线截面积应不小于表 4.28 规定的值。在振动引起的损害可以忽略的场合,1 类和 2 类导线主要用于刚性的非运动部件之间。易遭受频繁运动的所有导线,均应采用 5 类或 6 类绞合软线。

表 4.28 铜导线最小截面积 mm^2

位置	用途	导线、电缆类型				
		单芯		多芯		
		5 类或 6 类绞合软线	硬线(1 类)或绞线(2 类)	双芯屏蔽线	双芯无屏蔽线	三芯或三芯以上屏蔽线或无屏蔽线
(保护)外壳外部布线	动力电路,固定布线	1.0	1.5	0.75	0.75	0.75
	动力电路,承受频繁运动的布线	1.0	—	0.75	0.75	0.75
	控制电路	1.0	1.0	0.2	0.5	0.2
	数据通信	—	—	—	—	0.08
外壳内部布线	动力电路(固定连接)	0.75	0.75	0.75	0.75	0.75
	控制电路	0.2	0.2	0.2	0.2	0.2
	数据通信	—	—	—	—	0.08

3. 绝缘

所有电缆和导线的绝缘应适应试验电压。

(1)工作电压高于 50 V AC 或 120 V DC 的电缆和导线,要经受至少 2 000 V AC 的持续 5 min 的耐压试验。

(2)PELV 电路应承受至少 500 V AC 的持续 5 min 的耐压试验。

4. 正常工作时的载流容量

导线和电缆的载流容量取决于绝缘材料、电缆中的导体数量、安装方法、分组和环境温度、截面积等因素。应综合考量工业机器人的应用情况,选择合适的线缆。

5. 软电缆

软电缆应为 5 类或 6 类电缆。

应用在机械电缆输送系统中时，应设计使软电缆受的拉应力保持最小。使用铜导线时，铜导体截面的拉应力不应超过 15 N/mm^2。

在选择绕在电缆盘上的电缆时，应考虑其导体的截面积，确保在正常工作负载下，导体温度不超过最高允许温度。安装在电缆盘上的圆截面电缆，在空气中最大载流容量应按表 4.29 所示减额系数减额使用。

表 4.29　绕在电缆盘上的电缆用减额系数

电缆盘类型	电缆层数				
	任一层数	1	2	3	4
圆柱形通风	—	0.85	0.65	0.45	0.35
径向通风	0.85	—	—	—	—
径向不通风	0.75	—	—	—	—

4.3.11　配线技术

1. 连接和布线

一个端子通常只能连接一根导线，只有经过专门设计的端子，才允许一个端子连接两根或多根导线。但一个端子只能连接一根保护导线。

导线和电缆端接处应无接头或拼接点，电缆端接应牢固可靠。

不同电路的导线可以并排放置，可以铺设在同一管道中（如导线管或电缆管道装置），也可以处于同一多芯电缆中。但电路线缆的布施方式不应削弱各自电路原有的功能。如果这些电路的工作电压不同，应将它们用适当的遮栏彼此隔开，或者同一管道内的导线都使用承受最高电压绝缘的导线。

2. 导线的标识

每根导线的两端均应有标识。该标识应与技术文件（如电气图纸）相一致，宜用数字、字母与数字、颜色或颜色与数字的组合。

通常，保护导线采用黄/绿双色组合的专用色标。若保护导线能容易地从其形状、位置或结构（如编织导线、裸绞导线）识别，则不必在整个长度上使用颜色代码，而是在端头或易接近位置上清楚地用图 4.28 所示的图形符号或用黄/绿双色组合标记。

如果电路的中线只用颜色标识，其颜色应为蓝色。为避免与其他颜色混淆，建议使用不饱和蓝。如果选择的颜色是中线的唯一标识，在可能混淆的场合不应使用浅蓝色来标记其他导线。

如果采用色标，用作中线的裸导线应在每个 15～100 mm 宽度的间隔或单元内，或在易接近的位置上用浅蓝色条纹做标记，或在导线整个长度上做浅蓝色标志。

除保护导线和中线外的导线可用黑、棕、红、橙、黄、绿、蓝、紫、灰、白、粉红、青绿颜色代码进行标识。当使用颜色代码标识导线时,建议使用下列颜色代码。

(1)黑色:交流和直流动力电路。

(2)红色:交流控制电路。

(3)蓝色:直流控制电路。

(4)橙色:例外电路。

3. 电柜内配线

电柜内的导线应固定在适当位置。

安装在电柜内的电气设备,建议设计和制作成允许从电柜的正面修改、配线(操作和维修)的形式。如果有困难或控制器件是背后接线,则应提供检修门或能旋出的配电盘。

安装在门上或者其他活动部件上的器件,应使用适合部件频繁运动用的软导线连接。这些导线应紧固在固定部件上和与电气连接无关的活动部件上。

不敷入管道的导线和电缆应牢固固定。

引出电柜外部的控制配线,应采用接线座或连接插头/插座组合。

动力电缆和测量电路的电缆可以直接接到器件的端子上。

4. 电柜外配线

引导电缆进入电柜的导入装置或管道,连同专用的管接头、密封垫等一起,应不降低电柜的防护等级。连接电气设备电柜外部的导线通常应封闭在适当管道中,只有具有适当保护套的电缆才可使用不封闭的通道安装。当电缆适用,足够短且放置或保护得当,其损坏的风险最小时,线缆不必密封在管道中。

频繁移动的部件应使用适合弯曲使用的导线进行连接。软电缆和软导管的安装应避免过度弯曲和绷紧,尤其是在接头附件部位。

移动电缆的支承应使得在连接点上没有机械应力且没有急弯。当用回环结构时,弯曲回环应有足够的长度,电缆的弯曲半径至少为电缆外径的 10 倍。

电缆护套应能耐受由于移动而产生的可预料到的正常磨损,并能经受环境污染的影响。如果移动电缆靠近运动部件,应采取措施使运动部件和电缆之间至少应保持 25 mm 的距离。如果达不到该要求,则应在二者之间安设遮栏。

应有措施确保至少总有两圈软电缆缠绕在电缆盘上。

通常,起导向和携带软电缆的装置应设计成电缆在所有弯曲点处的弯曲半径不小于表 4.30 规定的值。

表 4.30 强迫导向时软电缆允许的最小弯曲半径

用途	电缆直径或扁平电缆的厚度 d/mm		
	$d \leqslant 8$	$8 < d \leqslant 20$	$d > 20$
电缆盘	$6d$	$6d$	$8d$
导向轮	$6d$	$8d$	$8d$
悬挂系统	$6d$	$6d$	$8d$
其他	$6d$	$6d$	$8d$

两弯之间的直线段应至少为电缆直径的 20 倍。

如果软导线管靠近运动部件，则在所有运行情况下其结构和支承装置均应能防止对软导线管的损伤。快速和频繁活动的连接，不应使用软导线管。

如果装在机械上的几个开关器件(如位置传感器、按钮)是串行或并联的，建议通过接线端子完成器件间的连接。

插头/插座组合的安装应满足以下条件。

(1)断开后仍然有电的元件至少应有 IP2X 或 IPXXB 的防护等级，并应考虑要求的电气间隙和爬电距离。PELV 电路除外。

(2)插头/插座组合的金属外壳应连接保护联结电路。PELV 电路除外。

(3)预期带动力负载且在负载条件下不能断开的插头/插座组合应有保持措施，以防意外或事故断开，且应有清晰标记，表明在带负载条件下不能断开。

(4)如果在同一电气设备上使用多个插头/插座组合，则相关的组合应清晰标识，宜采用机械编码以防相互插错。

当插头/插座组合包含保护联结电路用触点时，该触点应首先接通，最后断开。

在带负载条件下连接或断开的插头/插座组合应有足够的负载分断能力。当插头/插座组合额定电流为 30 A 或更大时，应与开关器件联锁。只有当开关器件处于断开位置时，才能连接和断开该插头/插座组合。

插头/插座组合额定电流大于 16 A 时，应有保持措施以防意外或事故断开。

插头/插座组合的意外或事故断开会引起危险时，应有保持措施。

拆卸或装运工业机器人时，接线端子或插头插座组合应适当封装，进行防护。

5. 管道

管道应具有适合用途的防护等级，其尺寸和排列宜便于导线和电缆布施。管道和接头附件不应有可能与导线绝缘接触的锐棱、焊碴、毛刺、粗糙表面或螺纹。必要时应提供由阻燃、耐油绝缘材料构成的附加防护以保护导线绝缘。

易存积油或水分的接线盒、引线箱、电缆管道装置，应允许有直径为 6 mm 的排泄孔。

管道和电缆托架应刚性支承，其位置应离运动部件有足够的距离。在要求有人行通道的区域内，管道和电缆托架的安装应至少高于工作面 2 m。

管道主要有以下类型。

(1)金属硬导线管及管接头。

金属硬导线管及管接头应由镀锌钢或适合使用条件的耐腐蚀材料制成。应避免使用不同金属，因为它们在接触中会产生电位差腐蚀作用。管接头应与导线管相适应并适用，且应使用带螺纹的管接头。导线管应牢固固定，导线管的折弯不应损坏导线管，也不应减小导线管的有效内径。

(2)金属软导线管及管接头。

金属软导线管应由金属软管或编织线网铠装组成，管接头应与软导线管相适应并适用。

(3)非金属软导线管及管接头。

非金属软导线管应耐弯折且具有与多芯电缆护套类似的物理性能。管接头应与软导

线管相适应并适用。

4.3.12 电动机及有关设备

电动机宜符合 IEC 60034 系列标准的要求。应根据工业机器人的预期工作和实际环境条件来确认并选择电动机及其有关设备的特性。若电动机的机械制动器的过载和过电流保护器件动作,则应触发有关的机械致动机构同时脱开。

4.3.13 插座和照明

1. 附件用插座

如果工业机器人及其有关装置备有附件(如手提电动工具、试验设备),则其使用的电源插座应符合下列条件。

(1)电源插座应遵守 GB/T 11918.1—2014 的规定,否则其上应清楚标明电压和电流的额定值。

(2)应确保电源插座保护联结电路的连续性,由 PELV 提供的除外。

(3)连往电源插座的所有未接地导线应有合适的过电流保护和(必要时的)过载保护,并与其他电路的保护导线分开。

(4)在插座的电源引入线不通过电源切断开关切断的情况下,应设置永久性警告标签,并在维修说明书里进行说明。

2. 机械和电气设备的局部照明

通/断开关不应装在灯头座上或悬挂在软线上。局部照明线路两导线间的标称电压不应超过 250 V,两导线间电压宜不超过 50 V。照明电路应设有过流保护。

机械和电气设备的局部照明电路应由下述电源供电。

(1)连接在电源切断开关负载侧的专用隔离变压器。副边电路中应设有过电流保护。

(2)连接在电源切断开关进线侧的专用隔离变压器。该电源应仅允许供控制电柜中维修照明电路时使用。副边电路中应设有过电流保护。

(3)带专用过电流保护的机械电气设备电路。

(4)连接在电源切断开关进线侧的隔离变压器。该变压器原边设有专用的切断开关,副边设有过电流保护,且应装在控制电柜内电源切断开关的邻近处。

(5)外部供电的照明电路(例如工厂照明电源),只允许装在控制电柜中,整个机械工作照明的额定功率不超过 3 kW。

4.3.14 警告标志、标记和参照代号

警告标志、铭牌、标记和识别牌应经久耐用,能经得住复杂的实际环境影响。

1. 警告标志

工业机器人产品常用的警告主要有防电击危险和防热表面危险,其图形符号如图 4.30和图 4.31 所示。

图 4.30　防电击危险图形符号

图 4.31　防热表面危险图形符号

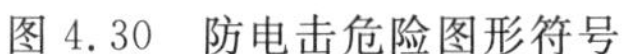

2. 标记

(1)控制器件、视觉指示器等应在器件上或其附近标出与它们功能有关的标记。

(2)在电气控制装置外壳上，应标记如下信息：

①供方的名称或商标。

②认证标记或可能有当地或特定区域要求的其他标记(必要时)。

③型式代号或模式(适用时)。

④序列号(适当时)。

⑤主要文件号(适用时)。

⑥额定电压、相数和频率，每个引入电源的满载电流。

上述信息宜在主引入电源附近提供。

(3)工业机器人电气控制装置及其所有控制器件、元件均需标记与技术文件(如电气图纸)一致的参考代号。

4.3.15　技术文件

工业机器人有关电气系统的主要资料如下。

(1)当提供多个文件时，要为工业机器人电气系统提供一个主要文件，同时列出与其相关的补充文件。

(2)安装和配置资料，包括：

①电气设备的配置和安装描述，以及其与电源和其他源的连接。

②对于各引入电源，电气设备短路电流额定值。

③额定电压、相数和频率(若是 AC)。配电系统型式(TT，TN，IT)和各引入电源满载电流。

④对于各引入电源的任何附加电源要求(如最大电源阻抗、漏电流)。

⑤移动和维护电气设备要求的空间。

⑥确保不损害冷却布局的安装要求。

⑦适当时，环境限制(如照明、振动、EMC(电磁兼容)环境和大气污染)。

⑧适当时，功能限制(如峰值启动电流和允许的电压降)。

⑨对于设计电磁兼容性的电气设备的安装应采取的预防措施。

(3)功能和操作资料，包括：

①电气设备的结构概略图。

②编程或配置的步骤。

③意外停止后重新起动的程序。

④操作顺序。

(4)电气设备的维护信息,包括:

①有关安全维护程序的说明,以及需要时暂停安全功能的场合和/或保护措施程序的说明。

②备件的信息及更换说明。

③对人员进行专业培训的相关信息。

(5)如适当,搬运、运输和储存的信息。

(6)正确拆卸和处理部件(如回收或处置)的信息。

4.3.16 验证

1. 概述

《机械电气安全　机械电气设备　第1部分:通用技术条件》(GB/T 5226.1—2019)中规定的验证项目如下。

(1)验证电气设备与技术文件一致性。

(2)验证保护联结电路的连续性。

(3)若通过自动切断电源进行故障防护,则应验证自动切断电源适用的保护条件。

(4)绝缘电阻试验。

(5)耐压试验。

(6)残余电压的防护。

(7)保护联结电路的附加要求。

(8)功能试验。

其中,对工业机器人进行电气安全规程(安规)的试验主要包括保护联结电路的连续性试验、绝缘电阻试验、耐压试验、残余电压试验和对地泄漏电流试验。

2. 试验设备

(1)电气安规试验设备。

进行电气安规试验需要专用的试验设备。

保护联结电路的连续性试验设备通常采用恒电流方式,因此输出电流稳定。

用于绝缘电阻试验的试验设备主要技术要求为:

①输出电压应为直流电压。

②开路电压不应超过额定输出电压的1.25倍。

③额定输出电流至少为1 mA。

④测量电流不应超过峰值15 mA,出现的任何交流分量不应超过峰值1.5 mA。

耐压试验设备应可发生工频试验电压(频率为45~65 Hz的交流电压)。该试验电压的波形应为2个半波相同的近似正弦波,且峰值与均方根值之比在$\sqrt{2}\pm0.07$以内。

残余电压试验设备用在切断用电设备供电电源后,测量其电源端放电速度。通常,该放电时间的单位为s。

对地泄漏电流是检测电气设备正常工作时，其保护联结导体流过的电流。通常，泄漏电流的单位为 mA。

出于方便电气安规试验，有的试验设备厂商将电气安规试验功能集成为一套系统，即一台试验设备可进行多项电气安规试验。图 4.32 为某厂家生产的多功能电气安规测试仪。

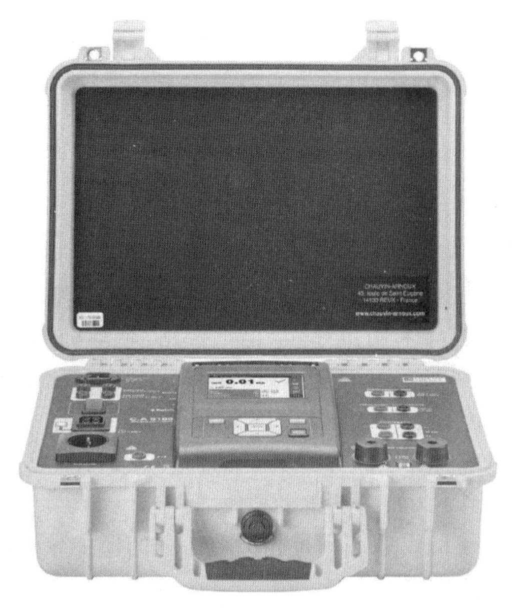

图 4.32　多功能电气安规测试仪

(2)性能核查。

应定期对电气安规试验设备的性能进行校准，校准周期通常为 1～2 年。在校准周期内，也需有计划地对设备的功能和性能进行核查。

安规试验设备的性能核查通常是使用电气安全校准器对其电压、电流、电阻等电参数进行核验。

(3)设备使用与维护。

检测试验人员应按生产厂家提供的使用说明书或制定的设备操作规程测试设备。该操作规程应介绍该试验装置的主要技术参数、测量范围和使用方法。特别是在进行绝缘电阻和耐压试验前，应注意检查设备和探头是否有损坏，防止发生高压触电危险。该试验设备应处于溯源有效期内。

电气安规试验设备通常无特殊的维护保养要求，可定期对其进行常规的清洁、紧固线缆等维护。

3. 试验条件

(1)环境条件(如气候要求、电磁环境要求、供电电源要求等)应确保试验设备正常工作。

(2)试验设备的性能指标应满足要求且应处于溯源有效期内。

4. 保护联结电路的连续性试验

(1)试验要求。

PE接地端子和各保护联结电路部件的有关点之间的电阻应采用取自最大空载电压为24 V AC(或DC)的独立电源,电流在0.2～10 A之间。

(2)试验方法开发。

检测试验人员可以国家标准《工业机器电气设备　保护接地电路连续性试验规范》(GB/T 24342—2009)为主要依据,进行工业机器人产品保护联结电路连续性试验的试验方法开发。

对工业机器人产品进行保护联结电路连续性试验应按以下程序进行:

①切断工业机器人产品的供电电源。

②对工业机器人产品的保护联结电路进行目测检查。目测检查主要包括:

a. 在电气控制装置的电源进线邻近处应有外部保护接地端子PE。

b. 保护接地导线的颜色应采用黄/绿双色。否则,导线的两端应套有保护接地标记的图形符号或字母PE。

c. 电气控制装置、工业机器人本体及内部部件等装置,若装有高于保护特低电压(通常,为25 V AC均方根值或60 V DC无纹波)的器件或部件,应有专用的保护导线连接点。该连接点不应有其他作用(如用于连接其他部件)。

d. 保护导线的接地端子的尺寸应满足相应截面积的保护导线连接要求。

e. 保护导线连接点都应有标记。

f. 连接保护导线的接线端子和保护导线的连接点上,一个螺钉只能接一根保护接地导线。

③在0.2～10 A之间设置试验电流。通常试验电流为10 A,每个测试点的试验时间为10 s。

④对工业机器人电气控制装置的外部保护PE接地端子与电气控制装置外壳、工业机器人本体外壳或相应的保护接地装置之间进行测试,并记录试验数据。

(3)试验结果评价。

若目测检查符合上述要求,试验结果满足表4.31中的要求,则工业机器人产品通过该项试验。

表4.31　保护接地电路连续性的检验

保护导线之路最小有效截面积/mm^2	设计电压降(测试电流为10 A)/V
1	3.3
1.5	2.6
2.5	1.9
4.0	1.4
>6.0	1

5. 绝缘电阻试验

（1）试验要求。

对工业机器人产品的动力电路导线和保护联结电路间施加 500 V DC，测得的绝缘电阻不应小于 1 MΩ。

绝缘电阻试验也可以对工业机器人产品的单个部件展开，例如对电气控制柜和本体分别进行绝缘电阻试验。

（2）试验方法开发。

检测试验人员可以国家标准《工业机器电气设备　绝缘电阻试验规范》（GB/T 24343—2009）为主要依据，进行工业机器人产品绝缘电阻试验的试验方法开发。

绝缘电阻试验的范围包括工业机器人产品的电气控制装置电源开关的电源输入端子和输出端子，以及所有动力电路导线。如果设有专用的电源进线端子组，也应与电源开关和所有动力电路导线同时进行绝缘电阻试验。

对工业机器人产品进行绝缘电阻试验时应按以下程序进行：

①切断工业机器人产品的供电电源，断开被测电路与保护接地电路之间的连接。

②对工业机器人产品的动力电路进行绝缘电阻检测，应对动力电路导线及相关元器件（包括电源开关的电源输入端子、输出端子）进行试验。

③对工业机器人产品的单个部件进行绝缘电阻检测时，单独部件应满足整个工业机器人的保护接地连续性要求。

如果工业机器人产品包含浪涌保护器件，则在试验期间可临时拆除这些器件。

（3）试验结果评价。

若测得的绝缘电阻不小于 1 MΩ，则工业机器人产品通过绝缘电阻试验。

6. 耐压试验

（1）试验要求。

对工业机器人产品进行耐压试验的试验要求见表 4.32。

表 4.32　工业机器人产品的耐压试验要求

参数	要求
试验电压频率	50 Hz
最大试验电压	2 倍的电气设备额定电源电压值或 1 000 V（二者取较大者）
施加部位	动力电路导线和保护联结电路之间
施加时间	至少 1 s

（2）试验方法开发。

检测试验人员可以国家标准《工业机器电气设备　耐压试验规范》（GB/T 24344—2009）为主要依据，进行工业机器人产品耐压试验的试验方法开发。

对工业机器人产品进行耐压试验应按以下程序进行：

①切断工业机器人产品的供电电源，断开被测电路与保护接地电路之间的连接。在被测的工业机器人的安全范围内，设置警示标记。

②工业机器人产品不适宜经受试验电压的部件,以及试验期间可能动作的浪涌保护器件,应在试验期间断开。

③在工业机器人产品的动力电路导线和保护联结电路之间施加试验电压时,应当从足够低的电压开始,缓慢升高电压。

④通常,施加的试验电压达到大于等于 1 000 V 的时间应大于 2 s、小于 10 s。试验电压达到规定的最大值后应保持一定的时间,保持时间通常大于 1 s、小于 5 s。保持时间过后,试验电压迅速降低,但不能突然切断。

⑤记录试验现象,注意观察是否出现绝缘击穿闪络现象。

注意:工业机器人通过绝缘电阻试验后,才允许进行耐压试验。

(3)试验结果评价。

如果试验期间未出现击穿放电现象,则工业机器人产品通过耐压试验。

7. 残余电压试验

(1)试验要求。

切断工业机器人的供电电源后,任何残余电压高于 60 V 的带电部分,都应在 5 s 之内放电到 60 V 或 60 V 以下。

(2)试验方法开发。

对工业机器人产品进行残余电压试验应按以下程序进行:

①工业机器人稳定运行一定时间后,停止工业机器人运行。

②切断工业机器人供电电源。

③记录工业机器人电源端电压测量值和放电时间测量值。

(3)试验结果评价。

如果残余电压在 5 s 之内放电到 60 V 或 60 V 以下,则工业机器人通过残余电压试验。

8. 对地泄漏电流试验

(1)试验要求。

标准 GB/T 5226.1—2019 中要求,若工业机器人对地泄漏电流大于 10 mA AC(或 DC),则其电源处有关保护联结电路应满足附加要求。

因此,对工业机器人产品开展对地泄漏电流试验的目的,就是确认其是否超过规定值——10 mA AC(或 DC)。

(2)试验方法开发。

对工业机器人产品进行对地泄漏电流测试应按以下程序进行:

①工业机器人上电。

②设置工业机器人为典型工作状态,并稳定运行一段时间。

③记录工业机器人对地泄漏电流测量值。

4.3.17 试验结果评价

通常,通过检查、分析电路图等技术文件,以及测量和试验等方式检验工业机器人产

品的电气安全性能。当确认和验证工业机器人产品完全符合4.3.2节～4.3.16节所述的要求时，则认为工业机器人的电气安全是符合要求的。

4.4　工业机器人电磁兼容性要求与检测方法

4.4.1　基本概念

工业机器人产品的电磁兼容性是其在预期使用的电磁环境中能正常工作，且不对该环境中任何设备或系统构成不能承受的电磁骚扰的能力。电磁兼容性主要包括电磁干扰(EMI)和电磁抗扰度(EMS)两方面内容。

(1)电磁干扰(EMI)。

电磁干扰，考量的是工业机器人产品在正常工作时，向空间或沿线缆向外发射非预期电磁能量的能力。对工业机器人产品的电磁干扰限值提出要求的目的，是保证其在正常工作时发射的电磁能量不影响所处环境中其他设备或系统的正常工作。

(2)电磁抗扰度(EMS)。

电磁抗扰度，考量的是工业机器人产品抵抗环境中的设备或系统发射的电磁骚扰的能力。对工业机器人产品电磁抗扰度提出要求的目的，是保证工业机器人产品在受到电磁能量骚扰的情况下，可以按预期设定正常工作。

4.4.2　试验场地要求

由于电磁兼容性的特殊性，无论是电磁干扰试验还是电磁抗扰度试验，均对试验场地有特定的要求。

以空间传播为电磁能量传输形式的电磁辐射骚扰和射频电磁场辐射抗扰度试验，需要在开阔场或半电波暗室进行。传导骚扰试验项目应在屏蔽室内进行。传导抗扰度试验应优选在屏蔽室内进行，或保证环境引入的传导干扰满足标准要求。

1. 屏蔽室

屏蔽室主要目的是屏蔽电磁信号，阻断室内外电磁信号的传播，在屏蔽室内构建预期电磁环境的同时，防止室内电磁干扰向室外泄漏。

(1)屏蔽室主要由以下几部分构成。

①屏蔽材料，如高导电率的金属钢板。

②屏蔽门。

③波导窗，用于通风等。

④信号接口板，如射频信号接口、电信号接口、气体管路接口等。

⑤滤波器，包括电源滤波器、信号滤波器等。

(2)屏蔽室的主要技术指标为屏蔽效能和谐振频率。

①屏蔽效能(Shielding Effectiveness，SE)。

屏蔽效能的定义为电磁场中同一地点没有屏蔽体时电场强度 E_0(或磁场强度 H_0)与在屏蔽体内的电场强度 E_1(或磁场强度 H_1)的比值,公式为

$$\mathrm{SE}=\frac{E_0}{E_1}=\frac{H_0}{H_1} \tag{4.114}$$

屏蔽效能考量的是屏蔽作用的有效性,通常有效的屏蔽室能实现电磁能量百倍乃至百万倍的衰减,因此屏蔽效能通常用分贝来表述。屏蔽室的屏蔽效能通常应满足表 4.33 要求。

表 4.33　屏蔽效能指标要求

频率范围/MHz	屏蔽效能/dB
0.014～1	>60
1～1 000	>90

②谐振频率。

大多数屏蔽室的最低谐振频率都在 20～300 MHz 之间,谐振频率点应记录备查。

2. 电波暗室

电波暗室是为了减少电磁波的反射,在屏蔽室内表面装设可以吸收预期频率范围电磁波的吸波材料,进而构成的电磁波传播环境。

(1)按照吸波材料装设的位置,电波暗室可分为全电波暗室和半电波暗室。

①全电波暗室的内表面全部装设吸波材料,模拟自由空间的传播环境,主要用于微波天线系统的参数测量。

②半电波暗室的地面为金属材料,其余内表面均装设吸波材料,模拟开阔场试验场所。

半电波暗室是比较理想的电磁兼容试验场地,工业机器人产品的电磁兼容试验项目均可在半电波暗室中进行,下面将重点对半电波暗室的构成和性能指标要求进行介绍。

常用的半电波暗室按测试距离的不同可分为 3 m 法半电波暗室和 10 m 法半电波暗室。标准的 3 m 法半电波暗室的外形尺寸为 9 m(L)×6 m(W)×6 m(H)(即长×宽×高)。标准的 10 m 法半电波暗室的外形尺寸为 20 m(L)×13 m(W)×10 m(H)。10 m 法半电波暗室如图 4.33 所示。

(2)半电波暗室主要由屏蔽室、吸波材料、转台、天线塔、视频监控系统等构成。转台、天线塔和视频监控系统是为了满足 EMC 试验条件的需要。转台和天线塔主要用于辐射发射测试。视频监控系统主要用于辐射抗扰度试验,对工业机器人产品的运行状态进行监视。

(3)半电波暗室的主要性能指标有归一化场地衰减(Normalized Site Attenuation, NSA)、场均匀性(Field Uniformity, FU)、场地电压驻波比(Site Voltage Standing Wave Ratio, SVSWR)、屏蔽效能(SE)和背景噪声(Ambient Noise, AN)。

①归一化场地衰减(NSA)。

归一化场地衰减定义为输入发射天线的功率与接收天线负载上所获得的功率之比,是衡量半电波暗室性能的重要指标之一。

图 4.33　10 m 法半电波暗室

依据标准要求，在 30 MHz～18 GHz 频率范围内，当测得的 NSA 值与理论值之间的偏差在±4 dB 之内，则可认为测试场地该指标性能是合格的。

②场均匀性(FU)。

场均匀性是在半电波暗室内进行射频电磁场辐射抗扰度试验时需要达到的参数指标。在被测试区域规定一个 1.5 m×1.5 m 的垂直平面，将该平面均分 16 个测试点进行场强测试(图 4.34)。依据标准要求，若 75%的测试点间的场强值差值小于 6 dB，则认为该垂直平面场强是均匀的。

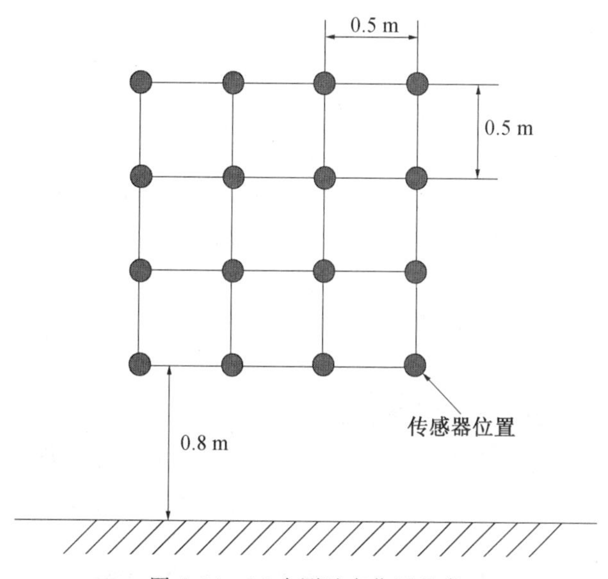

图 4.34　16 个测试点位置示意

③场地电压驻波比(SVSWR)。

场地电压驻波比的测试原理是电磁波的干涉现象。由发射天线发出的直射信号和其在电波暗室内壁上的反射信号叠加产生的合成信号形成空间驻波。该合成信号的最大值和最小值之比即为空间驻波比,其大小可以表征反射波的强度,从而验证暗室的反射性能。

场地电压驻波比是评估任意尺寸和形状的被测物被放入测试区域后可能造成的电磁波反射影响的指标。依据标准和相关准则要求,若 SVSWR<6 dB,则认为暗室场地的该项性能指标是符合要求的。

④屏蔽效能(SE)。

半电波暗室的屏蔽效应能满足屏蔽室屏蔽效能要求,并在 1~6 GHz(或 18 GHz)时满足 SE>80 dB。

⑤背景噪声。

测试环境的背景噪声是评价半电波暗室性能的一个重要指标。依据GB/T 6113.203—2020 的要求,背景噪声至少应低于限值 6 dB,最好可以达到低于限值 20 dB 及以上。

3. 性能核查

应按质量体系的要求,定期核查屏蔽室和半电波暗室的性能指标,以保证试验场地持续满足使用要求。屏蔽室和暗室的性能核查验证周期通常为 5 年。

在使用屏蔽室和暗室过程中,检查环境的背景噪声是确认其性能的有效手段。这一般也是进行试验(特别是电磁发射类试验)前的一个必要的工作内容。

4. 使用与维护

屏蔽室和半电波暗室应保持适合的湿度,以延长其使用寿命,并按生产厂家说明书使用与定期维护。

除说明书中的维护要求外,还有以下特殊要求。

(1)屏蔽体。

①应保持屏蔽体清洁,防止屏蔽体被尖锐物体碰撞。

②严禁其他物体(如水、油等)腐蚀屏蔽体。

③为了保证屏蔽效能,禁止对屏蔽体进行钻孔等破坏性操作,禁止其他导体的搭接。

④定期使用润滑剂(如 WD－40)对屏蔽门四周的指簧进行清洗。指簧若损坏,应及时更换。

⑤应尽量将屏蔽门保持关闭状态。

(2)吸波材料。

①保持清洁,但禁止用水性物质擦洗。

②防止碰撞吸波材料,以免损坏。一旦发现损坏,应立即进行更换。

4.4.3 标准应用

电磁兼容系列标准分为基础标准、方法标准、通用标准和产品(类)标准。基础标准和方法标准规定了测量场地、被测样品的配置和工作状态、测量仪器和设备、测量方法、数据处理和试验报告等内容,但不包括限值。通用标准和产品(类)标准是以基础标准和方法标准为依据制定的,并根据产品的属性和使用情况规定了限值。进行检测试验时选择适

当标准的优先顺序依次为产品标准、产品类标准、通用标准。

在国际标准中，电磁兼容系列标准中的 CISPR 16 系列标准、IEC 61000-3 和 IEC 61000-4 系列标准为基础标准，IEC 61000-6 系列标准为通用标准，目前国际标准中尚无对工业机器人产品有所要求的产品(类)标准。国际上，特别是欧盟国家，通常采用 IEC 61000-6 系列的通用标准对工业机器人产品的电磁兼容性进行评价。

在我国国家标准中，电磁兼容系列标准主要是等同采纳国际标准。其中，GB/T 6113 系列标准、GB/T 17625 系列标准和 GB/T 17626 系列标准为基础标准，GB(/T) 17799 系列标准为通用标准。在 2020 年之前，我国采用 GB(/T) 17799 系列通用标准对工业机器人产品的电磁兼容性进行评价。

在 2019 年 12 月，全国无线电干扰标准化技术委员会发布了《工业、科学和医疗机器人　电磁兼容　发射测试方法和限值》(GB/T 38336—2019)和《工业、科学和医疗机器人　电磁兼容　抗扰度试验》(GB/T 38326—2019)两项国家推荐性标准，并于 2020 年 7 月 1 日实施。该两项推荐性标准为产品(类)标准，对工业机器人产品的电磁兼容性评价应优先选用产品(类)标准。

该两项推荐性标准涉及 11 项电磁兼容试验和测试技术，具体如下。

(1)《工业、科学和医疗机器人　电磁兼容　发射测试方法和限值》(GB/T 38336—2019)。

①谐波电流发射测试。

②电压波动和闪烁测试。

③电源和电信端口的传导骚扰测试。

④电磁辐射骚扰测试。

(2)《工业、科学和医疗机器人　电磁兼容　抗扰度试验》(GB/T 38326—2019)。

①静电放电(ESD)抗扰度试验。

②射频电磁场辐射抗扰度试验。

③电快速瞬变脉冲群抗扰度试验。

④浪涌(冲击)抗扰度试验。

⑤射频场感应的传导骚扰抗扰度试验。

⑥工频磁场抗扰度试验。

⑦电压暂降和短时中断抗扰度试验。

这 11 项电磁兼容试验和测试技术均依据基础标准规定的试验方法实施，后面章节将依据产品标准的要求和基础标准的试验方法，对该 11 项电磁兼容试验检测项目逐项进行讲解。

4.4.4　谐波电流发射测试

谐波电流是含有电源额定频率(50 Hz 或 60 Hz)整数倍频率的正弦电流。

1. 试验设备

国家标准 GB 17625.1—2012、GB/T 17625.8—2015 和 GB/T 17626.7—2013，国际标准 IEC 61000-3-2:2020、IEC 61000-3-12:2021 和 IEC 61000-4-7:2008 对谐波电流发射

测试的测量设备有如下要求。

(1)谐波电流测量设备。

谐波电流测量设备可以对叠加在50 Hz(或60 Hz)电力系统基波上的高达40次的谐波电流进行测量与分析。通常,该设备采用基于离散傅立叶变换(Discrete Fourier Transform,DFT)的一种称为快速傅立叶变换(Fast Fourier Transform,FFT)的算法,主要由带抗混叠滤波器的输入回路、模拟数字转换器和DFT处理器等构成,如图4.35所示。

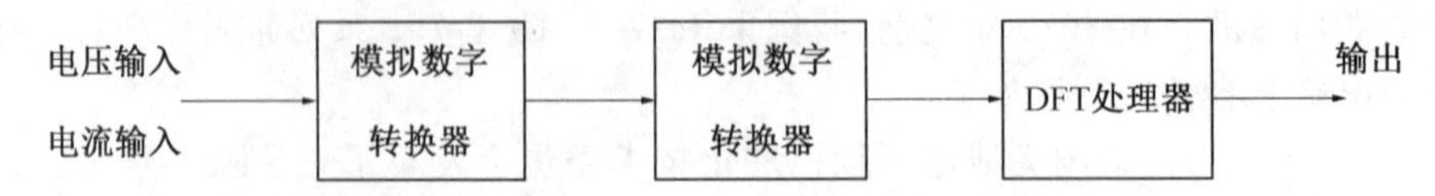

图4.35 谐波电流测量设备的一般结构

某生产厂家的谐波闪烁分析仪如图4.36所示。

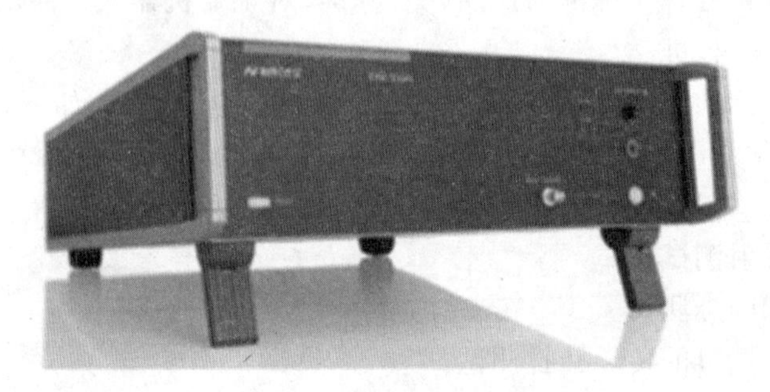

图4.36 谐波闪烁分析仪

(2)试验电源。

工业机器人产品由试验电源供电,进而在其电源端进行谐波电流测量。

该试验电源性能指标要求主要有:

①试验电压精度不超过±2.0%。

②试验电压频率精度不超过±0.5%。

③三相试验电源相基波之间的相位角为120°±1.5°。

④工业机器人与试验电源连接后,试验电压的谐波含有率要求见表4.34和表4.35。

表4.34 试验电压的谐波含有率

(相输入电流≤16 A的工业机器人试验)

谐波次数(n)/次	谐波含有率/%
3	0.9
5	0.4
7	0.3
9	0.2
2~10	0.2
11~40	0.1

表 4.35　试验电压的谐波含有率

（16 A<相输入电流≤75 A 的工业机器人试验）

谐波次数(n)/次	谐波含有率/%
3	1.25
5	1.5
7	1.25
9	0.6
11	0.7
13	0.6
2～10 次的偶次	0.4
12	0.3
14～40	0.1

(3)性能核查。

应定期对谐波电流测量设备和试验电源的性能进行校准，校准周期通常为 1～2 年。在校准周期内，也需有计划地对设备的功能和性能进行核查。

(4)设备使用与维护。

①检测试验人员应按生产厂家提供的使用说明书使用测量设备和试验电源，也可以根据检测试验的需要制定设备的操作规程。该操作规程应说明测量设备的使用方法，乃至测量软件的使用操作(如有)，并对试验电源的使用及注意事项进行说明。

在使用期间，试验电源的功率应满足工业机器人运行的需要。

②通常，仪器设备没有特殊的维护保养要求。出于设备管理及维护的考虑，可制定日常维护保养方案，定期对设备进行常规的清洁、紧固线缆等维护。

2. 试验要求

在进行谐波电流发射测量时，工业机器人应切换至手动操作或自动运行的工作模式，并设置到期望产生最大总谐波电流的模式下。

3. 试验方法开发

GB 17625.1—2012 等同采用 IEC 61000-3-2:2009 标准，标准 GB/T 17625.8—2015 等同采用 IEC 61000-3-12:2004 标准。因此，以下试验方法开发以国家标准为主要依据。

标准 GB 17625.1—2012 规定了相额定输入电流≤16 A 的设备谐波电流发射测量的基本要求和方法。标准 GB/T 17625.8—2015 规定了 16 A<相额定输入电流≤75 A 的设备谐波电流发射测量的基本要求和方法。因此，相额定输入电流≤75 A 工业机器人产品的谐波电流发射测量可参照该两项标准进行试验方法开发。

(1)试验条件要求。

①工业机器人产品进行谐波电流测量试验的试验环境应满足表 4.36 的要求。

表 4.36　试验环境要求

环境参数	要求
气候条件	工业机器人应在预期的气候条件下工作
电磁环境条件	实验室的电磁环境应保证工业机器人正确运行,且不对测试结果造成影响(优选在屏蔽室内)

②谐波电流测量试验所需设备必须处于溯源有效期内。

(2)试验布置要求。

该项目无特别的试验布置要求,将工业机器人产品按其应用要求进行固定连接即可。

(3)试验实施程序。

①试验前,应明确以下试验要求:

a.工业机器人产品的设备类别。通常,工业机器人产品按 A 类设备考量。

b.工业机器人产品的工作模式。通常,设定工业机器人在额定速度和额定负载条件下,沿固定轨迹运动。

c.试验时间。通常,试验时间的典型值为 2.5 min。

②固定安装工业机器人,设置工业机器人的工作模式,确保工业机器人稳定运行。

③对谐波电流进行检测,记录并保存试验数据。

4.试验结果评价

若工业机器人满足谐波电流发射的限值要求,则认为工业机器人该项特性是符合要求的。下面对工业机器人谐波电流的限值要求进行介绍。

(1)每相额定输入电流≤16 A 的工业机器人的谐波电流发射限值。

产品标准《工业、科学和医疗机器人　电磁兼容　抗扰度试验》(GB/T 38326—2019)规定每相额定输入电流不大于 16 A 的工业机器人应符合 GB 17625.1—2012 中给出的限值。

①依据《电磁兼容　限值　谐波电流发射限值(设备每相输入电流≤16 A)》(GB 17625.1—2012)中对设备分类的规定,工业机器人产品应属于 A 类设备。A 类设备的限值见表 4.37。

表 4.37　A 类设备的限值

谐波次数(n)/次	最大允许谐波电流/A	谐波次数(n)/次	最大允许谐波电流/A
偶次谐波		奇次谐波	
2	1.08	3	2.30
4	0.43	5	1.14
6	0.30	7	0.77
$8 \leqslant n \leqslant 40$	$0.23 \times 8/n$	9	0.40
—	—	11	0.33
—	—	13	0.21
—	—	$15 \leqslant n \leqslant 39$	$0.15 \times 15/n$

②《电磁兼容　限值　谐波电流发射限值(设备每相输入电流≤16 A)》(GB 17625.1—2012)也规定了限值的应用：

a. 单次谐波电流的平均值必须小于等于所采用限值。

b. 1.5 s 平滑滤波后的单次谐波电流的最大值必须：

(a)小于等于所应用限制值的 150%。

(b)小于等于所应用限制值的 200%，但必须同时满足以下条件：

ⅰ. 被测设备属于 A 类；

ⅱ. 超过 150%应用限值的持续时间不大于整个观察周期的 10%或 10 min(取二者中较小者)；

ⅲ. 整个试验观察周期内，平均值不大于应用限值的 90%。

c. 不考虑小于基波电流的 0.6%或小于 5 mA(取较大者)的谐波电流。

d. 对于 21 次及以上的几次谐波，在整个观察周期中，1.5 s 平滑滤波后的单次谐波电流的平均值可以超过适用限值的 50%，但应满足以下条件：

(a)测量的部分奇次谐波电流不大于应用限值计算得出的部分奇次谐波电流值。

(b)所有单个谐波电流的 1.5 s 平滑均方根值不大于所应用限值的 150%。

(2)16 A<每相额定输入电流≤75 A 的工业机器人的谐波电流发射限值。

产品标准《工业、科学和医疗机器人　电磁兼容　抗扰度试验》(GB/T 38326—2019)规定每相额定输入电流大于 16 A 且不大于 75 A 的工业机器人应符合 GB 17625.8—2015 中给出的限值。

①依据《电磁兼容　限值　每相输入电流大于 16 A 小于等于 75 A 连接到公用低压系统的设备产生的谐波电流限值》(GB/T 17625.8—2015)，单相电源供电的工业机器人的谐波电流发射限值见表 4.38，三相电源供电的工业机器人的谐波电流发射限值见表 4.39。

表 4.38　单相电源供电的工业机器人的谐波电流发射限值

最小 R_{sce}	可接受的单次谐波电路 $\frac{I_n}{I_1}$/%						可接受的谐波电流畸变率/%	
	I_3	I_5	I_7	I_9	I_{11}	I_{13}	THD	PWHD
33	21.6	10.7	7.2	3.8	3.1	2	23	23
66	24	13	8	5	4	3	26	26
120	27	15	10	6	5	4	30	30
250	35	20	13	9	8	6	40	40
≥350	41	24	15	12	10	8	41	47

注：R_{sce}应由制造商指定。

表 4.39　三相电源供电的工业机器人的谐波电流发射限值

最小 R_{sce}	可接受的单次谐波电路 $\frac{I_n}{I_1}/\%$				可接受的谐波电流畸变率/%	
	I_5	I_7	I_{11}	I_{13}	THD	PWHD
33	10.7	7.2	3.1	2	23	23
66	13	8	4	3	26	26
120	15	10	5	4	30	30
250	20	13	8	6	40	40
≥350	24	15	10	8	41	47

注：R_{sce}应由制造商指定。

②《电磁兼容　限值　每相输入电流大于 16 A 小于等于 75 A 连接到公用低压系统的设备产生的谐波电流限值》(GB/T 17625.8—2015)也规定了限值的应用：

a. 整个试验观察周期，单次谐波电流的平均值应不大于所适用的限值。

b. 所有单个谐波电流的 1.5 s 平滑后的谐波电流有效值应不大于所适用的限值。

(3)每相额定输入电流>75 A 的工业机器人的谐波电流发射限值不做要求。因为这类工业机器人产品一般不会连接到低压公共电网。

4.4.5　电压波动和闪烁测量

电压波动和闪烁测量是在工业机器人运行时，考量对其造成的供电电源电压波动。

1. 试验设备

国家标准 GB 17625.2—2007、GB/T 17625.7—2013 和 GB/T 17626.15—2011，国际标准 IEC 61000-3-3:2021、IEC 61000-3-11:2017 和 IEC 61000-4-15:2010 对电压波动和闪烁的测量设备有如下要求。

(1)电压闪烁测量设备。

电压闪烁测量设备可以对长闪烁 P_{lt}、短闪烁 P_{st} 和电压变化 $d(t)$ 等参数进行测量与分析。图 4.36 所示的谐波闪烁分析仪即为一种电压闪烁测量设备。

(2)试验电源。

该试验对电源性能指标的要求主要有：

①试验电压精度不超过±2.0%。

②试验电压频率精度不超过±0.5%。

③电源电压总谐波失真率小于 3%。

(3)性能核查。

应定期对电压闪烁测量设备和试验电源的性能进行校准，校准周期通常为 1～2 年。在校准周期内，也需有计划地对设备的功能和性能进行核查。

(4)设备使用与维护。

详见 4.4.4 节 1.(4)部分。

2. 试验要求

进行电压波动和闪烁试验时，工业机器人应在产生最不利电压变化结果的控制方式和自动程序下运行。

3. 试验方法开发

标准 GB 17625.2—2007 等同采用 IEC 61000-3-3:2005 标准。标准 GB/T 17625.7—2013 使用重新起草法修改采用 IEC 61000-3-11:2000 标准，但其主要技术差异不涉及试验方法。因此，以下试验方法开发以国家标准为主要依据。

标准 GB 17625.2—2007 规定了相额定输入电流≤16 A 的设备电压波动与闪烁测量的基本要求和方法。标准 GB/T 17625.7—2013 规定了相额定输入电流≤75 A 的设备电压波动与闪烁测量的基本要求和方法。结合标准 GB/T 38326—2019 的要求，相额定输入电流小于等于 16 A 工业机器人产品的电压波动与闪烁测量可参照标准 GB 17625.2—2007 进行试验方法开发，相额定输入电流大于 16 A 且不大于 75 A 的工业机器人产品的电压波动与闪烁测量可参照标准 GB 17625.7—2013 进行试验方法开发。

(1)试验条件要求。

①对工业机器人产品进行电压波动与闪烁试验的场所环境应满足表 4.36 的要求。

②电压波动与闪烁试验所需设备必须处于溯源有效期内。

(2)试验布置要求。

该项目无特别的试验布置要求，将工业机器人产品按其应用要求进行固定连接即可。

(3)试验实施程序。

①试验前，应明确以下试验要求：

a. 工业机器人产品的工作模式。通常，设定工业机器人在额定速度和额定负载条件下沿固定轨迹运动。该运动轨迹应使工业机器人各轴电动机反复正反转运行。

b. 试验时间。通常，试验时间的典型值为 2 h，以测量长闪烁 P_{lt}。

②固定安装工业机器人，设置工业机器人的工作模式，确保工业机器人稳定运行。

③对电压波动与闪烁进行检测，记录并保存试验数据。

4. 试验结果评价

产品标准《工业、科学和医疗机器人　电磁兼容　抗扰度试验》(GB/T 38326—2019)规定每相额定输入电流不大于 16 A 的工业机器人应符合 GB 17625.2—2007 中给出的限值，每相额定输入电流大于 16 A 且不大于 75 A 的工业机器人应符合 GB/T 17625.7—2013 中给出的限值。

标准 GB 17625.2—2007 和 GB/T 17625.7—2013 规定的电压波动和闪烁的限值为：

①P_{st}值不大于 1.0。

②P_{lt}值不大于 0.65。

③电压变化 $d(t)$超过 3.3%的持续时间不应超过 500 ms。

④相对稳态电压 d_c 不应该超过 3.3%。

⑤最大电压变化 d_{max}不应该超过 4%。

4.4.6 电源和电信端口的传导骚扰测量

传导骚扰测量是对耦合到线缆上的 150 kHz～30 MHz 的电磁骚扰信号的测量。

1. 试验设备

国家标准 GB/T 6113.101—2016 和 GB/T 6113.102—2018,国际标准 CISPR 16-1-1:2019 和 CISPR 16-1-2:2017 对传导骚扰试验的试验设备有如下要求。

(1)测量接收机。

测量接收机是电磁骚扰测试的主要设备。它能以一定的通频带将预先设定的频率分量从采集到的信号中提取出来,若连续改变设定频段,则可以获得该输入信号的频谱。某厂家生产的测量接收机如图 4.37 所示。

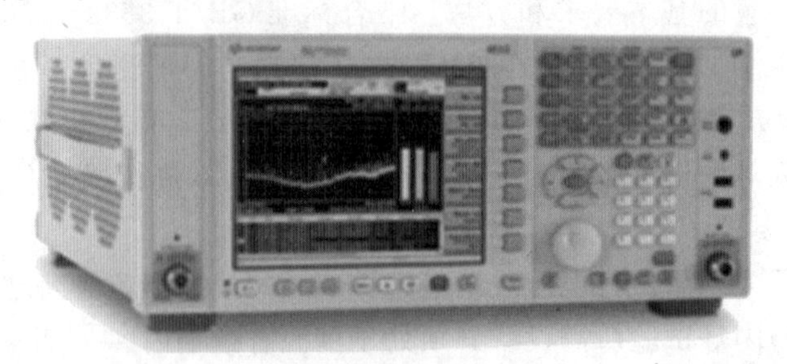

图 4.37 测量接收机

GB/T 6113.101—2016 规定了无线电骚扰测量设备的检波方式。进行工业机器人产品电磁骚扰测量时,测量接收机常用的检波方式主要为准峰值检波、峰值检波和平均值检波。

(2)人工电源网络。

人工电源网络应能在射频范围内向被测设备端子提供一个定阻抗,并能将试验电路与供电电源上的无用射频信号隔离开来,进而将骚扰电压耦合到测量接收机上。

对于每根电源线人工电源网络都配有 3 个端:连接供电电源的电源端、连接被测设备的设备端和连接测量设备的骚扰输出端。

人工电源网络的阻抗规范包括当骚扰输出端端接 50 Ω 负载阻抗时在被测设备端测得的相对于参考地的阻抗的模和相角两个部分。常用的 50 Ω/50 μH+5 Ω V 型和 50 Ω/50 μH V型的人工电源网络阻抗的模和相角见表 4.40、表 4.41。

表 4.40 50 Ω/50 μH+5 Ω V 型人工电源网络阻抗的模和相角

频率/MHz	阻抗的模/Ω	相角/(°)
0.009	5.22	26.55
0.015	6.22	38.41
0.020	7.25	44.97
0.025	8.38	49.39
0.030	9.56	52.33
0.040	11.99	55.43

续表 4.40

频率/MHz	阻抗的模/Ω	相角/(°)
0.050	14.41	56.40
0.060	16.77	56.23
0.040	19.04	55.40
0.080	21.19	54.19
0.090	23.22	52.77
0.100	25.11	51.22
0.150	32.72	43.35

表 4.41　50 Ω/50 μH V 型人工电源网络阻抗的模和相角

频率/MHz	阻抗的模/Ω	相角/(°)
0.15	34.29	46.70
0.17	36.50	43.11
0.20	39.12	38.51
0.25	42.18	32.48
0.30	44.17	27.95
0.35	45.52	24.45
0.40	46.46	21.70
0.50	47.65	17.66
0.60	48.33	14.86
0.70	48.76	12.81
0.80	49.04	11.25
0.90	49.24	10.03
1.00	49.38	9.04
1.20	49.57	7.56
1.50	49.72	6.06
2.00	49.84	4.55
2.50	49.90	3.64
3.00	49.93	3.04
4.00	49.96	2.28
5.00	49.98	1.82
7.00	49.99	1.30
10.00	49.99	0.91
15.00	50.00	0.61
20.00	50.00	0.46
30.00	50.00	0.30

为了确保在所有测试频率上电源侧的无用信号和供电电源的未知阻抗不影响测量，当被测端口相关端子端接给定的终端时，每一个电源端子与测量接收机端口之间应满足基本隔离(去耦因子)要求。50 Ω/50 μH+5 Ω V 型和 50 Ω/50 μH V 型人工电源网络的最小隔离度见表 4.42。

表 4.42　V 型人工电源网络的最小隔离度

V 型网络类型	频率范围/MHz	最小隔离度/dB
50 Ω/50 μH+5 Ω	0.009～0.05	0～40 随着频率以对数线性增加
	0.05～30	40
50 Ω/50 μH	0.15～30	40

某厂家生产的人工电源网络如图 4.38 所示。

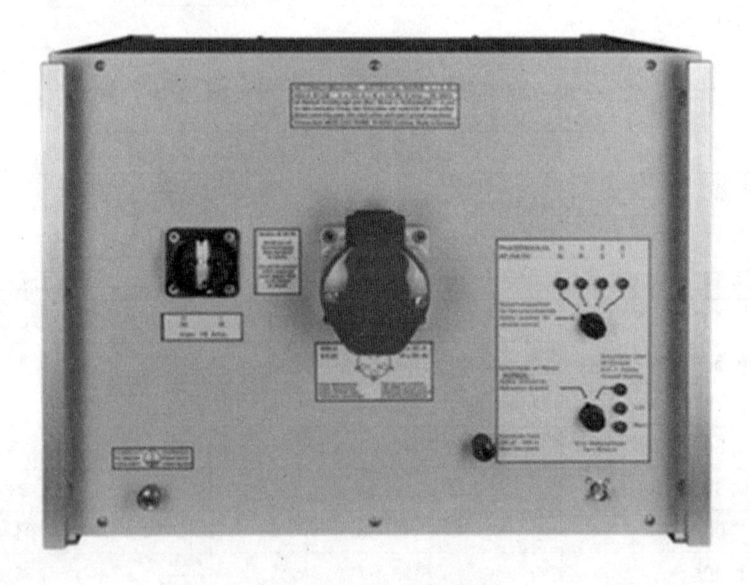

图 4.38　人工电源网络

(3)阻抗稳定网络。

阻抗稳定网络用于对电信端口的传导骚扰进行测量，通常是对五类线缆、六类线缆进行测试。某厂家生产的阻抗稳定网络如图 4.39 所示。

图 4.39　阻抗稳定网络

(4)高阻抗电压探头。

高阻抗电压探头由一个隔直电容器和一个电阻组成。该电阻使得电源线和地线之间的总电阻为 1 500 Ω。该电压探头可以测量电源线与参考地之间的电压,电源射频电压测量电路如图 4.40 所示。在使用电压探头时,应注意其允许测试的最大电压。某厂家生产的电压探头如图 4.41所示。

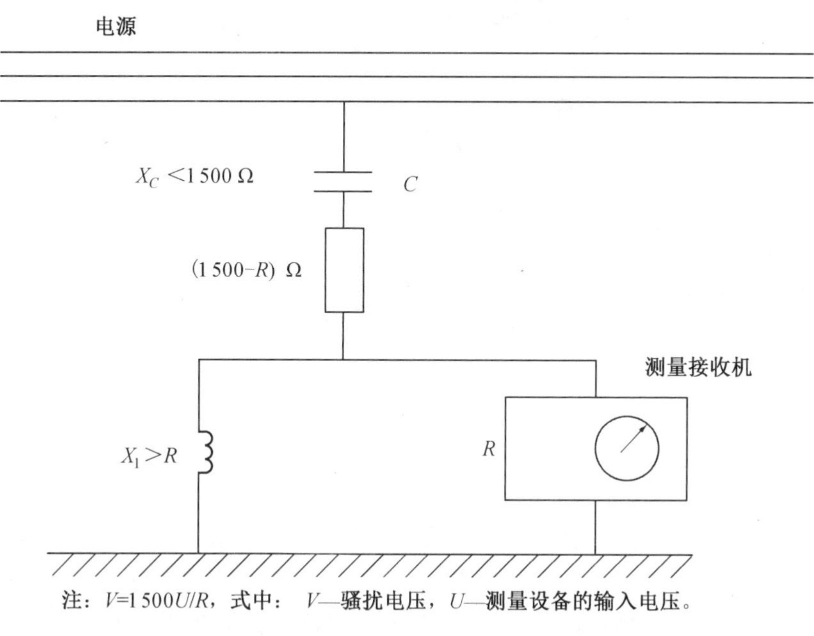

图 4.40　电源射频电压测量电路

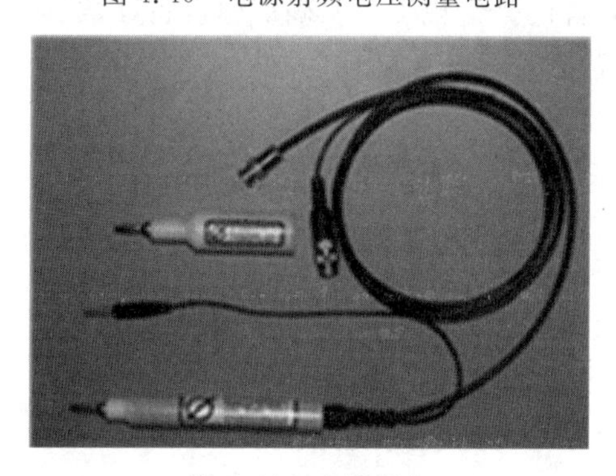

图 4.41　电压探头

(5)电流探头。

卡式电流探头不需要与导线导电接触,不用改变其电路就可以测量线上的不对称骚扰电流。

转移阻抗是电流探头的一个重要的性能指标,其表征了电流探头感应的射频电压与穿过探头的单根导线上射频电流的比值。

在使用电流探头时,应注意其最大未饱和电流值,在其额定测量范围内使用。

某厂家生产的电流探头如图 4.42 所示。

图 4.42　电流探头

(6)性能核查。

应定期对测量接收机、人工电源网络、高阻抗电压探头和电流探头等设备的性能进行校准,校准周期通常为 1～2 年。在校准周期内,也需有计划地对设备的功能和性能进行核查。

(7)设备使用与维护。

①检测试验人员应按生产厂家提供的使用说明书使用测量接收机及相关检测设备,也可以根据检测试验的需要制定设备的操作规程。通常,测量接收机、人工电源网络等会集成为传导骚扰测试系统,检测试验人员通过使用专业的测试软件控制接收机及人工电源网络等设备,实现传导骚扰测量。该测量软件不仅能实现对测量接收机的通信参数、频率范围、检波方式等参数进行设置,还可依据传导骚扰测试流程进行开发设计,实现传导骚扰的自动化测量。该软件的操作规程应明确试验设备参数、通信参数、限值参数的设置方法,说明传导骚扰测量流程的操作方式等信息。

人工电源网络、阻抗稳定网络、高阻抗电压探头和电流探头可以参照生产厂家提供的使用说明使用,也可对其制定操作规程。

在使用测量接收机时,应注意射频信号的强度,防止因信号强度超出测试范围而损坏测量接收机。

在使用人工电源网络和阻抗稳定网络时,应注意:

a. 注意人工电源网络的额定电压和额定电流。

b. 注意区分被测试设备端口与辅助设备端口。

c. 用卡式电流探头时卡口应闭合。

②详见 4.4.4 节 1.(4)②部分。

2. 试验要求

(1)工业机器人工作模式。

GB/T 38326—2019 规定工业机器人在进行传导骚扰试验时,应按表 4.43 中的工作模式要求运行。

(2)工业机器人类别。

GB/T 38326—2019 中对工业机器人进行了分组、分类。

表4.43　工业机器人工作模式要求

工作模式	说明
模式1	(1)工业机器人所有部件均处于通电状态； (2)工业机器人处于待执行任务状态
模式2	工作状态：额定负载、额定速度、运动轨迹符合设计最大行程
模式3(可选)	自定义模式，若模式1、模式2不能覆盖工业机器人最大发射状态，则可选择自定义模式进行测试

①分组。

a.1组工业机器人：除2组工业机器人以外的其他工业机器人。

b.2组工业机器人：以电磁辐射、感性和/或容性耦合形式，有意产生并使用或局部使用9 kHz～400 GHz频段内射频能量的，所有用于材料处理或检验/分析目的，或用于传输电磁能量的工业机器人。

②分类。

a.A类工业机器人：非居住环境或不直接连接到住宅低压供电网设施中使用的工业机器人。

b.B类工业机器人：家用和直接连接到住宅低压供电网设施中使用的工业机器人。

3.试验方法开发

GB/T 6113.201—2018使用翻译法等同采用CISPR 16-2-1:2014标准。因此，以下试验方法开发以国家标准为主要依据。

(1)试验条件要求。

①工业机器人产品进行谐波电流测量试验的试验环境应满足表4.44的要求。

表4.44　试验环境要求

环境参数	要求
气候条件	工业机器人应在预期的气候条件下工作
电磁环境条件	实验室的电磁环境应保证工业机器人正确运行，且不对测试结果造成影响。通常，传导骚扰试验应在屏蔽室内进行

②试验用设备应处于溯源有效期内。

(2)试验布置要求。

GB/T 38326—2019规定了对工业机器人产品进行传导骚扰试验的试验布置方式。

①台式工业机器人的试验布置。

不论接地与否，台式工业机器人都应按以下要求布置：

a.工业机器人的底部或背面应放置在离参考接地平面40 cm的可操纵的距离上。该接地平面通常是屏蔽室的某个墙面或地板，也可以是一个至少为2 m×2 m的接地金属平板。实际布置可以按下述方法来实现：

(a)工业机器人放在一个至少 80 cm 高的绝缘材料试验台上,它离屏蔽室任一墙面的距离为 40 cm;

(b)工业机器人放在一个 40 cm 高的绝缘材料试验台上,使得其底部高出接地平面 40 cm。

b. 工业机器人所有其他导电平面与参考接地平板之间的距离大于 40 cm。

c. 人工网络外壳的一个侧面距离垂直参考接地平面及其他金属部件的距离为 40 cm。

台式工业机器人的传导骚扰试验布置如图 4.43 所示。

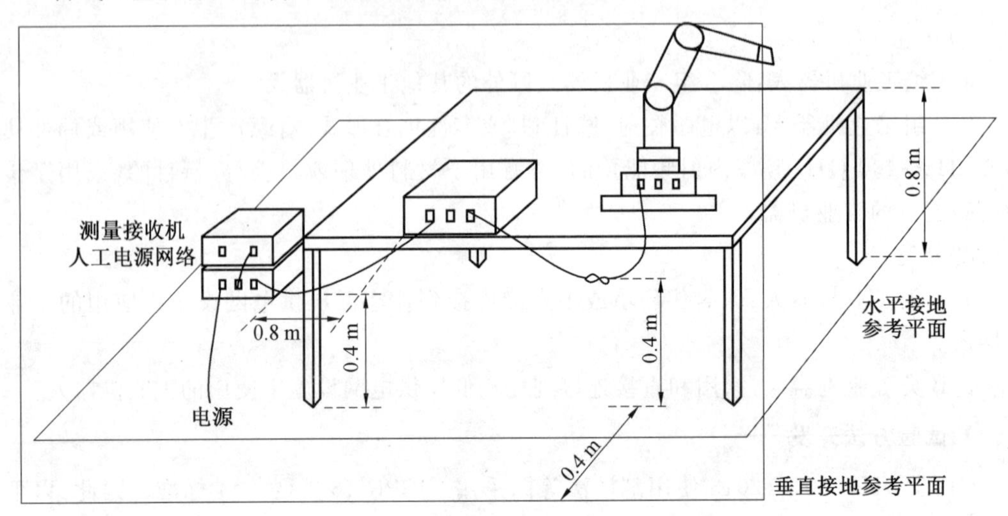

图 4.43　台式工业机器人的传导骚扰试验布置示意

②落地式工业机器人的试验布置。

落地式工业机器人的传导骚扰试验布置如图 4.44 所示。

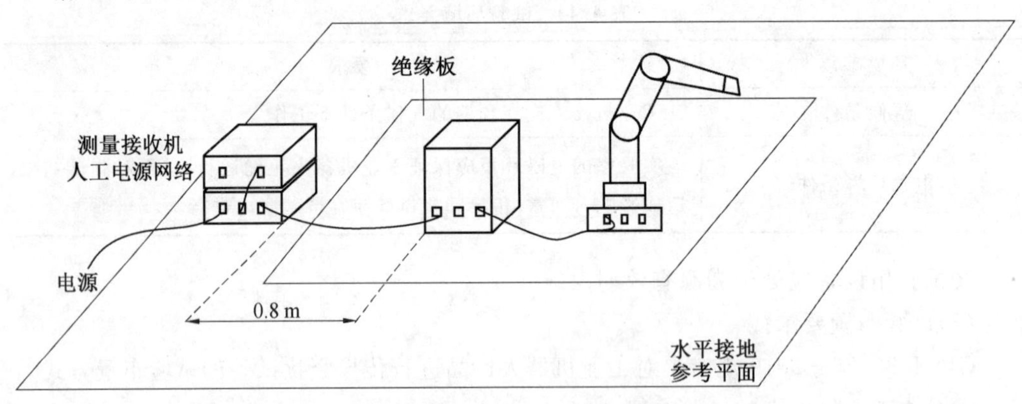

图 4.44　落地式工业机器人的传导骚扰试验布置示意

③台式和落地式工业机器人的试验布置。

台式和落地式工业机器人的传导骚扰试验布置如图 4.45 所示。

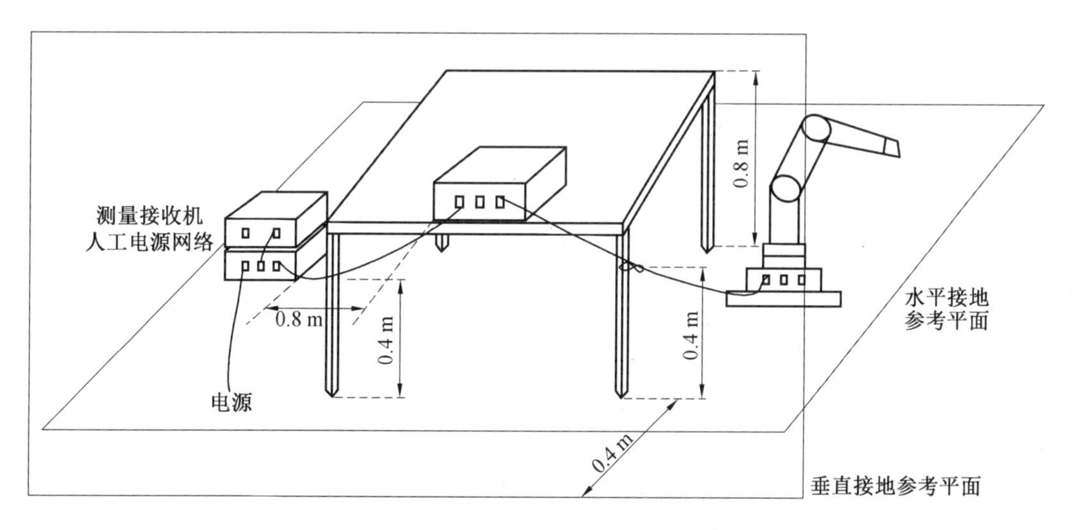

图 4.45　台式和落地式工业机器人的传导骚扰试验布置示意

(3)试验实施程序。

①试验前,应明确以下试验要求:

a. 工业机器人产品试验时的工作模式。

b. 工业机器人产品的试验布置方式(台式、落地式、台式和落地式)。

c. 测试的端口类型。

d. 测量接收机的检波方式。

e. 测试用的阻抗网络类型、探头类型。

②对工业机器人进行安装和试验布置,确认工业机器人可以按预期的工作模式正常工作。对工业机器人的试验布置应拍照留存。

③试验期间,工业机器人应按设定的工作模式正常运行。对工业机器人的电源端口进行传导骚扰测量时,优选人工电源网络。对工业机器人的电信端口进行测量时,优选阻抗稳定网络。

④标准中,工业机器人电源端口和电信端口的传导骚扰限值为准峰值和平均值限值。出于节约试验时间的考虑,利用检波方式的特点,在实际测试中通常先采用峰值检波器进行扫描,再提取峰值测量值高于准峰值和平均值限值的频率点,最后对其以准峰值检波器和平均值检波器进行扫描。

⑤试验结束后,应记录并保存试验数据。

4. 试验结果评价

若工业机器人同时满足平均值检波器测量时所规定的平均值限值和用准峰值检波器测量时所规定的准峰值限值要求,则认为工业机器人该项特性是符合要求的。下面对传导骚扰的限值进行介绍。

①工业机器人交流电源端口的骚扰电压限值见表 4.45～4.47。

表 4.45　1 组 A 类工业机器人的骚扰电压限值(交流电源端口)

频段/MHz	额定功率≤20 kV·A		20 kV·A<额定功率≤75 kV·A		额定功率>75 kV·A	
	准峰值/dB(μV)	平均值/dB(μV)	准峰值/dB(μV)	平均值/dB(μV)	准峰值/dB(μV)	平均值/dB(μV)
0.15～0.5	79	66	100	90	130	120
0.5～5	73	60	86	76	125	115
5～30	73	60	90～73,随频率的对数呈线性减小	80～60,随频率的对数呈线性减小	115	105

注:①在过渡频率上采用较严格的限值。

②对于单独连接到中性点不接地或经高阻抗接地的工业配电网的 A 类工业机器人,可应用频率大于 75 kV·A 设备的限值,不论其实际功率大小。

表 4.46　2 组 A 类工业机器人的骚扰电压限值(交流电源端口)

频段/MHz	额定功率≤75 kV·A		额定功率>75 kV·A	
	准峰值/dB(μV)	平均值/dB(μV)	准峰值/dB(μV)	平均值/dB(μV)
0.15～0.5	100	90	130	120
0.5～5	86	76	125	115
5～30	90～73,随频率的对数呈线性减小	80～60,随频率的对数呈线性减小	115	105

注:①在过渡频率上采用较严格的限值。

②对于单独连接到中性点不接地或经高阻抗接地的工业配电网,且额定输入功率≤75 kV·A 的 A 类工业机器人,其限值可参考频率大于 75 kV·A 的 2 组工业机器人限值。

表 4.47　B 类工业机器人的骚扰电压限值(交流电源端口)

频段/MHz	准峰值/dB(μV)	平均值/dB(μV)
0.15～0.50	66～56,随频率的对数呈线性减小	56～46,随频率的对数呈线性减小
0.50～5	56	46
5～30	60	50

注:在过渡频率上采用较严格的限值。

②工业机器人交流电信端口的骚扰电压限值见表 4.48、表 4.49。

表 4.48　A 类工业机器人电信端口传导共模(不对称)骚扰限值

频段/MHz	电压限值/dB(μV)		电流限值/dB(μV)	
	准峰值	平均值	准峰值	平均值
0.15～0.50	97～87	84～74	53～43	40～30
0.50～30	87	74	43	30

注:在过渡频率上采用较严格的限值。

表 4.49　B 类工业机器人电信端口传导共模(不对称)骚扰限值

频段/MHz	电压限值/dB(μV)		电流限值/dB(μV)	
	准峰值	平均值	准峰值	平均值
0.15～0.50	84～74	74～64	40～30	30～20
0.50～30	74	64	30	20

注:在过渡频率上采用较严格的限值。

4.4.7　电磁辐射骚扰测试

电磁辐射骚扰测试是对工业机器人产品向空间发射的 150 kHz～6 GHz 的电磁骚扰信号的测量。

1. 试验设备

国家标准 GB/T 6113.101—2016、GB/T 6113.104—2016,国际标准 CISPR 16-1-1:2019 和 CISPR 16-1-4:2020 对辐射骚扰试验的试验设备有如下要求。

(1)测量接收机。

与测量传导骚扰用的测量接收机的性能要求基本相同,不同的是该测量接收机应能量至少测量频率范围为 150 kHz～6 GHz 的射频信号。

(2)接收天线。

①磁场接收天线。

该天线可接收频率范围为 150 kHz～30 MHz 的磁场信号,如图 4.46 所示的环形磁场接收天线。

②电场接收天线。

该天线可接收频率范围为 30 MHz～6 GHz 的电场信号,如图 4.47 所示的对数双锥复合天线。

图 4.46　环形磁场接收天线

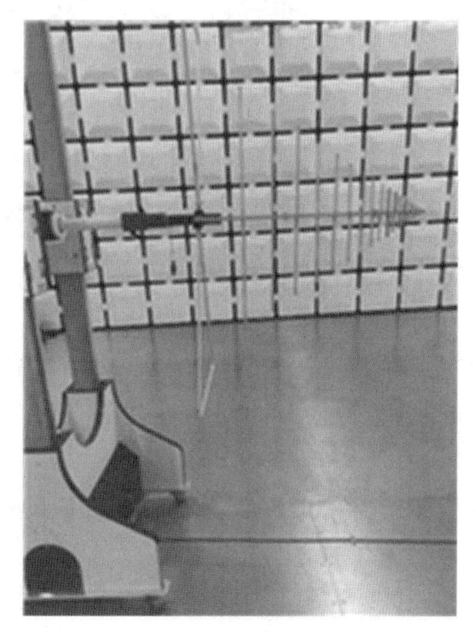

图 4.47　对数双锥复合天线

(3)天线塔。

天线塔的功能是搭载天线进行升降运动，从而实现在 1～4 m 高度的测量，如图4.48所示。

图 4.48　天线塔

(4)转台。

工业机器人被固定布置在转台上，转台可进行 360°的旋转。转台如图 4.49 所示。

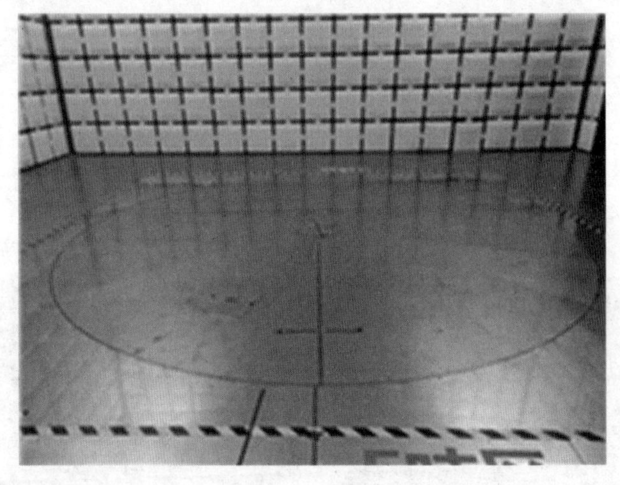

图 4.49　转台

(5)性能核查。

应定期对测量接收机、接收天线等设备的性能进行校准，校准周期通常为 1～2 年。在校准周期内，也需有计划地对设备的功能和性能进行核查。

(6)设备使用与维护。

①检测试验人员应按生产厂家提供的使用说明书使用测量接收机、接收天线、天线塔和转台等相关设备，也可以根据检测试验的需要制定设备的操作规程。通常，测量接收机、天线塔和转台等会集成为辐射骚扰测试系统，检测试验人员通过使用专业的测试软件控制接收机测量信号、天线塔的自动升降和转台的自动旋转，进而完成辐射骚扰测试

流程。

在使用天线塔时，应注意：

a. 注意保护天线塔光纤，不要踩踏或者用物品辗压。

b. 天线塔连接的线缆不要缠绕其他物品，以免天线塔升降时被阻碍，甚至被拉倒。

在使用转台时，应注意工业机器人及附属设备的总重量不应超过转台的额定负载重量。

②出于设备管理及维护的考虑，可制定日常维护保养方案，定期对设备进行常规的清洁维护。天线塔的控制线缆通常为光纤，应注意光纤接头的清洁。

2. 试验要求

产品标准《工业、科学和医疗机器人　电磁兼容　抗扰度试验》(GB/T 38326—2019)明确了对工业机器人产品进行静电放电抗扰度试验的具体要求。

(1)工业机器人工作模式。

在进行辐射骚扰试验时，应按表 4.44 要求的工作模式运行。

(2)工业机器人类别。

工业机器人进行辐射发射试验的类别要求与传导骚扰试验的要求相同。

3. 试验方法开发

GB/T 6113.203—2020 使用翻译法等同采用 CISPR 16-2-3:2016。因此，以下试验方法开发以国家标准为主要依据。

试验计划(或作业指导)应至少涵盖以下内容信息。

(1)试验条件要求。

①环境条件要求见表 4.50。

表 4.50　电磁骚扰场辐射试验环境条件

环境参数	要求
气候条件	工业机器人应在预期的气候条件下工作
电磁环境条件	实验室的电磁环境应保证工业机器人正确运行，且不影响测试结果，应在暗室内进行

②检测试验试验设备应处于溯源有效期内。

(2)试验布置要求。

GB/T 38326—2019 规定了工业机器人产品进行电磁辐射骚扰试验的试验布置方式。工业机器人应固定布置在转台上，通过转台的旋转实现其所载荷的工业机器人的旋转。

①台式工业机器人的试验布置。

作为台式设备使用的工业机器人应放置在非金属的桌子上。桌面高度为 0.8 m，大小通常为 1.5 m×1 m。但实际尺寸取决于工业机器人的水平尺寸。

工业机器人(包括机器人与机器人相连的外设、辅助设备或装置)应按正常使用情况布置。单元间的电缆应从试验桌的后边沿处垂落。如果下垂的电缆与水平接地板的距离小于 0.4 m,则应将电缆的超长部分在其中心附近以 30～40 cm 长的线段分别捆扎成 S 形,以保证其在水平参考接地平板上方至少 0.4 m。线缆应按正常使用情况来布置。若电缆难以按上述要求处理,则按实际情况布置,但不能盘成圈,并在试验记录和试验报告里加以说明。

台式工业机器人的辐射骚扰试验布置如图 4.50 所示。

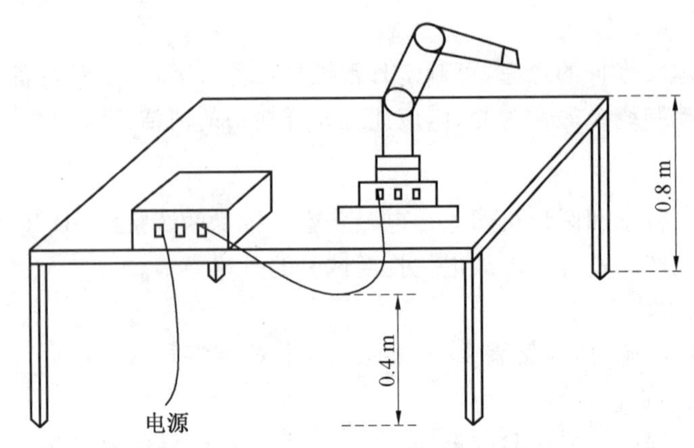

图 4.50　台式工业机器人的辐射骚扰试验布置示意

②落地式工业机器人的试验布置。

落地式工业机器人应放置在水平参考接地平板上,其金属体距离参考接地平板的绝缘距离不超过 0.15 m。

(工业机器人各单元间或机器人与辅助设备之间的)互连电缆应垂落至水平参考接地平板,但与其保持绝缘。电缆的超长部分在其中心附近以 30～40 cm 长的线段分别捆扎成 S 形。如果单元间的电缆长度不足以垂落至水平参考接地平板,但离该平板的距离又不足 0.4 m,那么超长部分应在电缆中心捆扎成不超过 0.4 m 的线束。该线束或者位于水平参考接地平板之上 0.4 m,若电缆入口或连接高度不足 0.4 m,则位于电缆入口或电缆连接点高度。若电缆难以按上述要求处理,则按实际情况布置,但不能盘成圈,并在试验记录和试验报告里加以说明。

落地式工业机器人的辐射骚扰试验布置如图 4.51 所示。

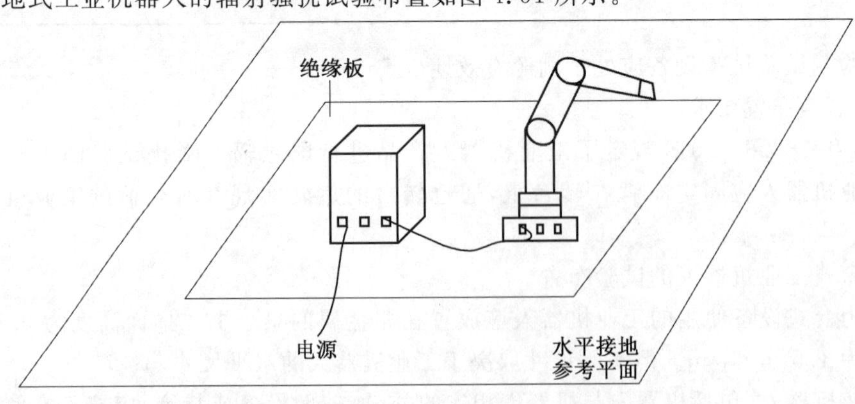

图 4.51　落地式工业机器人的辐射骚扰试验布置示意

③台式和落地式工业机器人的试验布置。

台式和落地式工业机器人之间的电缆的超长部分在其中心附近以 30～40 cm 长的线段分别捆扎成 S 形。线束的位置位于水平参考接地平板上方 0.4 m。如果该入口或者连接点距离水平参考接地平板的间距小于 0.4 m，则位于电缆入口或电缆连接点高度。若电缆难以按上述要求处理，则按实际情况布置，但不能盘成圈，并在试验记录和试验报告里加以说明。

台式和落地式工业机器人的辐射骚扰试验布置如图 4.52 所示。

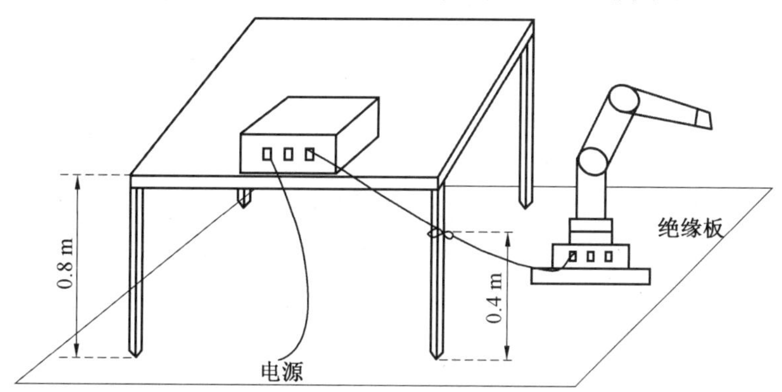

图 4.52　台式和落地式工业机器人的辐射骚扰试验布置示意

④测试距离应为从接收天线的参考点至工业机器人固定部分的虚拟圆边界的距离，如图 4.53 所示。

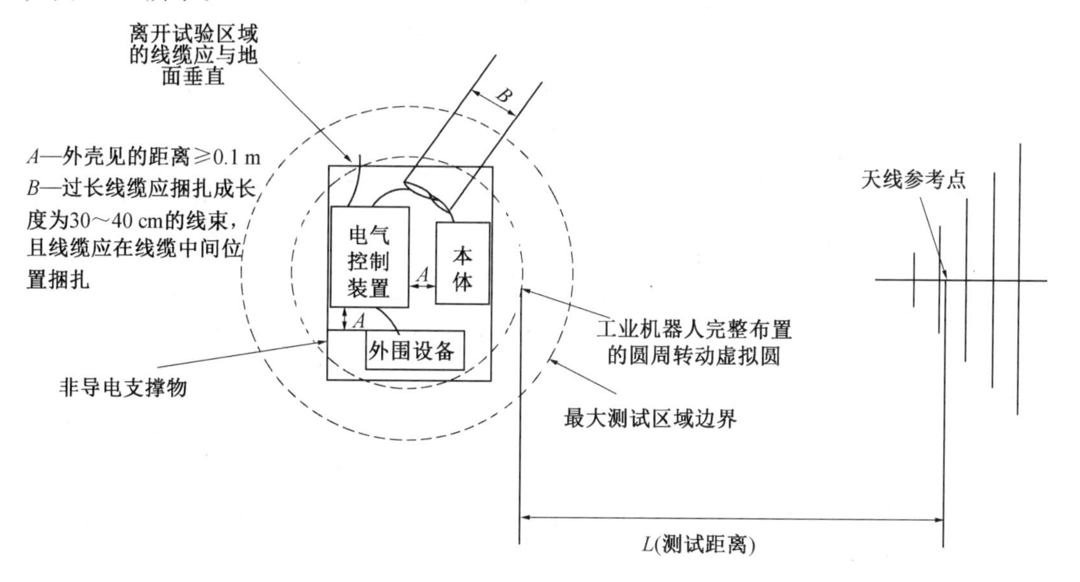

图 4.53　辐射骚扰测试距离定义

(3)试验实施程序。

①试验前，应明确以下试验要求：

a. 工业机器人产品试验时的工作模式；

b. 工业机器人产品的试验布置方式(台式、落地式、台式和落地式)；

c.测试距离、天线塔的高度、转台的旋转角度;

d.测量接收机的检波方式;

e.接收天线类型。

②对工业机器人进行安装和试验布置,确认工业机器人可以按预期的工作模式正常工作。对工业机器人的试验布置应拍照留存。

③试验期间,工业机器人应按设定的工作模式正常运行。

a.在150 kHz~30 MHz频率范围内,主要是对工业机器人产品发射电磁能量的磁场分量进行测量。通常,进行该测试时,接收天线应位于3 m距离、1 m固定高度,通过转台的360°旋转实现对工业机器人向四周辐射的电磁能量的测量。

b.在30 MHz~1 GHz频率范围内,主要是对工业机器人产品发射电磁能量的电场分量进行测量。通常,进行该测试时,天线塔搭载天线在1~4 m高度上下移动,通过转台围绕其中心360°旋转实现对工业机器人向周围空间发射的电磁能量的测量。

④标准中,多数组类的工业机器人辐射骚扰限值为准峰值限值,少数组类的工业机器人辐射骚扰限值为峰值和平均值限值。同传导骚扰测试一样,出于节约试验时间的考虑,辐射骚扰测试也先采用峰值检波器进行初次扫描,然后提取峰值测量值高于限值的频率点,再以限值要求的检波器进行再次扫描。

⑤试验结束后,应记录并保存试验数据。

4.试验结果评价

若工业机器人产品的电磁辐射骚扰测量值满足以下限值要求,则认为工业机器人该项特性是符合要求的。

①在150 kHz~30 MHz频率范围内,工业机器人应满足用准峰值检波器测量时所规定的准峰值限值,该限值见表4.51、表4.52。

表4.51 2组A类工业机器人的电磁辐射骚扰限值

频段/MHz	10 m测试距离	3 m测试距离
	准峰值/dB(μA/m)	准峰值/dB(μA/m)
0.15~0.49	57.5	82
0.49~1.705	47.5	72
1.705~2.194	52.5	77
2.194~3.95	43.5	68
3.95~11	18.5	68~28.5 随频率的对数呈线性减小
11~20	18.5	28.5
20~30	8.5	18.5

注:在过渡频率上采用较严格的限值。

表 4.52 2 组 B 类工业机器人的电磁辐射骚扰限值

频段/MHz	3 m 测试距离
	准峰值/dB(μA/m)
0.15～30	39～3， 随频率的对数呈线性减小

②在 30 MHz～1 GHz 频率范围内，工业机器人辐射发射的限值要求见表 4.53～4.56。

表 4.53 1 组 A 类工业机器人的电磁辐射骚扰限值

频段/MHz	10 m 测试距离		3 m 测试距离	
	额定功率≤20 kV·A	额定功率>20 kV·A	额定功率≤20 kV·A	额定功率>20 kV·A
	准峰值/dB(μV/m)	准峰值/dB(μV/m)	准峰值/dB(μV/m)	准峰值/dB(μV/m)
30～230	40	50	50	60
230～1 000	47	50	57	60

注：在过渡频率上采用较严格的限值。

表 4.54 1 组 B 类工业机器人的电磁辐射骚扰限值

频段/MHz	10 m 测试距离	3 m 测试距离
	准峰值/dB(μV/m)	准峰值/dB(μV/m)
30～230	30	40
230～1 000	37	47

注：在过渡频率上采用较严格的限值。

表 4.55 2 组 A 类工业机器人的电磁辐射骚扰限值

频段/MHz	10 m 测试距离	3 m 测试距离
	准峰值/dB(μV/m)	准峰值/dB(μV/m)
30～47	68	78
47～53.91	50	60
53.91～54.56	50	60
54.56～68	50	60
68～80.872	63	73
80.872～81.848	78	88
81.848～87	63	73
87～134.786	60	70
134.786～136.414	70	80
136.414～156	60	70
156～174	74	84
174～188.7	50	60

续表 4.55

频段/MHz	10 m 测试距离	3 m 测试距离
	准峰值/dB(μV/m)	准峰值/dB(μV/m)
188.7～190.979	60	70
190.979～230	50	60
230～400	60	70
400～470	63	73
470～1000	60	70

注:在过渡频率上采用较严格的限值。

表 4.56　2 组 B 类工业机器人的电磁辐射骚扰限值

频段/MHz	10 m 测试距离		3 m 测试距离	
	准峰值/dB(μV/m)	平均值/dB(μV/m)	准峰值/dB(μV/m)	平均值/dB(μV/m)
30～80.872	30	25	40	35
80.872～81.848	50	45	60	55
81.848～134.786	30	25	40	35
134.786～136.414	50	45	60	55
136.414～230	30	25	40	35
230～1 000	37	32	47	42

注:在过渡频率上采用较严格的限值。

③在 1 GHz 以上频段,工业机器人辐射发射的限值要求见表 4.57、表 4.58。

表 4.57　A 类工业机器人的电磁辐射骚扰限值(3 m 测量距离)

频段/GHz	平均值/dB(μV/m)	峰值/dB(μV/m)
1～3	56	76
3～6	60	80

注:在过渡频率上采用较严格的限值。

表 4.58　B 类工业机器人的电磁辐射骚扰限值(3 m 测量距离)

频段/GHz	平均值/dB(μV/m)	峰值/dB(μV/m)
1～3	50	70
3～6	54	74

注:在过渡频率上采用较严格的限值。

测试频率上限的选择应遵照以下要求进行:

a. 如果工业机器人内部的最高频率低于 108 MHz,则测量只进行到 1 GHz。

b. 如果工业机器人内部的最高频率为 108～500 MHz,则测量只进行到 2 GHz。

c. 如果工业机器人内部的最高频率为 500 MHz～1 GHz,则测量只进行到 5 GHz。

d. 如果工业机器人内部的最高频率高于 1 GHz,则测量将进行到最高频率的 5 倍或 6 GHz(取两者中较小值)。

4.4.8　静电放电(ESD)抗扰度试验

静电放电抗扰度试验目的在于，建立通用的和可重现的基准，以评估电气和电子设备遭受静电放电时的性能。此外，还包括了人体到靠近关键设备的物体之间可能发射的静电放电。

特别安全事项：静电放电抗扰度试验对于穿戴心脏起搏器的人员是危险的，这类人员不应从事该类工作。

1. 试验设备

基础标准 GB/T 17626.2—2018 和 IEC 61000-4-2:2008 对静电放电抗扰度试验的试验设备有如下要求。

(1)静电放电发生器。

静电放电发生器是进行静电放电抗扰度试验的主要设备。静电放电发生器通常由主机、放电枪和放电网络模块等部分组成。静电放电发生器的电气原理简图如图 4.54 所示，其中 R_d 和(C_s+C_d)构成放电网络模块。

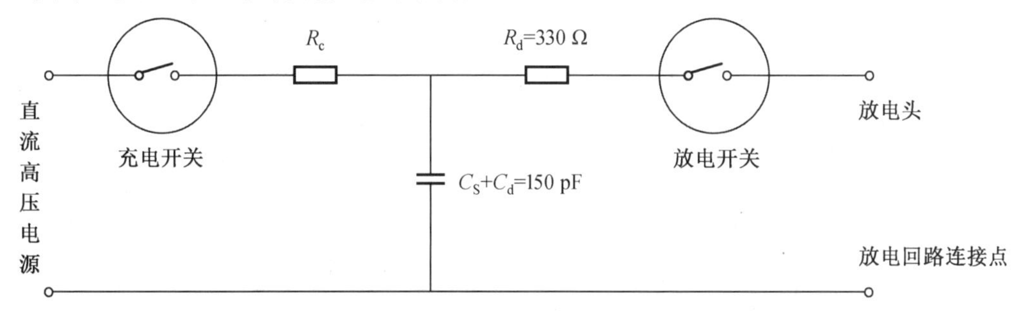

图 4.54　静电放电发生器的电气原理简图

静电放电发生器的特性应满足表 4.59 和表 4.60 的规范。静电放电发生器的理想电流波形如图 4.55 所示。发生器输出电流的特性参数应使用同轴电流靶、高压探头、至少 2GHz 带宽的示波器等设备进行校准和验证，具体的校准方法参见 GB/T 17626.2—2018 的附录 B。

表 4.59　静电放电发生器特性要求

参数		要求
输出电压	接触放电模式①	1～8 kV(标称值)
	空气放电模式②	2～15 kV(标称值)③
输出电压容差		±5%
输出电压极性		正极性和负极性
保持时间		≥5 s
操作放电方式		单次放电空气放电模式(见注 2)

注：①ESD 发生器放电电极上测量的开路电压。

②仅出于探测的目的，发生器宜能够以至少 20 次/s 的重复频率产生放电。

③如果最高测试电压比较低，没有必要使用有 15 kV 空气放电能力的发生器。

表 4.60　静电放电发生器特性要求

等级	指示电压/kV	放电的第一个峰值电路(±15%)/A	上升时间 t_r(±25%)/ns	在 30 ns 时的电流(±30%)/A	在 60 ns 时的电流(±30%)/A
1	2	7.5	0.8	4	2
2	4	15	0.8	8	4
3	6	22.5	0.8	12	6
4	8	30	0.8	16	8

注:①用于测量 30 ns 和 60 ns 处电流的时间参考点是电流首次达到放电电流第一峰值的 10%。

②上升时间 t_r 为第一个电流峰值的 10%～90%的间隔时间。

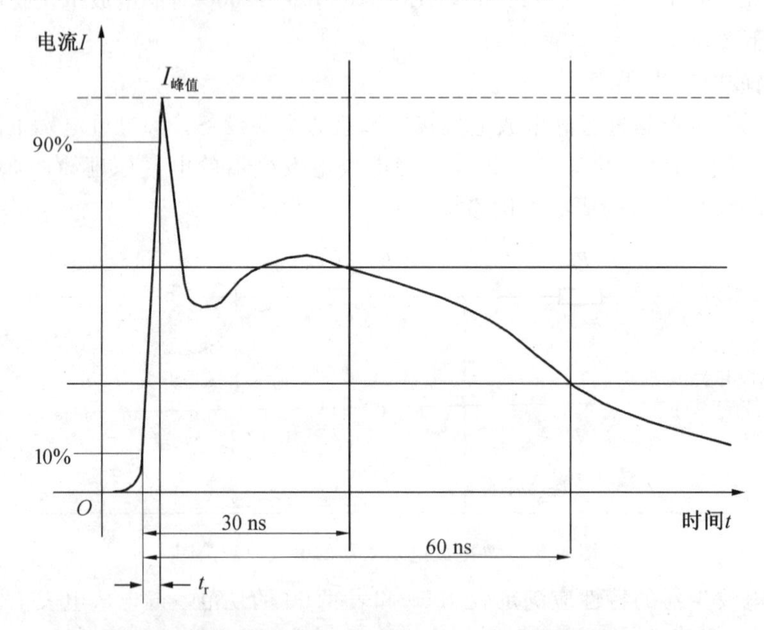

图 4.55　静电放电发生器输出电流的典型波形

静电放电发生器配有尖形和圆形两种放电电极,以实现不同类型的模拟放电,如图 4.56 所示。

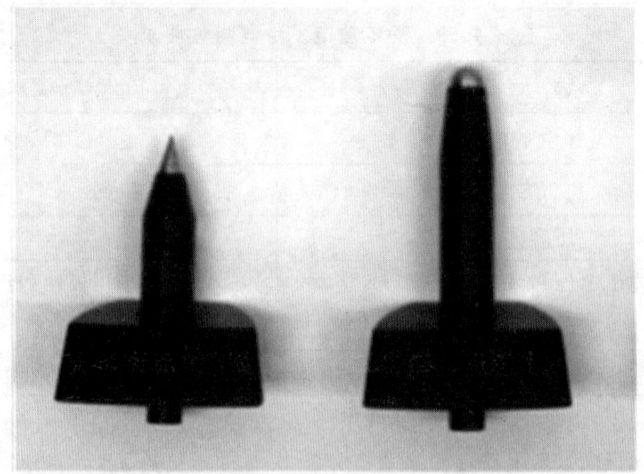

图 4.56　尖形和圆形两种放电电极

静电放电发生器放电回路电缆长度应为(2±0.05) m。

某厂家生产的静电放电发生器如图 4.57 所示。

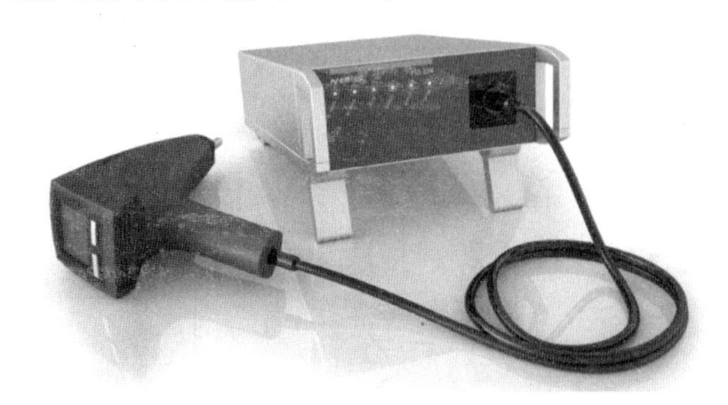

图 4.57　静电放电发生器

(2)附属设备。

①1 470 kΩ 泄放电阻。

②接地参考平面。

接地参考平面应为一种最小厚度为 0.25 mm 的铜或铝的金属薄板，其他金属材料虽可使用，但其厚度至少有 0.65 mm。

接地参考平面每边至少应伸出受试设备或水平耦合板(适用时)0.5 m。

接地参考平面应与保护接地系统连接。

③垂直耦合板(VCP)和水平耦合板(HCP)。

耦合板应为一种最小厚度为 0.25 mm 的铜或铝的金属薄板，其他金属材料虽可使用，但其厚度至少有 0.65 mm。

垂直耦合板尺寸为 0.5 m×0.5 m，水平耦合板尺寸为(1.6±0.02) m×(0.8±0.02) m。

耦合板应通过两端都带有 470 kΩ 泄放电阻的电缆与接地参考平面连接。

④绝缘支撑物。

绝缘支撑物主要包括(0.8±0.08) m 高的非导电桌子，(0.5±0.05) mm 厚和 0.5～0.15 m 厚的绝缘支撑物。

(3)性能核查。

应定期对静电放电发生器的性能进行校准，校准周期通常为 1～2 年。在校准周期内，也需有计划地对设备的功能和性能进行核查。另外，在静电放电发生器出现故障维修后或对试验结果有疑问时，也需对静电放电发生器的功能和性能进行核查。

对静电放电发生器进行性能核查，可考量其输出电压的指标，如电压值、波形参数等。通常采用的设备为静电校准靶、高电压探头和示波器。静电放电发生器对静电校准靶进行接触放电，示波器通过高电压探头采集静电校准靶上的电压信号。通过该电压信号与标准信号的比对，来确认静电放电发生器的性能状况。静电放电发生器性能核查示意图如图 4.58 所示。

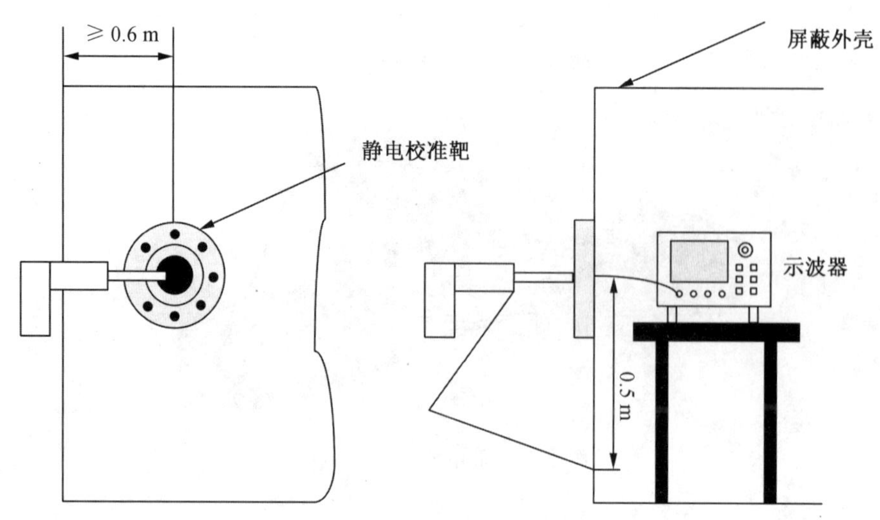

图 4.58　静电放电发生器性能核查示意图

(4)设备使用与维护。

①静电放电发生器应按生产厂家说明书或设备操作规程使用。在使用期间,应特别注意:

a.静电放电发生器必须可靠接地;

b.更换放电电极时,请在设备关机状态下进行,以免遭电击。

②应定期对设备进行常规的清洁维护。

2.试验要求

(1)工业机器人工作模式。

工业机器人在进行静电放电抗扰度试验时,应按表 4.61 要求的工作模式运行。

表 4.61　工业机器人工作模式要求

工作模式	说明
模式 1	(1)工业机器人所有部件均处于通电状态; (2)工业机器人处于待执行任务状态
模式 2	典型工作模式
模式 3(可选)	自定义模式,若模式 1、模式 2 不能覆盖工业机器人全部功能或最敏感状态,则可选择自定义模式进行测试

(2)试验等级要求。

工业机器人产品静电放电抗扰度试验的试验等级要求见表 4.62。

表 4.62　试验等级要求

放电方式	试验电压/kV
接触放电	±4
空气放电	±8

3. 试验方法开发

国家标准 GB/T 17626.2—2018 等同采用国际标准 IEC 61000-4-2:2008，规定了静电放电抗扰度试验的基本方法。工业机器人产品的静电放电抗扰度试验可参照该标准进行试验方法开发和实施。

(1)试验条件要求。

①工业机器人产品进行静电放电抗扰度试验时，其实验室的环境应满足表 4.63 的要求。

表 4.63　静电放电抗扰度试验环境要求

环境参数	要求
气候条件	(1)工业机器人应在预期的气候条件下工作。 (2)进行空气放电试验时，应满足： ①环境温度：15～35 ℃； ②相对湿度：30%～60%； ③大气压力：86～106 kPa
电磁环境条件	实验室的电磁环境应保证工业机器人正确运行

建议静电放电抗扰度试验优选在屏蔽室内进行。

另外，气候条件要求中，要特别注意相对湿度这个指标，南方地区气候潮湿，北方地区气候干燥，均需采取相应的措施调控试验场所的相对湿度。

②试验所需设备必须处于溯源有效期内。

(2)试验布置要求。

由于正常工作时，工业机器人本体处于运动状态，人员不可以接触运动中的工业机器人本体(具有手动引导功能的协作机器人除外)，因此工业机器人产品静电放电抗扰度试验的试验对象主要是其电气控制装置。

现行的标准 GB/T 17626.2—2018 规定了进行静电放电抗扰度试验时，受试设备为台式设备和落地式设备的试验布置要求。工业机器人电气控制装置通常被认为是落地式设备，但小体积的电气控制装置在现场也可以放置在台架上使用，所以应综合考虑其体积大小及在现场实际的布置方式，确认其试验布置方式，优选落地式设备布置方式。

工业机器人产品的试验布置要求如图 4.59 和图 4.60 所示。

试验计划和(或)作业指导中应指出：如需用到辅助设备监测工业机器人的运行状态，则应对该辅助监测设备进行去耦处理，例如在辅助监测设备与工业机器人之间连接的线缆上缠绕磁环。

(3)试验前静电放电发生器的验证方法。

静电放电发生器的波形参数通常不会发生细微变化，其最可能的失效是发生器产生的静电电压未传送至放电电极，或者是电压控制失效。发生器放电路径中的电缆、电阻或者连接导线的损坏、松脱或缺失，都会导致无法放电。

试验计划(或作业指导)应明确试验前静电放电发生器的验证方法。现行的标准 GB/T 17626.2—2018 中，提出了一种试验前对静电放电发生器的验证方法。该验证方

法是对静电放电发生器分别设置低、高放电电压,观察其对耦合板进行空气放电时产生的小火花和大火花。注意:进行此验证前,应确认接地带与接地参考平面的可靠连接。

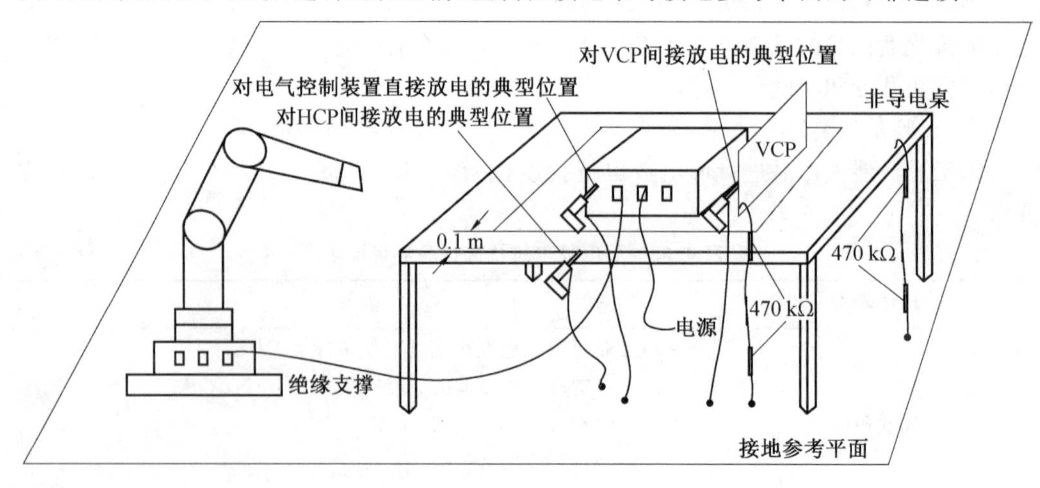

图 4.59　工业机器人产品静电放电抗扰度试验布置(台式)

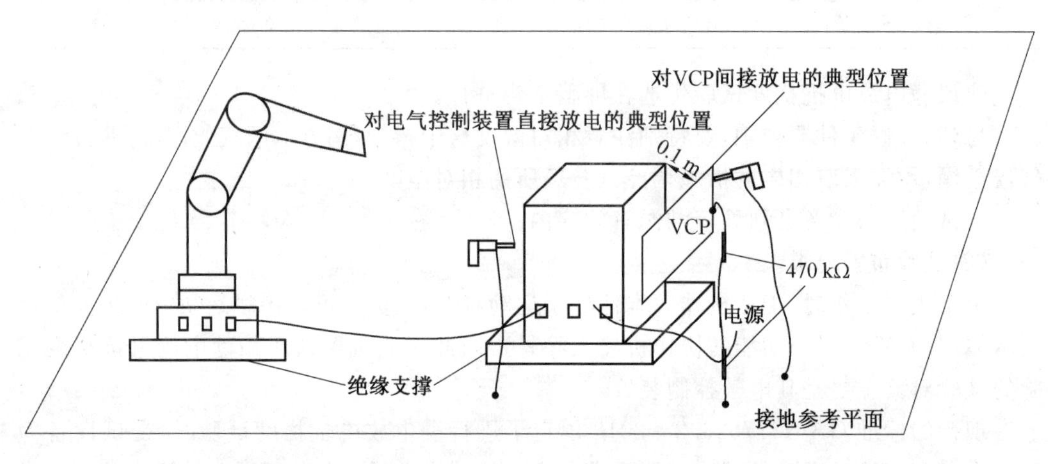

图 4.60　工业机器人产品静电放电抗扰度试验布置(落地式)

(4)试验实施程序。

①试验前,应明确以下试验要求:

a. 工业机器人产品试验时的工作模式。

b. 工业机器人产品的试验布置方式(台式或落地式)。

c. 施加接触放电和(或)空气放电的放电点位置。

d. 试验等级。

e. 每个放电点位置施加的放电次数(至少 10 次/极性)。

②对工业机器人进行安装和试验布置,确认工业机器人可以按预期的工作模式正常工作。对工业机器人的试验布置应拍照留存。

③试验期间,工业机器人应按设定的工作模式正常运行。

④对工业机器人产品进行静电放电抗扰度试验，主要是对其电气控制装置直接和间接施加放电。

静电放电发生器的放电电极顶端应尽可能与实施放电点位置的表面保持垂直，以改善试验的可重复性。若二者无法保持垂直，应记录该试验实施状况。

试验实施时，静电放电发生器的放电回路电缆与电气控制装置间距至少保持0.2 m，并且试验人员不能手持该放电回路电缆。

a. 直接施加的放电试验。

直接施加的放电包括接触放电和空气放电，其主要区别为：

i. 接触放电施加的位置主要为电气控制装置裸露的金属部件，如螺钉、连接器金属外壳、电器元件金属外壳及其他裸露的金属部件等位置。而空气放电施加的位置主要为电气控制装置的非金属表面。如果电气控制装置上的金属部件表面涂膜为绝缘层，则对该位置仅进行空气放电，否则电极应穿入漆膜，与导电层接触，进行接触放电试验。

ii. 实施接触放电试验时，静电放电发生器应使用尖形的放电电极。而实施空气放电试验时，静电放电发生器应使用圆形的放电电极。

iii. 实施接触放电试验时，放电电极的顶端先接触放电点位置，然后再操作放电开关。而实施空气放电试验时，静电放电发生器的放电开关应先闭合，再逐渐接近放电点位置，其放电电极应尽可能地接近并触及预期放电点位置(不要造成机械损伤)。每次放电之后，将放电电极从放电点位置移开，然后重新触发发生器，进行新的单次放电，这个程序应当重复至放电完成为止。

iv. 接触放电按照规定的试验等级实施，而空气放电试验的试验等级应逐级实施，直到达到规定的试验等级。

b. 间接施加的放电。

间接施加的放电考量的是对放置于或安装在工业机器人附近的物体放电的现象对工业机器人产品的性能影响。间接施加的放电通过对耦合板进行放电来模拟实现。

⑤应记录整个试验中工业机器人的运行状态，完成试验记录。

4. 试验结果评价

(1)抗扰度试验性能判据。

产品标准《工业、科学和医疗机器人　电磁兼容 抗扰度试验》(GB/T 38326—2019)明确了工业机器人产品电磁抗扰度试验的性能判据，见表4.64。该性能判据中多次提到“预定方式”“制造商规定的性能水平”“允许的性能丧失”和“用户的合理期望”，这些都可以理解为工业机器人产品的预期设计目标，即工业机器人产品的正常或可接受的工作状态。

因此，要对工业机器人产品电磁抗扰度的试验结果进行评价，首先应明确该工业机器人产品的预期设计目标，即工业机器人产品预定的工作方式是什么，能达到什么性能，其中哪些性能是允许丧失的，用户应用工业机器人产品又有哪些要求。只有明确了这些信息，才能对工业机器人产品的工作状态有准确的、客观的识别，进而对工业机器人产品电磁抗扰度试验结果进行正确的评价。

表 4.64 工业机器人抗扰度试验性能判据

类别	说明
性能判据 A	在试验期间和试验后,设备应按预定方式连续工作。 当设备按预定方式工作时,性能降低或功能丧失不允许低于制造商规定的性能水平。性能水平可以用允许的性能丧失来替代。 如果制造商没有规定最低性能水平或允许丧失的性能,则二者均可从产品说明书和产品文件中得到,或者在设备按预定的方式使用时,从用户的合理期望中得出。
性能判据 B	在试验后,设备应按预定方式连续工作。当设备按预定方式使用时,性能降低或功能丧失不允许低于制造商规定的性能水平。性能水平可以用允许的性能丧失来替代。 在试验期间,允许性能降低。 如果制造商没有规定最低性能水平或允许丧失的性能,则二者均可从产品说明书和产品文件中得到,或者在设备按预定的方式使用时,从用户的合理期望中得出。但实际工作状态或存储的数据不允许改变
性能判据 C	只要这种功能可自行恢复或者可通过操作控制器恢复,就允许暂时丧失功能

(2)试验结果评价准则。

产品标准《工业、科学和医疗机器人 电磁兼容 抗扰度试验》(GB/T 38326—2019)明确了对工业机器人产品进行静电放电抗扰度试验时,若符合性能判据 B 的要求,则认为该工业机器人产品该项电磁兼容性达到标准要求。

4.4.9 射频电磁场辐射抗扰度试验

射频电磁场辐射抗扰度用于考量工业机器人抵抗来自空间的电磁能量干扰的能力。

1. 试验设备

基础标准 GB/T 17626.3—2016 和 IEC 61000-4-3:2020 对射频电磁场辐射抗扰度试验的试验设备有如下要求。

(1)射频信号发生器。

射频信号发生器产生试验所需频率范围为 80 MHz~2.7 GHz 的射频信号,通常该射频信号需经过频率为 1 kHz、调制深度为 80%的正弦波幅度调制。该设备应具有手动控制功能(例如,控制频率,幅度,调制深度),若带有频率合成器,则应具有频率步进和驻留时间的程控功能。某厂家生产的射频信号发生如图 4.61 所示。

(2)功率放大器。

顾名思义,功率放大器的作用是放大射频信号,提供发射天线输出所需的场强信号。某厂家生产的功率放大器如图 4.62 所示。

图 4.61　射频信号发生器

图 4.62　功率放大器

(3)发射天线。

满足频率特性要求,能够向空间发射射频电磁能量的天线即为发射天线。常用的发射天线为双锥天线、对数周期天线、喇叭天线及其他线性极化天线系统。某厂家生产的宽频段复合发射天线如图 4.63 所示。

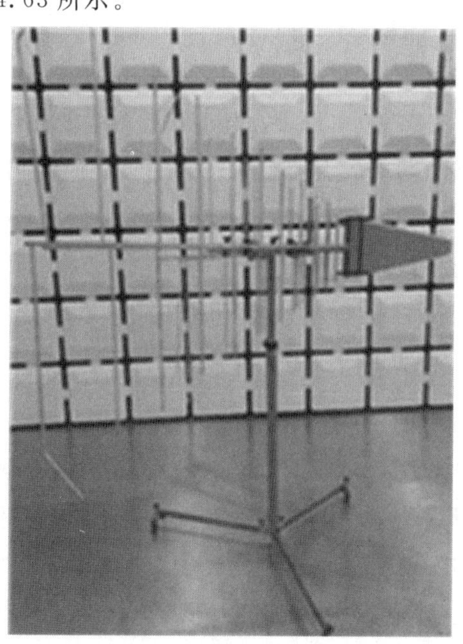

图 4.63　宽频段复合发射天线

(4)其他设备。

①场强计和场强探头(图 4.64),用于校验场均匀面。

②功率计和功率探头(图 4.65),用于监测功率放大器输出的功率。

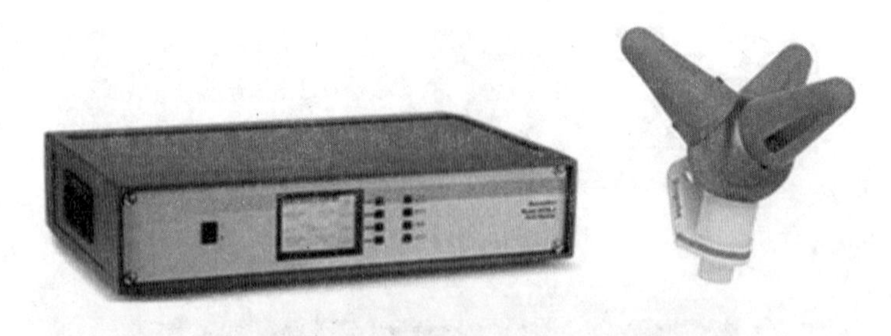

图 4.64　场强计和场强探头

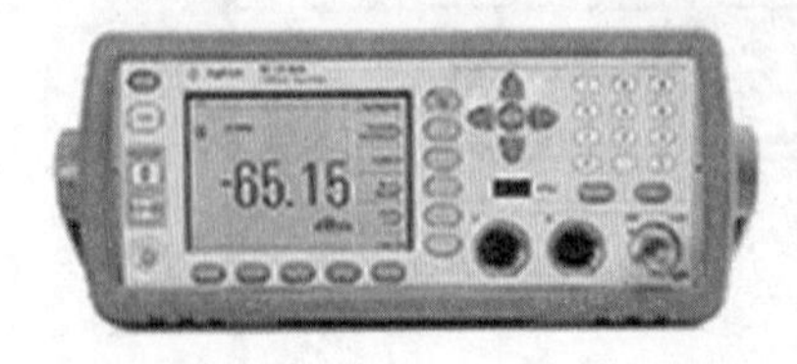

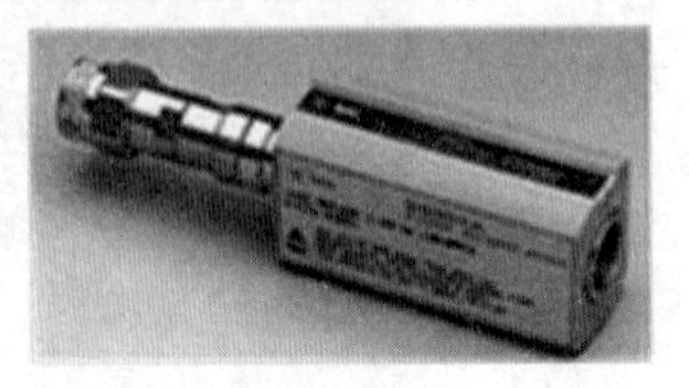

图 4.65　功率计和功率探头

(5)性能核查。

应定期对射频信号发生器、发射天线等的性能进行校准,校准周期通常为 1～2 年。在校准周期内,也需有计划地对设备的功能和性能进行核查。

针对该项试验进行的性能核查可通过场均匀面的校准来实现。

(6)设备使用与维护。

①检测试验人员应按生产厂家提供的使用说明书使用射频信号发生器、发射天线、功率放大器和功率计等相关设备,也可以根据检测试验的需要制定设备的操作规程。通常,射频信号发生器、发射天线、功率放大器和功率计等会集成为辐射抗扰度试验系统,检测试验人员通过使用专业软件控制射频信号发生器的信号输出,通过功率计采集信号功率,进行功率放大器的输出功率控制。

②出于设备管理及维护的考虑,可制定日常维护保养方案,定期对设备进行常规的清洁、紧固线缆等维护措施。

2. 试验要求

产品标准《工业、科学和医疗机器人　电磁兼容　抗扰度试验》(GB/T 38326—2019)明确了对工业机器人产品进行射频电磁场辐射抗扰度试验的具体要求。

(1)工业机器人工作模式。

工业机器人在进行射频电磁场辐射抗扰度试验时,应按表 4.61 要求的工作模式运行。

(2)试验等级要求。

工业机器人的射频电磁场辐射抗扰度试验要求见表 4.65。

表 4.65　工业机器人的射频电磁场辐射抗扰度试验要求

工作环境	试验等级
用于居住、商业和轻工业环境中的工业机器人	3 V/m(80 MHz～1 GHz),80% AM(1 kHz); 3 V/m(1.4 GHz～2.0 GHz),80% AM(1 kHz); 1 V/m(2.0 GHz～2.7 GHz),80% AM(1 kHz)
用于工业环境中的工业机器人	10 V/m(80 MHz～1 GHz),80% AM(1 kHz); 3 V/m(1.4 GHz～2.0 GHz),80% AM(1 kHz); 1 V/m(2.0 GHz～2.7 GHz),80% AM(1 kHz)
用于处于受控电磁环境的工业机器人	1 V/m(80 MHz～1 GHz),80% AM(1 kHz); 1 V/m(1.4 GHz～2.0 GHz),80% AM(1 kHz); 1 V/m(2.0 GHz～2.7 GHz),80% AM(1 kHz)

3. 试验方法开发

国家标准 GB/T 17626.3—2016 等同采用国际标准 IEC 61000-4-3:2010,规定了射频电磁场抗扰度试验的基本方法。因此,以下试验方法开发以国家标准为主要依据。

(1)试验条件要求。

①工业机器人产品进行辐射抗扰度试验的环境要求见表 4.50。

②检测试验试验设备应处于溯源有效期内。

(2)场均匀面的校准。

场校准的目的是确保工业机器人周围的场充分均匀,以保证试验结果的有效性。如图 4.66 所示,将距水平地面上方 80 cm 的 1.5 m×1.5 m 的垂直平面分割成间距为 0.5 m的一系列小格,则该垂直平面具有 16 个栅格点。在每个频点,当所有栅格点中有 75%以上的点(即 16 个点中至少有 12 个点)测得的场强幅值为标称值 0～6 dB 范围内的值时,认为该场是均匀的。

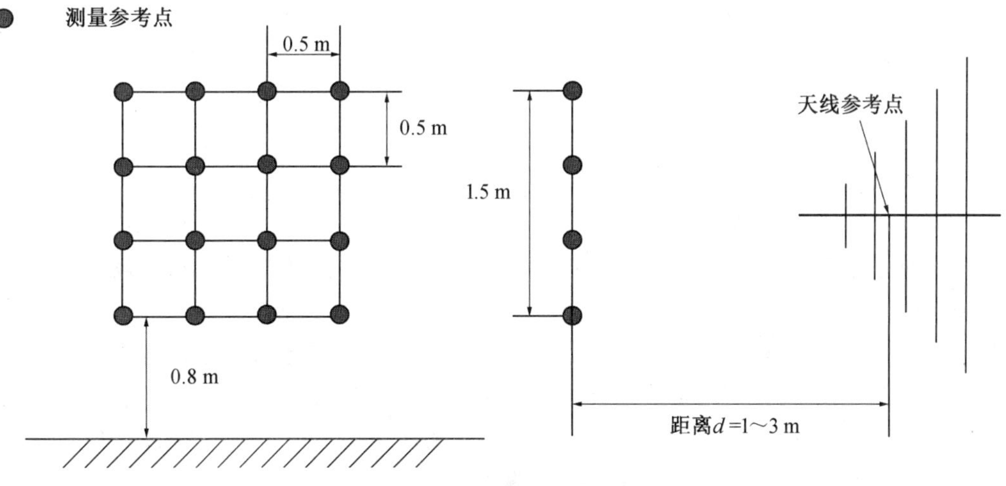

图 4.66　场均匀面示意图

应用未调制的信号分别对水平极化和垂直极化进行校准。校准用的场强至少为要施加给工业机器人产品场强的1.8倍。校准完成后，应记录校准时在地面布置的吸波材料位置。

(3)试验布置要求。

通常，在发射天线和工业机器人之间的地面需要铺装吸波材料，以保证场均匀性。该项试验布置的重点是铺设吸波材料的位置应与进行场均匀面校准时保持一致。

工业机器人产品应放置在接地平面上0.1 m厚的绝缘支撑上。

落地式工业机器人射频电磁场辐射抗扰度试验布置如图4.67所示。

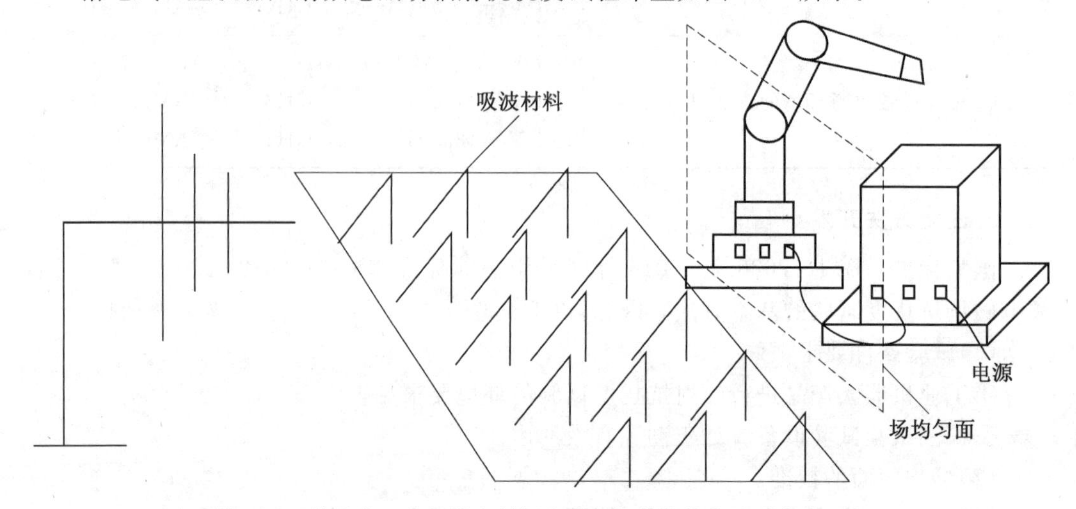

图4.67　落地式工业机器人射频电磁场辐射抗扰度试验布置示意

(4)试验实施程序。

①试验前，应明确以下试验要求：

a. 试验等级要求。

b. 工业机器人产品的工作模式。

c. 工业机器人产品的试验布置方式(台式或落地式)。

d. 工业机器人产品的尺寸。

e. 发射天线的位置。

f. 扫频速率、驻留时间和频率补偿。

g. 均匀域的尺寸和形状。

h. 是否使用部分照射方法。

②对工业机器人进行安装和试验布置，并应拍照留存。注意：应严格按场均匀面校准时规定的地面位置铺设吸波材料。

③试验前，工业机器人应按设定的工作模式正常运行，观察并记录其运行状态。

④试验过程中，分别通过水平极化和垂直极化天线向工业机器人产品前、后、左、右4个面分别施加电磁干扰，同时应关注功率放大器的前向功率和反向功率，防止功率放大器烧损。在此期间，观察并记录工业机器人的运行状态。

⑤试验结束后，观察并记录工业机器人的运行状态。

2. 试验结果评价

(1)抗扰度试验性能判据。

工业机器人产品抗扰度试验的性能判据见表 4.64。

(2)试验结果评价准则。

对工业机器人产品进行射频电磁场辐射抗扰度试验，若符合性能判据 A 的要求，则认为该工业机器人产品该项电磁兼容性达到标准要求。

4.4.10　电快速瞬变脉冲群抗扰度试验

电快速瞬变脉冲群抗扰度试验的目的是在工业机器人产品正常工作时，考量其抵抗电快速瞬变脉冲群干扰的能力。

1. 试验设备

基础标准 GB/T 17626.4—2018 和 IEC 61000-4-4:2012 对静电放电抗扰度试验的试验设备有如下要求。

(1)脉冲群发生器。

脉冲群发生器，即模拟产生试验所需的电快速瞬变脉冲群的发生装置。脉冲群发生器的电路简图如图 4.68 所示，发生器在开路和接 50 Ω 阻性负载的条件下产生一个快速瞬变，该发生器的有效输出阻抗应为 50 Ω。

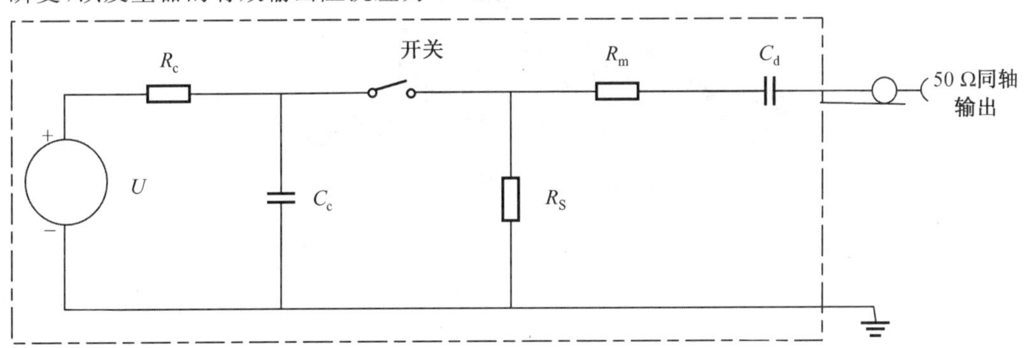

图 4.68　脉冲群发生器的电路简图

脉冲群发生器的特性应符合表 4.66 中要求。某厂家生产的抗干扰信号模拟器(图 4.69)即为一种脉冲群发生器，该设备可模拟产生脉冲群和浪涌信号，还可用于工频磁场抗扰度试验。

表 4.66　脉冲群发生器的特性要求

参数	要求
极性	正极性，负极性
输出形式	同轴输出，50 Ω
隔直电容	(10±2) nF
重复频率	5×(1±20%) kHz，100×(1±20%) kHz
与交流电源关系	异步

续表 4.66

<table>
<tr><th colspan="2">参数</th><th>要求</th></tr>
<tr><td colspan="2">脉冲群持续时间</td><td>5 kHz 时为(15±3) ms
100 kHz 时为(0.75±0.15) ms</td></tr>
<tr><td colspan="2">脉冲群周期</td><td>(300±60) ms</td></tr>
<tr><td rowspan="2">脉冲波形</td><td>输出到 50 Ω 负载</td><td>上升时间为(5±1.5) ns;
脉冲宽度为(50±15) ns;
峰值电压精度为 1±10)</td></tr>
<tr><td>输出到 1 000 Ω 负载</td><td>上升时间为(5±1.5) ns;
脉冲宽度为 50 ns,容许 −15～100 ns 的偏差;
峰值电压精度为 1±20%</td></tr>
</table>

图 4.69　抗干扰信号模拟器

(2)耦合设备。

① 耦合去耦网络,用于交、直流电源端口的试验。典型耦合去耦网络特性见表 4.67。某厂家生产的耦合去耦网络如图 4.70 所示。

表 4.67　典型耦合去耦网络特性

特性	要求
铁氧体的去耦电感/μH	>100
耦合电容/nF	33

②容性耦合夹,可以在与工业机器人产品的端子、电缆屏蔽层或任何其他部分无任何电连接的情况下将电快速瞬变脉冲群耦合到受试线路。通常,容性耦合夹主要用于对信号和控制端口上的连接线的试验。

某厂家生产的容性耦合夹如图 4.71 所示。

图 4.70　耦合去耦网络

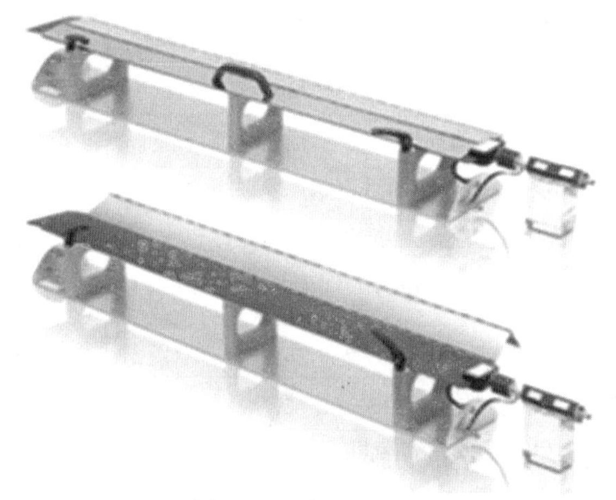

图 4.71　容性耦合夹

(3)性能核查。

应定期对脉冲群发生器、耦合去耦网络等设备的性能进行校准,校准周期通常为 1～2 年。在校准周期内,也需有计划地对设备的功能和性能进行核查。

(4)设备使用。

检测试验人员应按生产厂家提供的使用说明书使用脉冲群发生器、耦合去耦网络等设备,也可以根据检测试验的需要制定设备的操作规程。该操作规程应结合试验程序和要求,对脉冲群发生器在试验过程中所需要的功能和使用操作(如试验电压等级的设定、重复频率的设定、试验时间的设定等操作),以及耦合去耦网络和容性耦合夹等设备的使用和布置连接进行说明。

(5)设备维护。

详见 4.4.4 节 1.(4)②部分。

2. 试验要求

产品标准《工业、科学和医疗机器人　电磁兼容　抗扰度试验》(GB/T 38326—2019)明确了对工业机器人产品进行电快速瞬变脉冲群抗扰度试验的具体要求。

(1)工业机器人工作模式。

工业机器人在进行电快速瞬变脉冲群抗扰度试验时,应按表 4.61 要求的工作模式运行。

(2)试验等级要求。

工业机器人的电快速瞬变脉冲群抗扰度试验要求见表 4.68。

表 4.68 工业机器人的电快速瞬变脉冲群抗扰度试验要求

工作环境	试验端口类型	试验等级
用于居住、商业和轻工业环境中的工业机器人	交流电源端口(含保护接地)	±1 kV(5/50 ns,100 kHz)
	直流电源端口(含保护接地)	±1 kV(5/50 ns,100 kHz)
	I/O 信号或控制端口(包括功能接地端口的连接线)	±1 kV(5/50 ns,100 kHz)
	直接与电源相连的 I/O 信号或控制端口	±1 kV(5/50 ns,100 kHz)
用于工业环境中的工业机器人	交流电源端口(含保护接地)	±2 kV(5/50 ns,100 kHz)
	直流电源端口(含保护接地)	±2 kV(5/50 ns,100 kHz)
	I/O 信号或控制端口(包括功能接地端口的连接线)	±1 kV(5/50 ns,100 kHz)
	直接与电源相连的 I/O 信号或控制端口	±2 kV(5/50 ns,100 kHz)
用于处于受控电磁环境的工业机器人	交流电源端口(含保护接地)	±1 kV(5/50 ns,100 kHz)
	直流电源端口(含保护接地)	±1 kV(5/50 ns,100 kHz)
	I/O 信号或控制端口(包括功能接地端口的连接线)	±1 kV(5/50 ns,100 kHz)
	直接与电源相连的 I/O 信号/控制端口	±1 kV(5/50 ns,100 kHz)

3. 试验方法开发

国家标准 GB/T 17626.4—2018 等同采用国际标准 IEC 61000-4-4:2012,规定了电快速瞬变脉冲群抗扰度试验的基本方法。因此,以下试验方法开发以国家标准为主要依据。

(1)试验条件要求。

①工业机器人产品进行电快速脉冲群抗扰度试验时,其试验环境应满足表 4.36 的要求。

②电快速脉冲群抗扰度试验所需设备必须处于溯源有效期内。

(2)试验布置要求。

工业机器人产品的电快速脉冲群抗扰度试验主要针对的端口为电源端口和信号端口。工业机器人产品应放置在接地平面上 0.1 m 厚的绝缘支撑上。对于台式布置的工业机器人,其与耦合装置间的距离应为$0.5^{+0.1}_{0}$ m。对于落地式布置的工业机器人,其与

耦合装置间的距离应为(1±0.1) m。落地式工业机器人产品的电源端口和信号端口试验布置如图 4.72 所示。

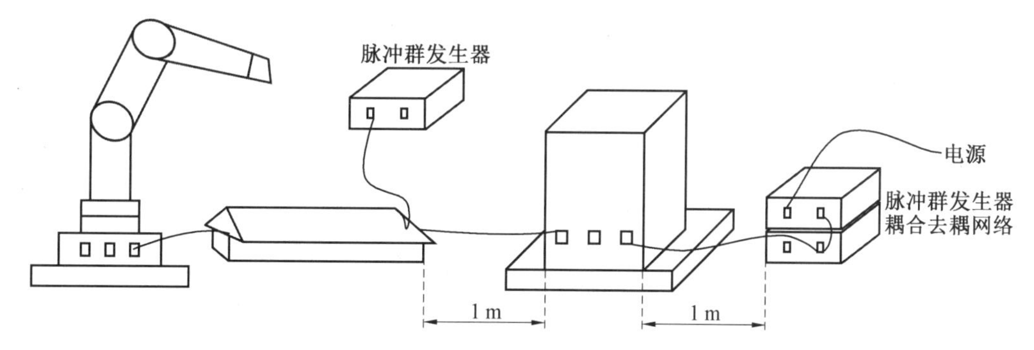

图 4.72　落地式工业机器人产品电源端口和信号端口试验布置

(3)试验前检测用仪器设备的验证方法。

试验计划(或作业指导)应明确试验前脉冲群发生器的验证方法。现行的标准 GB/T 17626.4—2018 要求对耦合去耦网络输出端和容性耦合夹的电快速脉冲群信号特性进行检查验证。容性耦合夹的验证方法如图 4.73 所示。

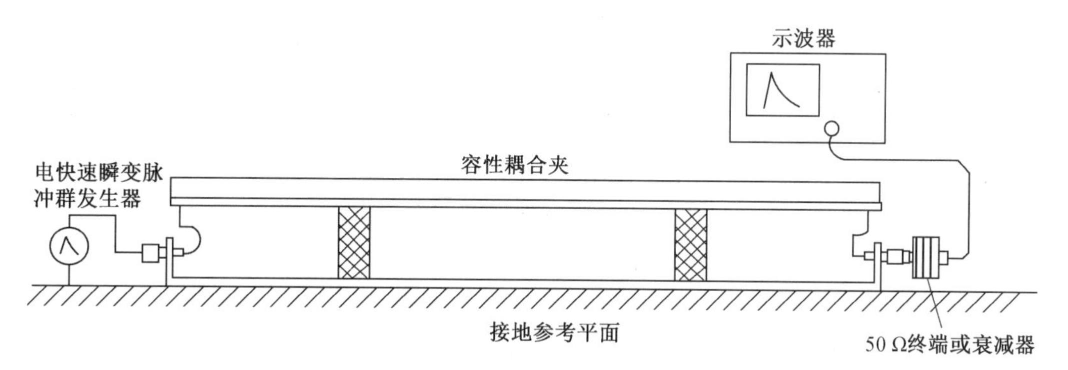

图 4.73　容性耦合夹的验证方法

(4)试验实施程序。

①试验前,应明确以下试验要求:

a. 工业机器人产品试验时的工作模式。

b. 工业机器人产品的试验布置方式(台式或落地式)。

c. 试验等级及试验电压极性要求。

d. 试验持续时间。

e. 工业机器人的端口类型及耦合方式。

②对工业机器人进行安装和试验布置,并应拍照留存。

③检测试验人员应对脉冲群发生器在耦合去耦网络输出端或容性耦合夹上的电快速瞬变脉冲群信号的特性进行检查验证。

④试验前,工业机器人应按设定的工作模式正常运行,观察并记录其运行状态。

⑤试验过程中,脉冲群发生器通过耦合去耦网络向工业机器人的电源端口施加脉冲群信号。若工业机器人连接的线缆长度超过与耦合装置的距离,则应捆扎超出部分的线缆。

脉冲群发生器通过容性耦合夹向工业机器人的信号端口施加脉冲群信号。使用容性耦合夹时,应尽量压平线缆,让耦合夹闭合。试验进行期间,观察并记录工业机器人的运行状态。

⑥试验结束后,观察并记录工业机器人的运行状态。

4. 试验结果评价

(1)抗扰度试验性能判据。

工业机器人产品的电快速瞬变脉冲群抗扰度试验的性能判据见表 4.64。

(2)试验结果评价准则。

对工业机器人产品进行电快速瞬变脉冲群抗扰度试验,若符合性能判据 B 的要求,则认为该工业机器人产品的该项电磁兼容性能达到标准要求。

4.4.11 浪涌(冲击)抗扰度试验

浪涌(冲击)抗扰度试验的目的是在工业机器人产品正常工作时,考量其抵抗浪涌干扰的能力。

1. 试验设备

现行的基础标准 GB/T 17626.5—2019 和 IEC 61000-4-5:2017 对静电放电抗扰度试验的试验设备有如下要求。

(1)浪涌发生器。

浪涌发生器即模拟产生试验所需的浪涌组合波的发生装置。1.2/50 μs 组合波发生器的电路原理简图如图 4.74 所示。发生器的同一输出端口的开路输出电压峰值与短路输出电流峰值之比视为有效输出阻抗。该发生器的有效输出阻抗为 2 Ω。

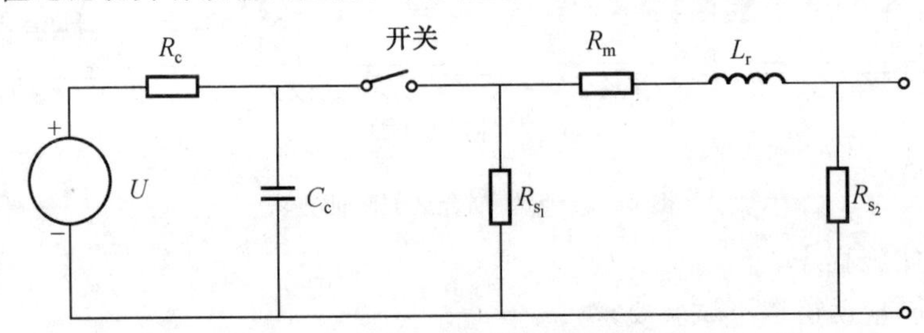

图 4.74 1.2/50 μs 组合波发生器的电路原理简图

浪涌发生器的特性应符合表 4.69 中要求,电压和电流波形如图 4.75 和图 4.76 所示。

表 4.69 浪涌发生器的特性要求

参数	要求
极性	正极性,负极性
相移	相对于交流线电压的相位在 0°～360°变化,允差为±10°
重复率	1 次/min 或更快
浪涌电压波形	如图 4.75 所示
浪涌电流波形	如图 4.76 所示

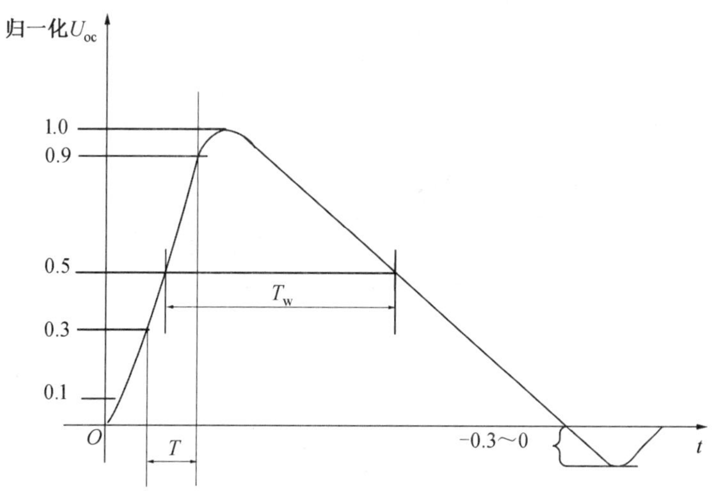

图 4.75　浪涌电压波形

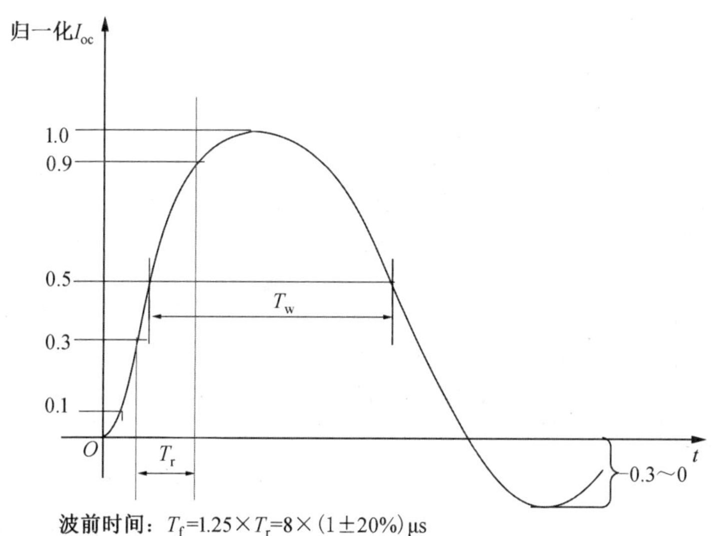

图 4.76　浪涌电流波形

所用仪器设备如图 4.69 所示的抗干扰信号模拟器。

(2)耦合去耦网络。

耦合去耦网络包括电源端耦合去耦网络和信号端耦合去耦网络。某生产厂家的信号端耦合去耦网络如图 4.77 所示。

(3)性能核查。

应定期对浪涌发生器和耦合去耦网络的性能进行校准，校准周期通常为 1～2 年。在校准周期内，也需有计划地对设备的功能和性能进行核查。

图 4.77　信号端耦合去耦网络

(4)设备使用与维护。

①检测试验人员应按生产厂家提供的使用说明书使用浪涌发生器、耦合去耦网络等设备,也可以根据检测试验的需要制定设备的操作规程。该操作规程应结合试验程序和要求,对浪涌发生器在试验过程中所需要的功能和使用操作(如试验电压等级的设定、组合波波形的设定、试验次数的设定等操作),以及耦合去耦网络等设备的使用和布置连接进行说明。

②出于设备管理及维护的考虑,可制定日常维护保养方案。维护的内容主要是定期对设备进行常规的清洁和紧固线缆等。

2. 试验要求

产品标准《工业、科学和医疗机器人　电磁兼容　抗扰度试验》(GB/T 38326—2019)明确了对工业机器人产品进行浪涌(冲击)抗扰度试验的试验要求。

(1)工业机器人工作模式。

工业机器人在进行浪涌(冲击)抗扰度试验时,应按表 4.61 要求的工作模式运行。

(2)试验等级要求。

工业机器人的浪涌(冲击)抗扰度试验要求见表 4.70。

表 4.70　工业机器人的浪涌(冲击)抗扰度试验要求

<table>
<tr><th>工作环境</th><th>试验端口类型</th><th>试验等级</th></tr>
<tr><td rowspan="5">用于居住、商业和轻工业环境中的工业机器人</td><td>交流电源端口(含保护接地)</td><td>1.2/50(8/20)μs,
±2 kV(线对地),
±1 kV(线对线)</td></tr>
<tr><td>直流电源端口(含保护接地)</td><td>1.2/50(8/20)μs,
±1 kV(线对地),
±0.5 kV(线对线)</td></tr>
<tr><td rowspan="2">I/O 信号或控制端口(包括功能接地端口的连接线)</td><td>1.2/50(8/20)μs,
±1 kV(线对地)</td></tr>
<tr><td>10/700μs,
±1 kV(线对地)</td></tr>
<tr><td>直接与电源相连的 I/O 信号或控制端口</td><td>1.2/50(8/20)μs,
±1 kV(线对地),
±0.5 kV(线对线)</td></tr>
</table>

续表 4.70

工作环境	试验端口类型	试验等级
用于工业环境中的工业机器人	交流电源端口(含保护接地)	1.2/50(8/20)μs, ±2 kV(线对地), ±1 kV(线对线)
	直流电源端口(含保护接地)	
	I/O 信号或控制端口(包括功能接地端口的连接线)	1.2/50(8/20)μs, ±1 kV(线对地)
		10/700μs, ±1 kV(线对地)
	直接与电源相连的 I/O 信号或控制端口	1.2/50(8/20)μs, ±2 kV(线对地), ±1 kV(线对线)
用于处于受控电磁环境中的工业机器人	交流电源端口(含保护接地)	1.2/50(8/20)μs, ±1 kV(线对地), ±0.5 kV(线对线)
	直流电源端口(含保护接地)	
	I/O 信号或控制端口(包括功能接地端口的连接线)	1.2/50(8/20)μs, ±1 kV(线对地)
		10/700μs, ±1 kV(线对地)
	直接与电源相连的 I/O 信号或控制端口	1.2/50(8/20)μs, ±1 kV(线对地), ±0.5 kV(线对线)

3. 试验方法开发

国家标准 GB/T 17626.5—2019 等同采用国际标准 IEC 61000-4-5:2014,规定了浪涌(冲击)抗扰度试验的基本方法。因此,以下试验方法开发以国家标准为主要依据。

(1)试验条件要求。

①对工业机器人产品进行浪涌(冲击)抗扰度试验时,其试验场所环境应满足表 4.36 中的要求。

②试验所需设备必须处于溯源有效期内。

(2)试验布置要求。

通常,工业机器人的电源端口与耦合去耦网络之间电源电缆的长度不应超过 2 m。工业机器人产品落地式浪涌(冲击)抗扰度试验布置如图 4.78 所示。

(3)试验前检测用仪器设备的验证方法。

试验计划(或作业指导)应明确试验前浪涌发生器的验证方法。现行的标准 GB/T 17626.5—2019 要求对耦合去耦网络输出端的浪涌脉冲信号特性进行检查验证。通常,采用示波器和高压探头对浪涌脉冲信号进行测量验证。

(4)试验实施程序。

①试验前,应明确以下试验要求:

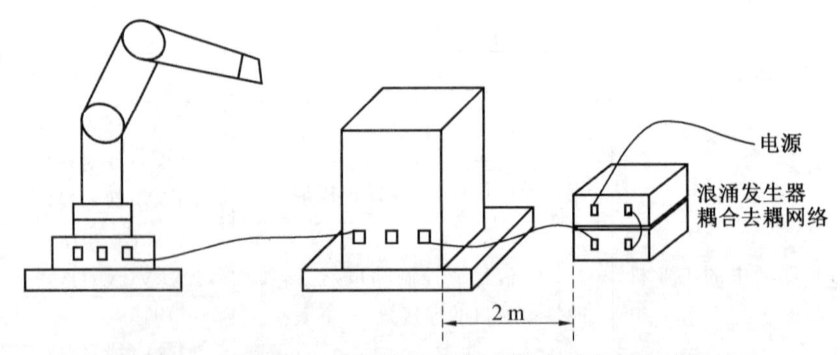

图 4.78　工业机器人产品浪涌(冲击)抗扰度试验布置(落地式)

a. 工业机器人产品试验时的工作模式。

b. 工业机器人产品的试验布置方式(台式或落地式)。

c. 试验等级及试验电压极性要求。

d. 试验电压相位要求(同步或异步)。

e. 工业机器人的端口类型。

f. 脉冲施加次数。

g. 脉冲施加间隔时间。

h. 对工业机器人进行安装和试验布置,并应拍照留存。

②检测试验人员应对浪涌发生器在耦合去耦网络输出端的脉冲信号的特性进行检查验证。

③试验前,工业机器人应按设定的工作模式正常运行,观察并记录其运行状态。

④试验过程中,浪涌发生器通过耦合去耦网络在工业机器人的电源端口和信号端口施加的浪涌干扰信号。试验时,试验等级应从较低等级开始逐级实施,直到达到规定的试验等级。工业机器人产品与辅助设备之间的线缆应采用非感性捆扎或双线绕法,并放置在绝缘支架上。试验期间,观察并记录工业机器人的运行状态。

⑤试验结束后,观察并记录工业机器人的运行状态。

4. 试验结果评价

(1)抗扰度试验性能判据。

工业机器人产品的浪涌(冲击)抗扰度试验的性能判据见表 4.64。

(2)试验结果评价准则。

对工业机器人产品进行浪涌(冲击)抗扰度试验,若符合性能判据 B 的要求,则认为该工业机器人产品该项电磁兼容性能达到标准要求。

4.4.12　射频场感应的传导骚扰抗扰度试验

射频场感应的传导骚扰抗扰度试验目的是在工业机器人产品正常工作时,考量其抵抗通过线缆传导的频率范围为 150 kHz～80 MHz 的射频电磁场能量干扰的能力。

1. 试验设备

基础标准 GB/T 17626.6—2017 和 IEC 61000-4-6:2013 对射频场感应的传导骚扰抗扰度试验的试验设备有如下要求。

(1)射频信号发生器。

射频信号发生器产生试验所需频率范围为 150 kHz～80 MHz 的射频信号，通常该射频信号需经过频率为 1 kHz、调制深度为 80%的正弦波幅度调制。在 150 kHz～80 MHz 这一频率范围内，在耦合装置的受试设备端口或直接在功率放大器输出端测得的任何杂散信号应至少比载波电平低 15 dB。

(2)功率放大器。

详见 4.4.9 节 1.(2)部分。

(3)耦合设备。

①耦合去耦网络，其主要参数见表 4.71。

表 4.71　耦合去耦网络主要参数

参数	频段	
	0.15～24 MHz	24～80 MHz
$\lvert Z_{ce} \rvert/\Omega$	150±20	150^{+60}_{-45}

注：Z_{ce}为耦合去耦网络受试端口的共模阻抗。

耦合去耦网络根据用途的不同，也分为不同的类型，具体见表 4.72。

表 4.72　耦合去耦网络类型及用途

耦合去耦网络类型	用途
CDN－Mx	电源(交流和直流)和接地
CDN－Sx	屏蔽电缆
CDN－Tx	非屏蔽平衡线
CDN－AFx 或 CDN－Mx	非屏蔽不平衡线

本试验使用的耦合去耦网络如图 4.79 所示。

图 4.79　耦合去耦网络

②耦合钳，包括电流钳和电磁钳。

电流钳用于对连接到工业机器人的电缆建立感性耦合，其传输损耗的增高不得超过 1.6 dB。使用电流钳时，在耦合装置的受试设备端口呈现的功率放大器产生的谐波电平不应高于基波电平。电流钳如图 4.80 所示。

电磁钳对连接到工业机器人的电缆建立感性和容性耦合。电磁钳如图 4.81 所示。

图 4.80　电流钳

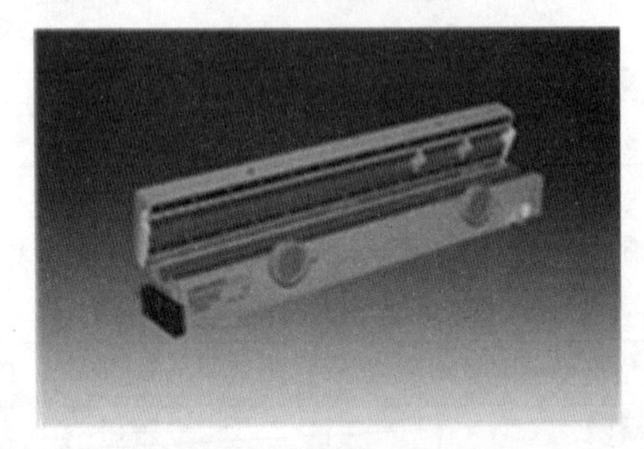

图 4.81　电磁钳

(4)性能核查。

应定期对射频信号发生器、耦合去耦网络等设备性能进行校准,校准周期通常为 1～2 年。在校准周期内,也需有计划地对设备的功能和性能进行核查。

(5)设备使用与维护。

①检测试验人员应按生产厂家提供的使用说明书使用射频信号发生器、功率放大器和耦合去耦网络等相关设备,也可以根据检测试验的需要制定设备的操作规程。同射频电磁场辐射抗扰度试验系统一样,射频信号发生器、功率放大器和耦合去耦网络等会集成为传导抗扰度试验系统,检测试验人员可通过使用专业软件控制射频信号发生器的信号输出和功率放大器的输出功率,进而在线缆上耦合需要的射频信号。

②详见 4.4.4 节 1.(4)②部分。

2. 试验要求

产品标准《工业、科学和医疗机器人　电磁兼容　抗扰度试验》(GB/T 38326—2019)明确了对工业机器人产品进行射频场感应的传导骚扰抗扰度试验的试验要求。

(1)工业机器人工作模式。

工业机器人在进行射频场感应的传导骚扰抗扰度试验时,应按表 4.61 要求的工作模式运行。

(2)试验等级要求。

工业机器人射频场感应的传导骚扰抗扰度试验要求见表 4.73。

表 4.73　工业机器人射频场感应的传导骚扰抗扰度试验要求

工作环境	试验端口类型	试验等级
用于居住、商业和轻工业环境中的工业机器人	交流电源端口(含保护接地)	3 V(0.15～80 MHz)；80%[①] AM (1 kHz)
	直流电源端口(含保护接地)	
	I/O 信号或控制端口(包括功能接地端口的连接线)	
	直接与电源相连的 I/O 信号或控制端口	
用于工业环境中的工业机器人	交流电源端口(含保护接地)	10 V(0.15～80 MHz)；80% AM(1 kHz)
	直流电源端口(含保护接地)	
	I/O 信号或控制端口(包括功能接地端口的连接线)	
	直接与电源相连的 I/O 信号或控制端口	
用于处于受控电磁环境的工业机器人	交流电源端口(含保护接地)	1 V(0.15～80 MHz)；80% AM (1 kHz)
	直流电源端口(含保护接地)	
	I/O 信号或控制端口(包括功能接地端口的连接线)	
	直接与电源相连的 I/O 信号或控制端口	

注：①AM—幅度调制。

3. 试验方法开发

国家标准 GB/T 17626.6—2017 等同采用国际标准 IEC 61000-4-6：2013，规定了射频场感应的传导骚扰抗扰度试验的基本方法。因此，以下试验方法开发以国家标准为主要依据。

(1)试验条件要求。

①对工业机器人产品进行射频场感应的传导骚扰抗扰度试验时，其试验场所环境应满足表 4.71 的要求。

②试验所需设备必须处于溯源有效期内。

(2)试验布置要求。

工业机器人产品应放置在接地平面上(0.1±0.05) m 厚的绝缘支撑上，工业机器人产品落地式传导抗扰度试验布置如图 4.82 所示。

(3)试验实施程序。

①试验前，应明确以下试验要求：

a. 工业机器人产品试验时的工作模式。

b. 工业机器人产品的试验布置方式。

c. 试验等级要求。

d. 工业机器人产品的端口类型。

e. 扫频速率、驻留时间和频率补偿。

②对工业机器人进行安装和试验布置，并应拍照留存。

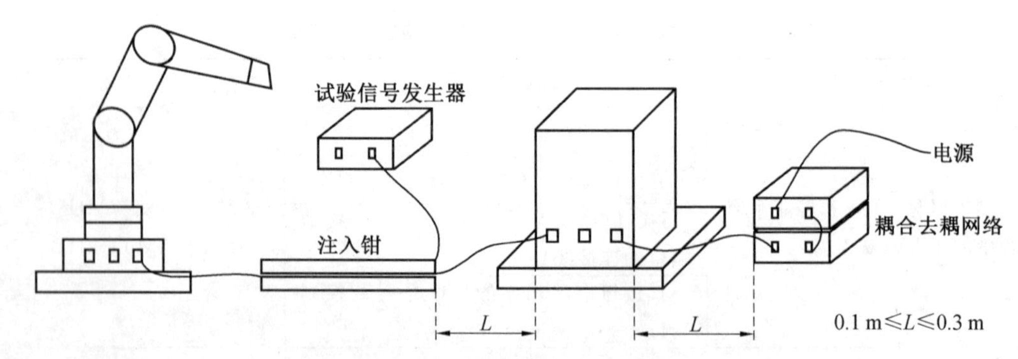

图 4.82　工业机器人产品传导抗扰度试验布置(落地式)

③试验前,工业机器人应按设定的工作模式正常运行,观察并记录其运行状态。

④试验过程中,通过耦合去耦网络向工业机器人的电源端施加干扰信号,通过电磁钳和(或)电流钳向工业机器人的信号端施加干扰信号。在此期间,观察并记录工业机器人的运行状态。

⑤试验结束后,观察并记录工业机器人的运行状态。

4. 试验结果评价

(1)抗扰度试验性能判据。

工业机器人产品射频场感应的传导骚扰抗扰度试验的性能判据见表 4.64。

(2)试验结果评价准则。

对工业机器人产品进行射频场感应的传导骚扰抗扰度试验,若符合性能判据 A 的要求,则认为该工业机器人产品该项电磁兼容性能达到标准要求。

4.4.13　工频磁场抗扰度试验

工频磁场抗扰度试验的目的是在工业机器人产品正常工作时,考量其抵抗工频磁场干扰的能力。

1. 试验设备

基础标准 GB/T 17626.8—2006 和 IEC 61000-4-8:2009 对静电放电抗扰度试验的试验设备有如下要求。

(1)工频磁场发生器。

工频磁场发生器是工频磁场辐射的发生装置。该发生器应能在连续方式和短时方式下运行,其特性要求见表 4.74。

表 4.74　工频磁场发生器特性要求

参数	要求
稳定持续方式工作时的输出电流范围	1～100 A,除以线圈因数
短时方式工作时的输出电流范围	300～1 000 A,除以线圈因数
输出电流的总畸变率	小于 8%
短时方式工作时的整定时间	1～3 s
输出电流波形	正弦波

本试验所用工频磁场发生器为图 4.69 所示的抗干扰信号模拟器。

(2)感应线圈。

感应线圈应由铜、铝或其他导电的非磁性材料制成，其横截面和机械结构应有利于在试验期间使线圈稳定。为了减小试验电流，可以使用多匝线圈。

通常采用规格为 1 m×1 m 和 1 m×2.6 m 的感应线圈。某厂家生产的规格为1 m×1 m 的感应线圈如图 4.83 所示。

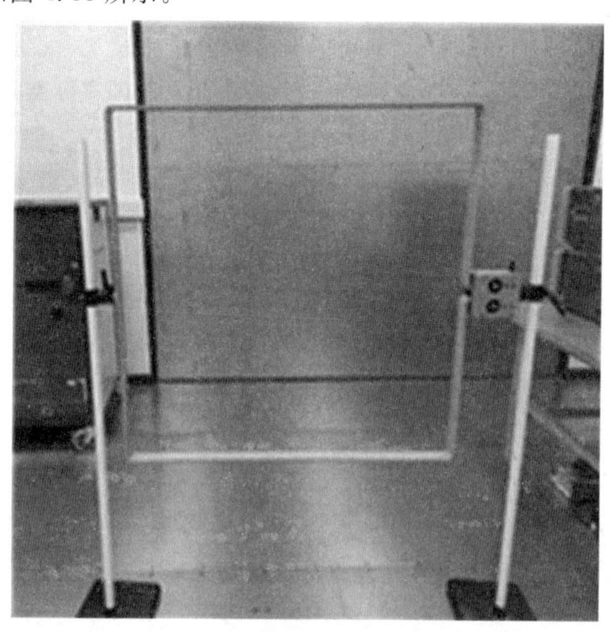

图 4.83　规格为 1 m×1 m 的感应线圈

(3)性能核查。

应定期对工频磁场发生器的性能进行校准，校准周期通常为 1～2 年。在校准周期内，也需有计划地对设备的功能和性能进行核查。

(4)设备使用与维护。

①检测试验人员应按生产厂家提供的使用说明书使用工频磁场发生器设备，也可以根据检测试验的需要制定设备的操作规程。该操作规程应结合试验程序和要求，对工频磁场发生器在试验过程中所需要的功能和使用操作(如试验等级的设定、试验时间的设定等操作)进行详细说明。

②详见 4.4.4 节 1.(4)②部分。

2. 试验要求

产品标准《工业、科学和医疗机器人　电磁兼容　抗扰度试验》(GB/T 38326—2019)明确了对工业机器人产品进行工频磁场抗扰度试验的试验要求。

(1)工业机器人工作模式。

工业机器人在进行工频磁场抗扰度试验时，应按表 4.61 要求的工作模式运行。

(2)试验等级要求。

工业机器人的工频磁场抗扰度试验要求见表 4.75。

表 4.75　工业机器人的工频磁场抗扰度试验要求

工作环境	试验等级/($A \cdot m^{-1}$)
用于居住、商业和轻工业环境中的工业机器人	3
用于工业环境中的工业机器人	30

3. 试验方法开发

国家标准 GB/T 17626.8—2006 等同采用国际标准 IEC 61000-4-8:2001,规定了工频磁场抗扰度试验的基本方法。因此,以下试验方法开发以国家标准为主要依据。

(1)试验条件要求。

①对工业机器人产品进行工频磁场抗扰度试验时,其试验场所环境应满足表 4.71 的要求。

②试验所需设备必须处于溯源有效期内。

(2)试验布置要求。

工业机器人产品应放置在接地平面上 0.1 m 厚的绝缘支撑上,且其接地端子直接与接地参考平面安全接地连接。

工业机器人产品的落地式工频磁场抗扰度试验布置如图 4.84 所示。

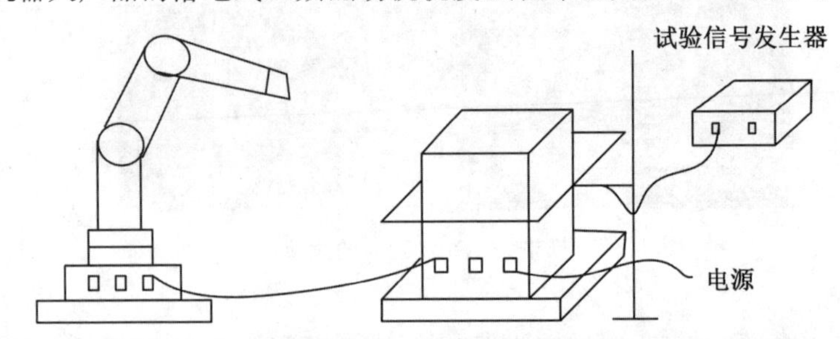

图 4.84　工业机器人产品工频磁场抗扰度试验布置(落地式)

(3)试验前检测用仪器设备的验证方法。

对工频磁场发生器性能的验证,可通过磁场计直接测量感应线圈内的磁场强度实现。另外,通过测量感应线圈流过的电流大小,间接地实现该发生器的性能验证。

(4)试验实施程序。

①试验前,应明确以下试验要求:

a. 工业机器人产品试验时的工作模式。

b. 工业机器人产品的试验布置方式(台式或落地式)。

c. 试验等级。

d. 试验时间。

e. 感应线圈的方向。

f. 感应线圈布置方法(浸入法或邻近法)。

②对工业机器人进行安装和试验布置,并应拍照留存。

③试验前,工业机器人应按设定的工作模式正常运行,观察并记录其运行状态。

④试验过程中,分别在 X、Y、Z 三个方向对工业机器人产品施加工频磁场干扰信号。

通常,对感应线圈采用浸入法施加工频磁场干扰信号。若工业机器人电气控制装置的体积过大,感应线圈也可采用邻近法的方式施加工频磁场干扰信号。在此期间,观察并记录工业机器人的运行状态。

⑤试验结束后,观察并记录工业机器人的运行状态。

4. 试验结果评价

(1)抗扰度试验性能判据。

工业机器人产品的工频磁场抗扰度试验的性能判据见表 4.64。

(2)试验结果评价准则。

对工业机器人产品进行工频磁场抗扰度试验,若符合性能判据 A 的要求,则认为该工业机器人产品该项电磁兼容性能达到标准要求。

4.4.14　电压暂降和短时中断工业机器所有电压变化要求抗扰度试验

电压暂降和短时中断工业机器所有电压变化要求抗扰度试验的目的是在工业机器人产品正常工作时,考量其抵抗电源电压暂降和短时中断干扰的能力。

1. 试验设备

基础标准 GB/T 17626.11—2008 和 IEC 61000-4-11:2020 对电压暂降和短时中断抗扰度试验的试验设备有如下要求。

(1)电压暂降与中断模拟发生器。

该模拟发生器可以模拟供电电压跌落和短时中断的状态。该设备的特性要求见表 4.76。某厂家生产的电压暂降与中断模拟器如图 4.85 所示。

表 4.76　电压暂降与中断模拟器特性要求

参数	要求
空载时输出电压:	±5%剩余电压
输出端电压随负载的变化: 100%输出,0～16 A; 80%输出,0～20 A; 70%输出,0～23 A; 40%输出,0～40 A	<5%额定电压
输出电流能力	额定电流为 16 A。发生器应能: ①额定电压的 80%下输出 20 A,持续时间达到 5 s; ②额定电压的 70%下输出 23 A,持续时间达到 3 s; ③额定电压的 40%下输出 40 A,持续时间达到 3 s
峰值冲击电流驱动能力(对电压变化试验不做要求)	不应受发生器的限制,但发生器的最大峰值驱动能力不必超过 1 000 A(相对 250～600 V 电源),500 A(相对 220～240 V 电源),250 A(相对 100～120 V 电源)

续表 4.76

参数	要求
发生器带有 100 Ω 阻性负载时，实际电压的随时峰值过冲/欠冲	<5%额定电压
发生器带有 100 Ω 阻性负载时，突变过程中电压上升时间和下降时间	1～51 μs
相位变化(如果必要)	0°～360°
电压暂降和中断与电源频率的相位关系	<±10°
发生器的过零控制	±10°

图 4.85　电压暂降与中断模拟器

(2)性能核查。

应定期对设备的性能进行校准，校准周期通常为 1～2 年。在校准周期内，也需有计划地对设备的功能和性能进行核查。

(3)设备使用。

检测试验人员应按生产厂家使用提供的说明书使用电压暂降和短时中断模拟发生器设备，也可以根据检测试验的需要制定设备的操作规程。该操作规程应结合试验程序和要求，对该模拟发生器在试验过程中所需要的功能和使用操作(如试验等级的设定、试验时间的设定等操作)进行详细说明。

(4)设备维护。

详见 4.4.4 节 1.(4)②部分。

2. 试验要求

产品标准《工业、科学和医疗机器人　电磁兼容　抗扰度试验》(GB/T 38326—2019)明确了对工业机器人产品进行电压暂降和短时中断抗扰度试验的试验要求。

(1)工业机器人工作模式。

在对工业机器人进行电压暂降和短时中断抗扰度试验时，应按表 4.62 要求的工作模式运行。

(2)试验等级要求。

工业机器人的电压暂降和短时中断抗扰度试验要求见表 4.77。

表 4.77　工业机器人的电压暂降和短时中断抗扰度试验要求

工作环境	试验端口类型	试验项目	试验等级
用于居住、商业和轻工业环境中，用于处于受控电磁环境的工业机器人	交流电源端口（含保护接地）	电压暂降	0%额定电压，0.5 周期
			40%额定电压，10 周期
			70%额定电压，25/30① 周期
		电压中断	0%额定电压，250/300② 周期
用于工业环境中的工业机器人	交流电源端口（含保护接地）	电压暂降	0%额定电压，1 周期
			40%额定电压，10/12③ 周期
			70%额定电压，25/30① 周期
		电压中断	0%额定电压，250/300② 周期

注：①"25/30 周期"表示 25 周期适用于额定频率为 50 Hz 的试验，30 周期适用于额定频率为 60 Hz 的试验。

②"250/300 周期"表示 250 周期适用于额定频率为 50 Hz 的试验，300 周期适用于额定频率为 60 Hz 的试验。

③"10/12 周期"表示 10 周期适用于额定频率为 50 Hz 的试验，12 周期适用于额定频率为 60 Hz 的试验。

3. 试验方法开发

国家标准 GB/T 17626.11—2008 等同采用国际标准 IEC 61000-4-11：2004，规定了电压暂降和短时中断抗扰度试验的试验方法。因此，以下试验方法开发以国家标准为主要依据。

(1)试验条件要求。

①对工业机器人产品进行电压暂降和短时中断抗扰度试验时，其试验场所环境应满足表 4.71 的要求。

②试验所需设备必须处于溯源有效期内。

(2)试验布置要求。

该项目无特别的试验布置要求，将工业机器人产品按其应用要求进行固定连接即可。

(3)试验实施程序。

①试验前，应明确以下试验要求：

a. 工业机器人产品试验时的工作模式。

b. 工业机器人产品的试验布置方式。

c. 试验等级要求。

d. 试验次数。

e. 跌落电压相位要求(同步或异步)。

②对工业机器人进行安装和试验布置，并应拍照留存。

③试验前，工业机器人应按设定的工作模式正常运行，观察并记录其运行状态。

④试验过程中，在工业机器人供电电源端分别模拟电压暂降和短时中断。在此期间，观察并记录工业机器人的运行状态。

⑤试验结束后，观察并记录工业机器人的运行状态。

4. 试验结果评价

(1)抗扰度试验性能判据。

工业机器人产品的电压暂降和短时中断抗扰度试验的性能判据见表4.64。

(2)试验结果评价准则。

工业机器人的电压暂降和短时中断抗扰度试验结果评价准则见表4.78。若符合性能判据类别的要求，则认为该工业机器人产品该项电磁兼容性达到标准要求。

表4.78 工业机器人电压暂降和短时中断抗扰度试验结果评价准则

试验项目	试验等级	性能判据类别
电压暂降	0%额定电压，0.5周期	B
	40%额定电压，10周期	C
	70%额定电压，25/30周期	C
电压中断	0%额定电压，250/300周期	C

第5章

工业机器人关键零部件质量要求与检测方法

5.1　工业机器人用减速器质量要求与检测方法

减速器是机器人核心零部件之一，是实现机器人稳定运行、精确定位、扭矩传递等功能的重要组成部分。应用在工业机器人上的减速器有很多种类型，根据减速器应用场合的不同，以及减速器机械结构和工作原理上的差异，工业机器人用减速器可以细分为谐波减速器、摆线针轮行星减速器、RV减速器、精密行星减速器等，而在关节型工业机器人(如多自由度机械臂式工业机器人)上应用的减速器主要为谐波减速器和RV减速器。

5.1.1　基本概念

(1)传动比。

传动比为输入转速和输出转速之比。

(2)加速度转矩。

加速度转矩为减速器工作(特别是加速减速转动)时输出端的最大许用转矩。

(3)滞回曲线。

固定减速器输入端，向输出端逐渐加载至额定转矩后逐渐卸载，再反向逐渐加载至额定转矩后逐渐卸载，记录整个过程中减速器输出端在同一时刻下对应的一组转矩、弹性扭转角，并以每一组的转矩、弹性扭转角为依据，在同一个直角坐标系下绘制“转矩－扭转角”曲线(横轴为转矩，纵轴为弹性扭转角)，该曲线应为一条完全封闭的曲线。

(4)回差。

回差为固定减速器输入端，正反向旋转输出端至额定转矩，两个方向上0转矩时输出端的转角值之差。

(5)空程。

空程为固定减速器输入端,正反向旋转输出端至额定转矩时,输出端在±3%额定转矩下的扭转角之差。

(6)额定寿命。

额定寿命为减速器在额定输出转矩和额定输出转速下工作时,保持正常运转,且回差和空程的增加量小于标称值的累积运行时间。

(7)扭转刚度。

扭转刚度为固定减速器输入端,输出端承受的转矩与相应的弹性扭转角之比。

(8)弯曲刚度。

弯曲刚度为输出端承受的弯矩与输出端轴线的弹性偏转角之比。

(9)传动误差。

传动误差为输入轴单向旋转时,输出轴的实际转角与理论转角之差。

(10)许用弯矩载荷。

许用弯矩载荷为减速器承受的径向载荷和偏心轴向载荷的力矩矢量和的最大值。

(11)瞬时最大允许转矩。

瞬时最大允许转矩为受到意外冲击时,输出端承受的瞬时最大转矩的允许值。

(12)瞬时加速转矩。

瞬时加速转矩为减速器允许承受的瞬时最大转矩值。

(13)空载摩擦转矩。

空载摩擦转矩为输出端无负载,驱动输入端,不同稳定转速下的输入转矩,也可按传动比换算到输出端的转矩,并绘制"转速－转矩"曲线。

(14)启停允许转矩。

启停允许转矩为在正常启动或停止过程中,输出端被允许的最大负载(含惯性)转矩。

(15)启动转矩。

启动转矩为输出端无负载,缓慢扭转输入端至输出端启动瞬间所需的转矩。

(16)反向启动转矩。

反向启动转矩为输入端无负载,缓慢扭转输出端至输入端启动瞬间所需的转矩。

(17)背隙。

将输出端与减速器壳体均固定,在输入端施加±2%额定转矩,顺时针和逆时针方向旋转时,减速器输入端产生的一个微小角位移即为背隙。

5.1.2 标准应用

在我国国家标准中,工业机器人减速器标准包括基础标准、通用标准和产品标准,见表 5.1。

表 5.1 中,1993 年发布实施的《谐波传动减速器》(GB/T 14118—1993)就是一个产品标准,该标准规定了谐波传动减速器的分类原则、技术要求、试验方法和检验规则等主要技术内容。2014 年发布并实施的《机器人用谐波齿轮减速器》(GB/T 30819—2014)也是一个产品标准,该产品标准对机器人用谐波齿轮减速器提出要求。2018 年发布的《机

器人用精密齿轮传动装置　试验方法》(GB/T 35089—2018)是一个典型的方法标准;同年分布的《机器人用摆线针轮行星齿轮传动装置　通用技术条件》(GB/T 36491—2018)是一个通用标准。

表 5.1　我国工业机器人减速器标准

序号	标准代号	标准名称	适用范围
1	GB/T 37718—2019	《机器人用精密行星摆线减速器》	适用于机器人用减速器
2	GB/T 35089—2018	《机器人用精密齿轮传动装置　试验方法》	适用于一般工业环境下机器人用谐波齿轮减速器、行星摆线减速器、摆线针轮减速器等精密齿轮传动装置的台架试验
3	GB/T 36491—2018	《机器人用摆线针轮行星齿轮传动装置　通用技术条件》	适用于机器人领域,也可用于对传动装置要求体积小、质量轻、速比大、扭矩大、精度高、刚度高、可靠度高的其他工业领域
4	GB/T 37165—2018	《机器人用精密摆线针轮减速器》	适用于机器人用精密摆线针轮减速器,也适用于工况相同及相近的其他领域
5	GB/T 30819—2014	《机器人用谐波齿轮减速器》	适用于机器人用谐波齿轮减速器
6	GB/T 14118—1993	《谐波传动减速器》	适用于电子、航空、航天、机器人、机床、纺织、医疗、冶金、矿山等行业的产品
7	GB/T 5558—2015	《减(增)速器试验方法》	适用于高速轴转速不超过 3 000 r/min的圆柱齿轮减(增)速器、锥齿轮减(增)速器、行星齿轮减(增)速器、涡轮蜗杆减(增)速器以及各类组合式减(增)速器

5.1.3　试验设备

1.设备类型

减速器测试台是减速器测试所必需的试验设备。根据检测项目不同,减速器测试台可分为性能试验测试台、精度试验测试台以及寿命试验测试台。对于专业从事减速器测试的技术人员来说,除了要掌握减速器测试台的分类依据、结构形式之外,还应重点掌握减速器测试台的操作规程,能够按照作业指导书的要求独立完成指定的检测项目。

(1)性能试验测试台。

性能试验测试台应具备动态加载和卸载功能,在加载和卸载过程中,确保转矩和转速稳定,转矩和转速测试精度应不低于1%。

完整的减速器性能试验测试台结构如图 5.1 所示,其中:

①床身。

床身通常情况下为整体铸造或由多块钢板焊接而成,加工完成后消除内应力。床身是测试台全部组成单元、样件及安装支架的载体,应具备一定的整体刚度及抗变形能力。

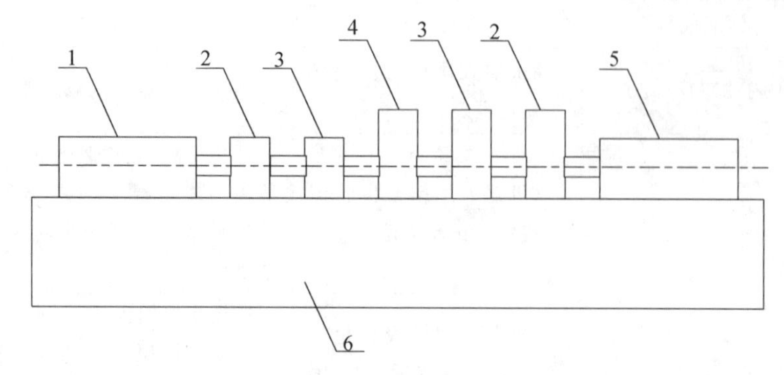

图 5.1 减速器性能试验测试台结构示意图

1—驱动单元;2—转矩转速传感器;3—角度编码器;

4—样件及安装支架;5—负载单元;6—床身

②驱动/负载单元。

驱动/负载单元采用永磁同步伺服电动机作为驱动/负载单元,有利于在进行连续动态加载或卸载的过程中,避免测试系统出现振动冲击,从而保证各个测试环节的稳定输出。

③转矩转速传感器。

转矩转速传感器用于实时采集测试过程中的转矩和转速数据。通常情况下,转矩及转速信号均为频率信号,这样可以有效减少外界因素对传感器信号的干扰,确保采集数据的准确性。

④角度编码器。

角度编码器用于实时采集测试过程中的扭转角数据。通常情况下,扭转角数据由工控机通过高速数据采集卡进行采集。

⑤样件及安装支架。

安装支架是被测减速器样件的安装载体,实际测试之前需要根据样件及支架的机械接口尺寸,设计必要的辅助测试工装,将被测减速器样机安装在支架上,减速器的输入及输出两端分别通过联轴器与测试传感器相连接。测试不同样件,只需更换相应的辅助测试工装即可,无须改变安装支架机械结构。

(2)精度试验测试台。

精度试验测试台的各运动部件应运转平稳、灵活、灵敏,无明显阻滞现象,同时为保证最终的测量精度,在设计测试工装以及在测试台上进行测试样件装配时,应充分考虑工装拆卸及定位的便利性,确保样件和测试台之间的平面度、垂直度、同轴度等具备可调整性。

减速器精度试验测试台的结构(图 5.2)与性能试验测试台相似,区别是性能试验测试台的负载单元是必需的配置，而精度试验测试台的负载单元属于选配，也就是说减速器的精度试验可以在空载和负载两种工况下完成，具体可视标准要求或试验要求而定。

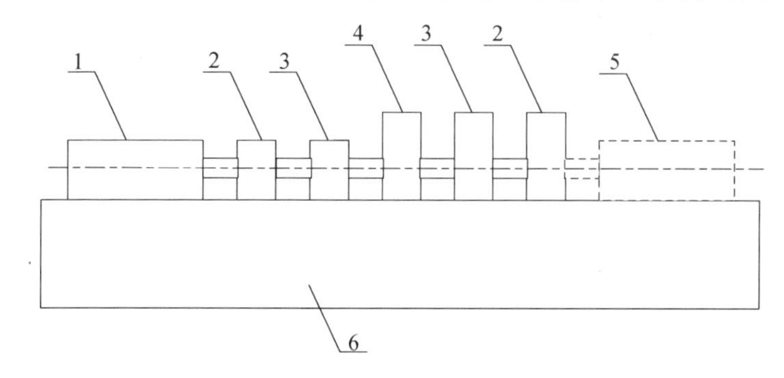

图 5.2　减速器精度试验测试台结构示意图

1—驱动单元；2—转矩转速传感器；3—角度编码器；
4—样件及安装支架；5—负载单元(可选)；6—床身

(3)寿命试验测试台。

寿命试验测试台应具备自定义测试工况程序功能，可根据测试需要实现自由加载、连续同向加载、往复摆动加载、超载等功能。

减速器寿命试验测试台有卧式(图 5.3)和立式(图 5.4)之分。通常情况下，测试台的选择主要由样件的实际工况来决定，例如对于六自由度的工业机器人而言，其一轴、二轴、三轴的实际工况就是立式，那么对这类减速进行寿命试验时，建议优先选择立式寿命试验测试台。在没有明确说明或无法确定减速器实际工况时，通常建议选择立式寿命试验测试台进行试验。

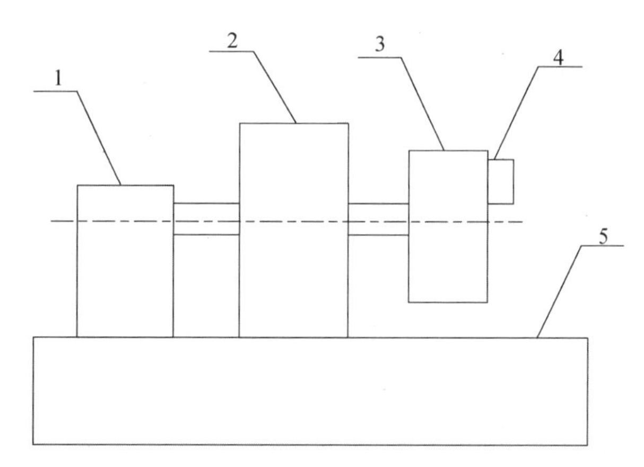

图 5.3　减速器寿命试验测试台(卧式)结构示意图

1—驱动单元；2—样件及安装支架；3—惯性负载；4—加速度传感器；5—床身

2. 减速器测试台的应用

根据各类型减速器测试台的特点，选用合适类型的减速器测试台开展试验。减速器测试台的选用可参考表 5.2。

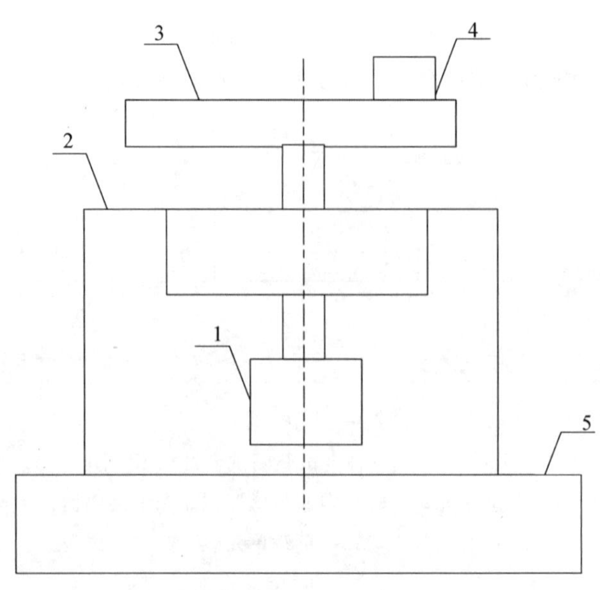

图 5.4　减速器寿命试验测试台(立式)结构示意图

1—驱动单元;2—样件及安装支架;3—惯性负载;4—加速度传感器;5—床身

表 5.2　减速器测试台的选用

序号	检测项目分类	性能试验测试台	精度试验测试台	寿命试验测试台
1	空载试验	√	—	√
2	空载摩擦转矩试验	√	—	—
3	负载试验	√	—	—
4	超载试验	√	—	—
5	传动效率试验	√	—	—
6	滞回曲线试验	√	—	—
7	回差试验	√	—	—
8	空程试验	√	—	—
9	扭转刚度试验	√	—	—
10	弯曲刚度试验	√	—	—
11	传动误差试验	—	√	—
12	额定寿命试验	—	—	√
13	许用弯矩载荷试验	√	—	—
14	允许启停转矩试验	√	—	—
15	启动转矩试验	√	√	—
16	反向启动转矩试验	√	√	—
17	壳体最高温度试验	√	—	—

注:√表示采用;—表示不适用。

3. 设备维护

机械设备的正确操作和定期维护保养是设备管理的关键，对减少机械磨损，节约能耗，保证机械正常运转，延长使用寿命有重要的意义。减速器测试台的保养通常包括例行保养、定期保养两类。

(1)例行保养。

例行保养属于日常性作业，由设备操作人员工作前及工作后进行。例行保养的内容一般包括对设备的表面清洁、紧固、润滑，视检各类指示灯及电气元件工作状态，整理现场，清点工装及工具等，并做好保养记录。

(2)定期保养。

定期保养具体可分为一级保养、二级保养。

①一级保养。

一级保养是以维修人员为主，操作人员为辅。

一级保养主要包括：

a. 按计划对设备部分机械结构进行拆卸、检查及调整。

b. 对内外部进行彻底的清扫、擦拭。

c. 紧固电机、传感器、电气元件等电气线路。

d. 检查、调节各指示仪表与安全防护装置。

设备经一级保养后应形成保养记录，保养后的设备应达到：

a. 内外清洁、明亮。

b. 操作灵活，运转正常。

c. 安全防护、指示仪表齐全、可靠。

②二级保养。

二级保养要在完成一级保养的基础上进行，以维修人员为主，操作人员配合完成。

二级保养主要包括：

a. 修复或更换设备易损零部件，检测工装的测绘及误差评估，旋转部件同轴度、端面跳动等检测及调整。

b. 清洗全部润滑部位，结合换油周期检查润滑油质，进行清洗换油。

c. 更换老化电气线路，更换坏损电气元件、电气开关及传感器等。

同样，二级保养结束后也应形成保养记录。

经二级保养后，设备的精度和性能应达到工艺要求，无漏油、漏电现象，设备空载及负载运行时的声响、震动、温升等符合设备出厂时的技术要求。

5.1.4　试验方法开发

1. 试验前准备工作

(1)减速器样品参数的分析。

这里提到的参数主要为减速器样本或出厂说明书中标注的额定输出扭矩(单位：牛·米或 N·m)、减速器额定输入转速(单位：转/分或 r/min)、减速比(用小写英文字母 i 表

示)3个参数。分析减速器样品参数的主要目的是初步掌握减速器的基本属性,便于分配合适的测试台,以完成相关检测项目。

(2)辅助测试工装的设计。

减速器测试台上的安装支架,是测试台与被测减速器样品之间的接口。首先,通过辅助测试工装,将被测减速器样品固定在测试台的安装支架上,并实现与测试台的驱动电机、负载电机及各类测试传感器的连接。由此可见,在准备开展减速器相关试验时,首先要做的就是设计辅助测试工装。设计合理的辅助测试工装,不但会大大降低检测成本,而且还会减少试验过程中机械调整的时间,提高检测效率,甚至还会进一步保证检测结果的稳定性和真实性。辅助测试工装的设计一般遵循以下原则:

①结构简单,机械互换性强。

②留有足够的机械调整自由度。

③安装及拆卸方便。

④必要时,可根据被测减速器样品的特点,考虑样品部件的定位、润滑等需求。

(3)减速器样品的机械安装及调整。

建议由专业人员完成被测减速器样品的机械安装及调整,其机械安装过程如下:

①将被测减速器与辅助测试工装进行部装,装配过程中应时刻注意调整装配精度,确保装配好的部件运转自如,无明显卡滞、异响等现象。

②将装配好的部件整体安装到测试台的样品支架上。

③连接测试台驱动端与被测减速器输入端,确保二者的装配精度在合理范围内(建议端面跳动量不大于0.02 mm、同轴度不大于0.02 mm)。

④连接测试台负载端与被测减速器输出端,确保二者的装配精度在合理范围内(建议端面跳动量不大于0.02 mm、同轴度不小大0.02 mm)。

整个安装及调整过程可利用水平尺、百分表、千分表或激光对中仪等仪器仪表来辅助完成。

将被测减速器样品安装到测试台后,通常采取以下方法对机械装配效果进行确认:

①用手握住输入轴,用力左右晃动,应无明显装配间隙。

②启动减速器测试台,让驱动电机以缓慢转速驱动被测减速器空转,确保无异响、卡滞、渗油等情况发生。

③在负载端加上适当的载荷,让被测减速器带载短暂运行(通常运行数分钟),确保无异响、卡滞、渗油等情况发生。

若上述试运行均正常,则可认为机械装配适合,可以开始正式试验。

2.试验项目及实施程序

(1)空载试验。

①减速器输出端空载状态下,减速器从输入端启动。

②减速器在额定输出转速下,正方向运转30 mim。

③减速器在额定输出转速下,反方向运转30 mim。

④记录减速器试验前、试验过程中和试验结束后的运行状态。

(2)空载摩擦转矩试验。

①减速器输出端空载状态下,减速器从输入端启动。

②按试验计划(或作业指导)的要求,在不同转速下稳定运转,实时采集试验件输入转速及转矩。

③绘制减速器的转速一转矩曲线。

④将转速一转矩曲线按照最小二乘法拟合成成斜率为 k 的直线,得到空载摩擦转矩计算公式:

$$T=k\times n+c \tag{5.1}$$

式中　T——空载摩擦转矩,N·m;

n——输入转速,r/min;

c——常数。

(3)负载试验。

负载试验应在确保试验过程中被测减速器壳体温度不超过 60 ℃的条件下进行。

①减速器以一定输出转速(首选额定输出转速)正向运行。

②测试台负载端逐级施加 25%、50%、75%和 100%额定负载,前三阶段每一级的运转时间均为 20 min,100%额定负载运行 2 h。

③正向运行结束后,减速器再以一定转速(首选额定输出转速)反向运行,并重复上述步骤②。

④记录减速器试验前、试验过程中和试验结束后的运行状态。

(4)超载试验。

①减速器以一定输出转速(首选额定输出转速)正向运行。

②测试台负载端在 5 s 内逐渐将负载提升至瞬时加速转矩,持续 5 s 后在 5 s 内逐渐卸载。

③正向运行结束后,减速器以一定输出转速(首选额定输出转速)反向运行,并重复上述步骤②。

④记录减速器试验前、试验过程中和试验结束后的运行状态。

(5)传动效率。

①传动效率测试应在负载试验结束后进行。

②减速器冷却至室温(23±5) ℃后,在额定输出转速和额定输出转矩条件下运转。

③读取并记录减速器输入端和输出端扭矩传感器数据。在输出端旋转一周内,应均匀地采集至少 5 组数据。

④传动效率按照式(5.2)求得。

$$\eta=\frac{T_2}{T_1\times i}\times 100\% \tag{5.2}$$

式中　η——传动效率;

T_1——输出转矩的平均值,N·m;

T_2——输入转矩的平均值,N·m;

i——减速器的理论传动比。

(6)滞回曲线试验。

①固定减速器外壳及输入端,将减速器输出端与测试台负载装置连接。

②测试台负载装置向减速器输出端缓慢加载至正向额定转矩后卸载。

③测试台负载装置向减速器输出端缓慢加载至反向额定转矩后卸载。

④记录整个试验过程减速器输出端的转矩及对应的扭转角值,绘制以转矩为横坐标,扭转角为纵坐标的滞回曲线,如图 5.5 所示。

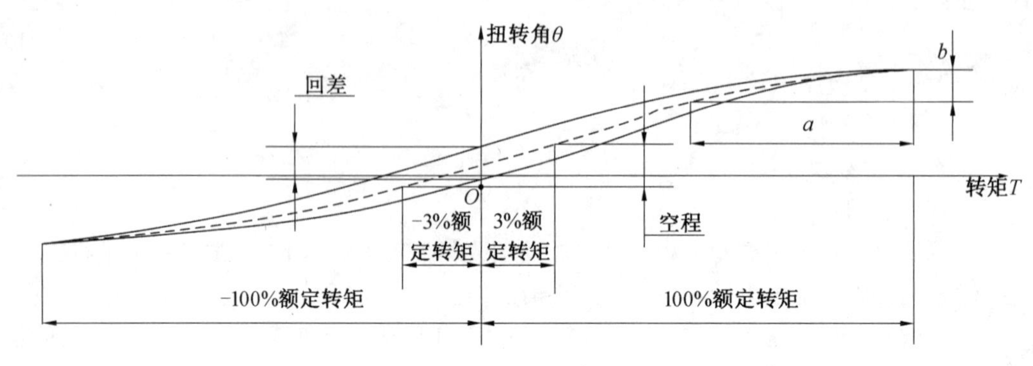

图 5.5　滞回曲线示意图

(7)回差。

回差值在滞回曲线试验中得出,即滞回曲线中转矩为 0 时扭转角之差值,如图 5.5 所示。

(8)空程。

空程值在滞回曲线试验中得出,即滞回曲线中转矩为±3%额定扭矩时对应的扭转角之差值,如图 5.5 所示。

(9)扭转刚度。

扭转刚度值在滞回曲线试验中得出,为滞回曲线中 a/b 之比值,如图 5.5 所示。其中 a 为额定转矩的一半,b 为从 1/2 的额定转矩到额定转矩的扭转角增量。

(10)弯曲刚度。

①将减速器样件固定在测试台上,向其输出端施加互相垂直的径向负载力 W_1 和轴向负载力 W_2,如图 5.6 所示。

②逐步增加负载力 W_1、W_2 至样件的允许弯矩,记录 θ、W_1、W_2 的值。

③根据公式(5.3)计算出弯曲刚度 K_m。

$$K_m=\frac{W_1\times L_1+W_2\times L_2}{\theta\times 10^3} \tag{5.3}$$

式中　θ——输出法兰的偏角,arc min;

K_m——弯曲刚度,(N·m)/(arc min);

W_1、W_2——负载力,N;

L_1、L_2——负载力作用点到基准的距离,m。

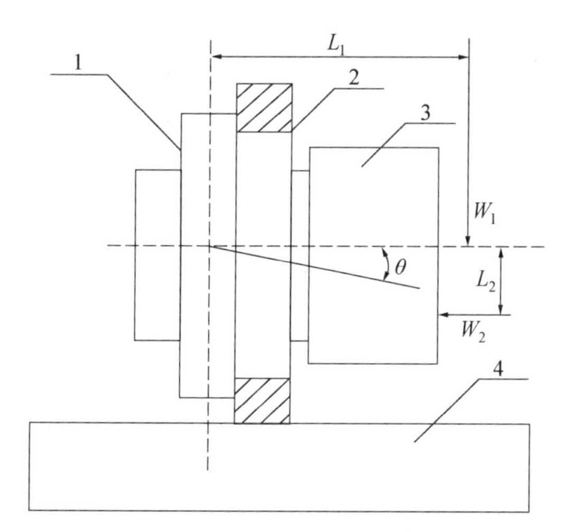

图 5.6　弯曲刚度试验示意图

1—样件;2—样件安装支架;3—样件输出端;4—床身

(11)传动误差。

①减速器在输出转速不大于 5 r/min 和空载条件下正向运行。待输入端转速稳定(转速波动不大于 3 r/min)后,开始采集角度传感器信号,同步记录输入、输出端转角值。

②在输出端转动一周范围内,计算减速器每一采样时刻的传动误差,以输出端转角为横坐标,以传动误差值为纵坐标,绘制传动误差曲线。

③传动误差曲线上最大轮廓峰高与最大轮廓谷深之差的绝对值,即为减速器输出端正向旋转时的传动误差。

④减速器在输出转速不大于 5 r/min 和空载条件下反向运行。按照上述步骤①②③描述的试验方法和试验条件,获得减速器输出端反向旋转时的传动误差。

⑤取被测减速器输出端正反两个方向传动误差的最大值,即为被测减速器的传动误差。

(12)额定寿命。

①试验前应将减速器正确地安装到测试台上,并按照减速器说明书的要求加注指定规格及型号的润滑脂。

②试验前的试运行过程中,减速器应运行平稳,不得出现结合处漏油、气孔溢油、产生异常声响等现象。

③对减速器输出端施加加速/减速允许转矩,减速器转速从 0 开始逐渐提高至某一转速并保持该转速运行。此过程,实时测量减速器针齿壳的温度,该温度应不超过 60 ℃。

④在③的试验条件下,减速器应在试验计划(或作业指导)规定的试验时间 L_T 内稳定运行、无异常现象。允许寿命试验时间为累积时间。

⑤试验时间 L_T 计算公式见式(5.4)。

$$L_T = L_{T_0} \times \frac{n_0}{n} \times \left(\frac{T_0}{T}\right)^{\frac{10}{3}} \tag{5.4}$$

式中　L_T——试验时间,h;

L_{T_0}——减速器额定寿命,h;

T——试验时实际输出转速,N·m;

n——试验时实际输出转速,r/min;

T_0——额定输出转矩,N·m;

n_0——额定输出转速,r/min。

⑥试验结束后,测量并记录减速器的回差和空程。

(13)启停允许转矩。

①将减速器正确安装至测试台上,将测试台驱动装置与减速器输入端相连接,将测试台负载装置与减速器输出端相连接。

②将测试台负载装置的输出值调整为被测减速器的额定转矩。

③测试台驱动减速器带负载启动。

④读取并记录减速器启动期间的转矩值,并绘制时间一转矩曲线。该曲线的峰值即为启停允许转矩。

(14)启动转矩。

①将被测减速器正确安装至测试台上,同时将测试台驱动装置与减速器输入端相连接,减速器输出端无负载。

②测试台驱动装置从被测减速器输入端缓慢驱动减速器运行,直至其输出端启动为止。

③实时采集此过程中减速器输入端的转矩,该转矩的最大值即为启动转矩。

(15)反向启动转矩。

①将被测减速器正确安装至测试台上,同时将测试台负载装置与减速器输出端相连接,减速器输入端无负载。

②测试台负载装置从减速器输出端缓慢驱动减速器运行,直至其输入端启动为止。

③实时采集此过程中减速器输出端的转矩,该转矩的最大值即为反向启动转矩。

(16)壳体最高温度。

①将减速器正确安装至测试台上,同时将测试台驱动装置、负载装置依次与减速器输入、输出端相连接。

②测试台驱动减速器在额定转速、额定转矩下运行。

③每隔 10 min 记录壳体温度数值。

④当连续 30 min 内温差小于±1 ℃时,此时的壳体温度记录即为壳体最高温度。

5.1.5 试验结果评价

5.1.4 节所述的减速器特性的试验结果通过不同的检测方式获得,因此对试验结果的评价方法也略有不同。

(1)有些试验项目是通过操作者目测或主观判断获得的试验结果,例如空载试验、负载试验、超载试验等。通常,在试验过程中,被测减速器应运行平稳,无异响、无振动、无漏油等现象发生,且在试验结束后,被测减速器各组成零件应没有机械变形、机械损坏、连接处松动等现象发生。满足以上条件时,则认为被测减速器的特性是符合要求的。

(2)减速器某些特性的试验结果是测得的数据、曲线或曲线与数据的组合,例如空程试验、回差试验、扭转刚度试验、传动误差试验、传动效率试验等。通常,测得的曲线应平滑、连续,测得的数据应分布应均匀、无阶跃。若测得的数据和(或)曲线符合具体规格减速器专用技术标准(或设计)的要求,则认为减速器的特性是符合要求的。

5.2　工业机器人伺服电动机质量要求与检测方法

5.2.1　基本概念

伺服电动机是工业机器人产品的核心零部件,其性能直接影响工业机器人的整机性能,应用在工业机器人系统中的伺服电动机主要为交流伺服电动机。伺服电动机检测涵盖的基本概念如下。

(1)交流伺服电动机。

交流伺服电动机是指应用于运动控制系统中,采用交流电动机结构,能控制位置、速度、加速度或转矩(力矩)的电动机。

(2)工作区。

工作区是指电动机的工作区域。工作区用转矩和转速组成的二维平面坐标表示。

工作区包括连续工作区和断续工作区(图 5.7)。在电动机不超过规定值(即允许温升)的条件下,电动机能长期工作的区域称为连续工作区。连续工作区指电动机的发热、受离心力影响的机械强度、换向及电动机电气极限工作条件限制的范围。超过连续工作区(即在连续工作区之外),允许电动机短期运行(如短时过载运行)的区域称为断续工作区(图 5.7 阴影部分)。

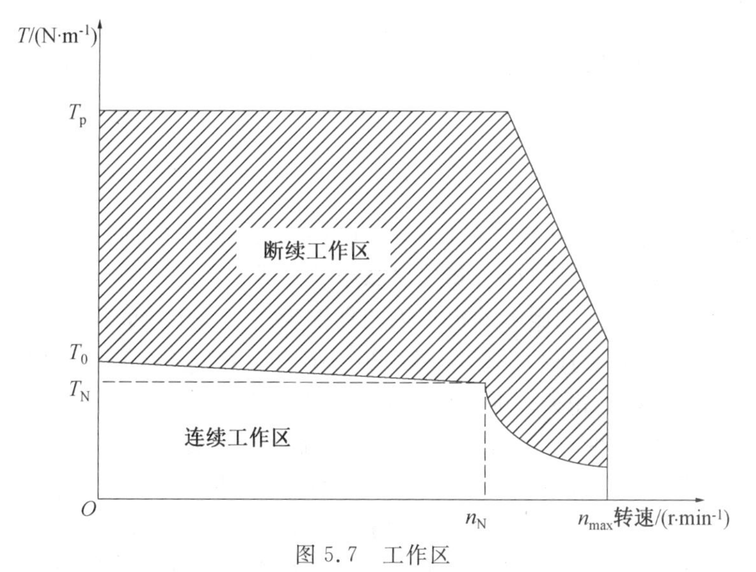

图 5.7　工作区

T_p—最大堵转转矩;n_{max}—最高允许转速;n_N—额定转速;T_0—连续堵转转矩;T_N—额定转矩

(3)额定功率。

额定功率是指在连续工作区内,电动机连续输出的最大功率。

(4)额定转速。

额定转速是指在连续工作区内,电动机在额定转矩下运行时允许的最高转速。

(5)额定转矩。

额定转矩是指在连续工作区内,电动机输出额定功率时对应于额定转速下的转矩。

(6)最大堵转转矩。

最大堵转转矩是指电动机超出连续工作区,允许短时输出的最大转矩。

(7)最高允许转速。

最高允许转速是指在断续工作区内,在保证电动机耐电压强度和机械强度条件下,电动机允许的最大设计转速。

(8)连续堵转转矩。

连续堵转转矩是指在连续区内,电动机堵转时即电动机为零速时所能输出的最大连续转矩。

(9)反电动势常数。

反电动势常数是指在规定条件下,电动机绕组开路时,单位转速在电枢绕组中产生的线感应电动势值。

(10)定子电感。

定子电感是指电动机静止时的定子绕组两端的电感。

(11)转矩波动率。

转矩波动率是指在规定条件下,电动机一转内输出转矩的变化。其计算公式为

$$K_{\mathrm{Tb}}=\frac{T_{\max}-T_{\min}}{T_{\max}+T_{\min}}\times 100\% \tag{5.5}$$

(12)定位转矩。

定位转矩是指电动机在不通电时,在转轴上施加转矩而又不会引起转动的最大转矩值。

5.2.2 标准应用

伺服电动机的标准主要依据产品(类)进行划分,主要规定了伺服电动机的分类、技术要求、试验方法、检验规则、交付准备和用户服务等方面。

在我国国家标准中,与伺服电动机相关的标准较多。其中,标准号为 GB/T 30549—2014、GB/T 7344—2015、GB/T 39553—2020、GB/T 14817—2008、GB/T 14819—2008 的标准等均为伺服电动机相关标准。由于工业机器人产品应用的伺服电动机主要为交流伺服电动机,因此,2020 年之前主要采用《永磁交流伺服电动机　通用技术条件》(GB/T 30549—2014)标准对工业机器人产品的伺服电动机进行评价。

2020 年 4 月 28 日,国家市场监督管理局和国家标准化管理委员会发布了《工业机器人电气设备及系统　第 3 部分:交流伺服电动机技术条件》(GB/T 37414.3—2020),并于 2020 年 11 月 1 日实施。该标准适用于工业机器人用交流伺服电动机,对于工业机器人

伺服电动机产品的性能评价应优先选用此标准。其中涉及的伺服电动机制造的技术要求以及检验(试验方法),具体如下。

(1)绝缘电阻。

(2)耐电压(绝缘介电强度)。

(3)保护联结(保护接地)。

(4)定子绕组电阻。

(5)旋转方向。

(6)空载电流。

(7)温升。

(8)反电动势常数。

(9)定位转矩。

(10)额定转矩。

(11)额定功率。

(12)额定电压。

(13)额定转速。

(14)最高允许转速。

(15)最大堵转转矩。

(16)连续堵转转矩(零速转矩)。

(17)连续堵转电流。

(18)工作区。

(19)转矩波动率。

(20)超速运行。

(21)寿命。

该标准共涉及 21 项工业机器人用伺服电动机试验项目,后面章节将依据标准的要求和试验方法逐项进行介绍。

5.2.3　试验条件

1. 气候条件要求

不同试验类别要求的气候条件不同,应根据试验类别选择相应的环境温度、相对湿度、大气压强等气候条件。

(1)正常试验的气候条件。

如无特殊规定,电动机所有试验均应在下列环境气候条件下进行:

①环境温度:15～35 ℃。

②相对湿度:45%～75%。

③大气压强:86～106 kPa。

(2)仲裁试验的气候条件。

如因气候条件对试验结果有争议时,电动机则以下列条件的试验结果作为裁定产品的依据:

①环境温度:(20±1)℃。

②相对湿度:63%~67%。

③大气压强:86~106 kPa。

(3)基准的大气条件。

该基准条件如下:

①环境温度:20 ℃;

②相对湿度:65%;

③大气压强:101.3 kPa。

2. 试验用的交流伺服驱动单元

试验采用与电动机相适应的交流伺服驱动单元。

5.2.4 试验设备

1. 电气参数测试仪器

对伺服电动机进行电气参数测试,主要使用绝缘电阻测试仪、微欧计、耐电压测试仪、接地电阻测试仪等仪器,如图 5.8 所示。

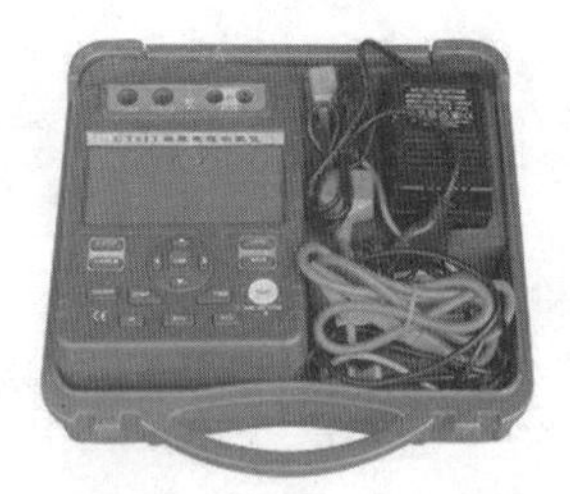

(a) 绝缘电阻测试仪

(b) 微欧计

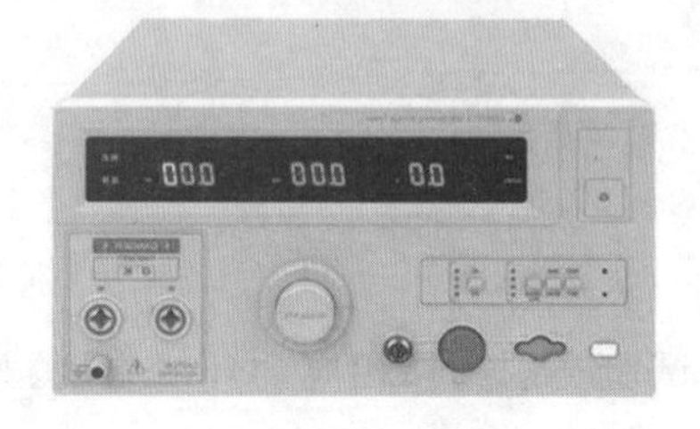

(c) 耐电压测试仪

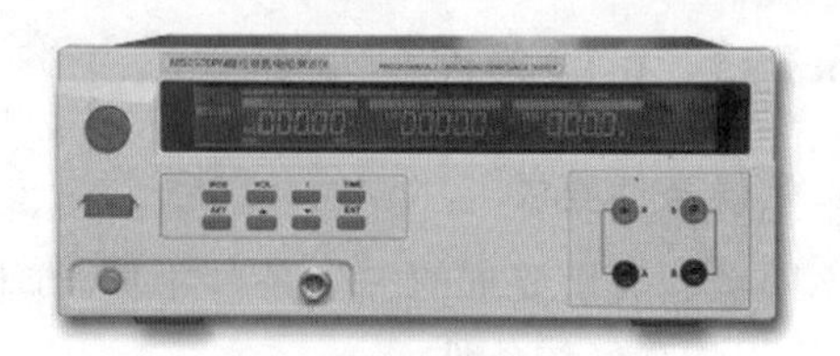

(d) 接地电阻测试仪

图 5.8 伺服电动机电气参数测试通用仪器

2. 伺服电动机综合测试台

伺服电动机综合测试台一般为非标设备,主要是依据被测伺服电动机的电压、电流、转矩、转速等特性参数进行设计。伺服电动机测试台一般由控制台和性能测试台架组成,如图 5.9 所示。

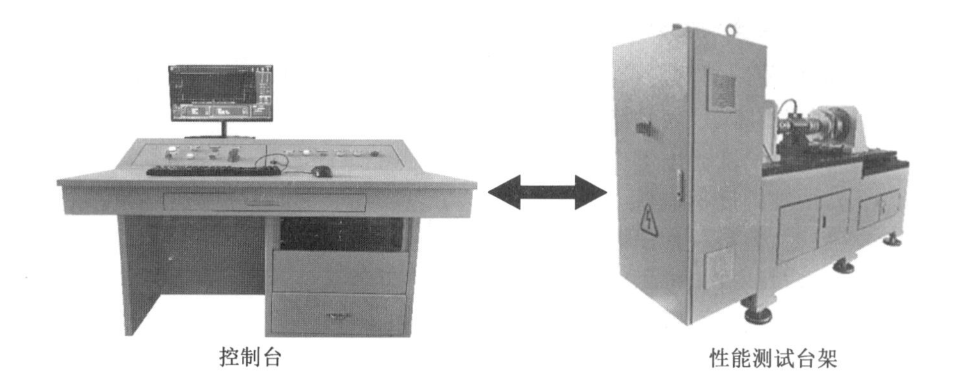

图 5.9　伺服电动机综合测试台

其中，性能测试台架的机械结构如图 5.10 所示，主要包括以下几个部分。

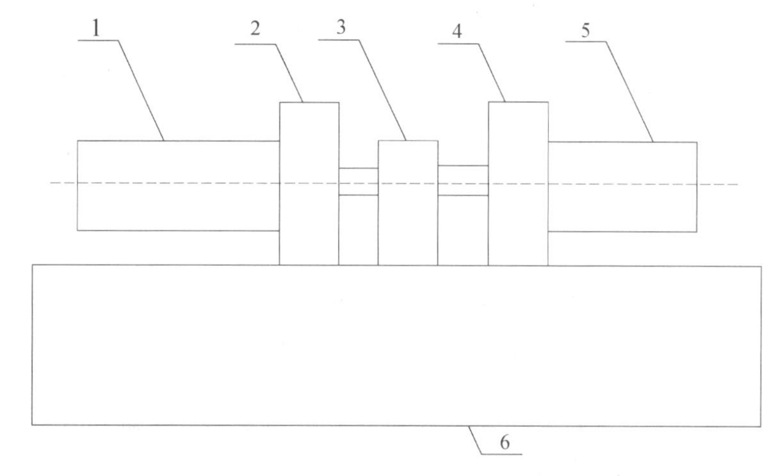

图 5.10　性能测试台架的机械机构

1—负载电动机；2—负载电机支架；3—转矩转速传感器；
4—被测电动机支架；5—被测电动机；6—床身

①负载电动机。

负载电动机用于为被测电动机提供负载转矩。

②负载电动机支架。

负载电动机支架用于安装负载电动机。

③转矩转速传感器。

转矩转速传感器用于实时采集测试过程中的转矩和转速数据。

④被测电动机支架。

被测电动机支架用于安装被测电动机。测试前，根据被测电动机的接口尺寸设计过渡工装，通过过渡工装将被测电动机安装在支架上。

⑤床身。

床身用于负载电动机、转矩转速传感器、被测电动机等部件的固定支撑，其应具备一定的刚度及抗变形能力。

3. 测量设备及仪器精度要求

试验测量时所使用的测量设备及仪器应满足以下精度(准确度)要求。

(1)电气测量设备及仪表的准确度不应低于0.5级。

(2)三相功率表的准确度不应低于1.0级。

(3)互感器的准确度不应低于0.2级。

(4)数字式转速测量仪准确度不应低于0.1%±1个字。

(5)频率测量仪的准确度不应低于0.1级。

(6)转矩测量仪(含测功机和传感器)的准确度不应低于0.5级。

(7)测力计的准确度不应低于1.0级。

(8)温度计的误差在±1 ℃以内。

选择仪表时,应使测量值位于仪表量程20%~90%区间内。

在用两瓦特测三相功率时,应使受测电压及电流值分别不低于瓦特表的电压量程和电流量程的20%。

4. 性能核查

应定期对绝缘电阻测试仪、微欧计、耐电压测试仪、接地电阻测试仪等仪器,以及伺服电动机综合测试台中转矩、转速、温度、电压、电流等参数的测量性能进行校准,校准周期通常为1~2年。

(1)转速测量核查方法。

采用转速表进行性能核查,将贴片贴置于传感器旋转轴面,通过电动机驱动传感器旋转,转速测量点不少于5个(必须包括常用转速),记录转速表和测试系统所显示的数值。

(2)转矩测量性能核查方法。

采用标准砝码进行性能核查,安装转矩校准工装,逐渐增加砝码至传感器额定扭矩,转矩测量点不少于5个(必须包括常用转矩),记录砝码质量和测试系统所显示的数值。

(3)电压测量性能核查方法。

采用标准电压源或校准器进行性能核查,将电压源或校准器的标准电压输出端接入测试系统,记录标准电压值和测试系统所显示的数值。

(4)电流测量性能核查方法。

采用标准电流源或校准器进行性能核查,将电流源或校准器的标准电流输出端接入测试系统,记录标准电流值和测试系统所显示的数值。

5. 设备维护

伺服电动机综合测试台的维护保养要求和减速器测试台的要求基本相同。

5.2.5 试验方法开发

1. 绝缘电阻试验

(1)试验要求。

电动机在正常试验、高温试验、极限低温试验及交变湿热试验后都应具有足够的绝缘电阻值,其绝缘电阻值要求如下:

①电动机在正常试验条件及极限低温试验条件下，各绕组对机壳及各绕组之间的绝缘电阻值不应小于 50 MΩ。

②电动机在相应的高温条件下，绝缘电阻值不应小于 10 MΩ。

③电动机在交变湿热试验（且在试验结束后放置 2 h）后，其绝缘电阻值不应小于 1 MΩ。

④绝缘电阻检测的试验电压要求见表 5.3。

表 5.3　绝缘电阻检测的试验电压要求

伺服驱动系统的直流母线电压/V	试验电压要求/V
≤24	250
24～36	500
36～115	750
115～250	1 000
250～500	1 500
>500	2 500

（2）试验实施程序。

测量并记录电动机各绕组对机壳、电动机各绕组间、传感器对电动机绕组及制动器对电动机绕组的绝缘电阻值，观察伺服电动机的状态。

2. 耐电压（绝缘介电强度）试验

（1）试验要求。

电动机各绕组对机壳、制动器对机壳及传感器电源线对机壳应能承受表 5.4 规定的耐电压试验，耐电压试验时间为 1 min，试验期间应无绝缘击穿、飞弧、闪络现象，且绕组漏电流有效值应符合表 5.5 的要求。

表 5.4　耐电压试验的试验电压

伺服驱动系统的直流母线电压/V	试验电压（有效值）/V
≤24	300
24～36	500
36～115	1 000
115～250	1 500
>250	$1\ 500+2U_N$①

注：①U_N——电动机的额定电压。

表 5.5　耐电压试验时的漏电流

额定功率/kW	漏电流（有效值）/mA
≤5	≤5
5～10	≤10
>10	≤15

出厂检验时,耐电压试验可采用 5 s 试验时间,试验电压不变。重复进行耐电压试验时,试验电压为规定值的 80%。

(2)试验实施程序。

①对伺服电动机各绕组对机壳、制动器对机壳及传感器电源线对机壳进行耐电压试验,记录绕组漏电流值。

②试验后立即测量绝缘电阻并确认是否符合电动机绝缘电阻的要求。

③观察并记录伺服电动机的状态。

3. 保护联结(保护接地)试验

(1)试验要求。

电动机机壳及所有可导电部分与保护联结装置之间应具有牢固、可靠及良好的电气连接,同时满足如下要求:

①插接件的金属壳应连接到保护联结装置上。

②保护联结电路只有在通电导线全部断开之后才能断开。

③保护联结电路连续性的重新建立应在所有通电导线重新接通之前。

④保护联结线截面积应至少与同规格电动机相线的截面积相同。

⑤保护联结电路的连续性,保护接地电阻不大于 0.1 Ω。

(2)试验实施程序。

①进行目视检查。

②目视检查合格后,测量保护接地电阻,记录测量值,观察伺服电动机的状态。

4. 定子绕组电阻试验

(1)试验要求。

电动机定子绕组的直流线电阻应符合具体规格电动机的专用技术标准或设计要求。

(2)试验实施程序。

通常将电动机在常温条件下静置 3 h 以上,再测量伺服电动机定子绕组电阻 R_1 和温度(室温)θ_1,记录测量值并换算到 θ_0(20 ℃)的定子绕组电阻 R_0,换算公式为

$$R_0 = R_1 \times \frac{K_1 + \theta_0}{K_1 + \theta_1} \tag{5.6}$$

式中 K_1——温度常数。对铜绕组,$K_1=235$;对铝绕组,$K_1=225$。

5. 旋转方向试验

(1)试验要求。

电动机的旋转方向应为双向可逆旋转,按设计规定的接线标识:即 U 相(棕色)、V 相(红色)、W 相(蓝色)接线,从安装配合面的电动机传动轴轴伸端面视之,电动机传动轴的逆时针旋转方向规定为电动机旋转正方向。

(2)试验实施程序。

①伺服电动机应按照规定装配至伺服电动机综合测试台上。

②按照伺服电动机 U 相、V 相、W 相顺序连接电源。

③伺服驱动单元给定指令为正向,电动机旋转。

④从安装配合面的电动机传动轴的轴伸端面，观察并记录电动机的旋转方向。

6. 空载电流试验

(1)试验要求。

电动机在额定转速下空载运行，其空载电流应符合具体规格电动机专用技术标准(或设计)要求。

(2)试验实施程序。

①伺服电动机应按照规定装配至伺服电动机综合测试台上。

②伺服电动机在额定转速下空载运行，用电流测试装置测量伺服电动机定子绕组上的空载电流，记录测量值。

③试验过程中实时观察伺服电动机的状态。

7. 温升试验

(1)试验要求。

电动机的温升一般是通过绕组电阻的变化进行测量的。

在连续工作区连续工作时，电动机定子绕组的温升不应超过 105 K(热分级 F 级绝缘结构绕组)，热分级 A 级绝缘结构绕组不应超过 60 K，热分级 E 级绝缘结构绕组的温升不应超过 75 K，热分级 B 级绝缘结构绕组不应超过 80 K，热分级 H 级绝缘结构绕组的温升不应超过 125 K。电动机温升不应影响内部位置反馈元器件的正常工作。

(2)试验实施程序。

①伺服电动机应按照规定装配至伺服电动机综合测试台上。

②测量伺服电动机冷态下的定子绕组电阻 R_1 和该状态下的温度(室温)t_1。

③伺服电动机在额定转速下以额定扭矩运行，用辅助测温装置监控伺服电动机的表面温度。

④伺服电动机的表面温度达到热平衡后，停止伺服电动机。应在伺服电动机停止运行后 30 s 内，测量电动机绕组的电阻值 R_2 和该状态下的温度(室温)t_2。

⑤计算并记录伺服电动机的温升 θ，其计算公式为

$$\theta=\frac{R_2-R_1}{R_1}\times(K_1-t_1)+(t_1-t_2) \tag{5.7}$$

式中　K_1——温度常数。对铜绕组，$K_1=235$；对铝绕组，$K_1=225$。

⑥试验过程中实时观察伺服电动机的状态。

8. 反电动势常数试验

(1)试验要求。

电动机的反电动势常数应符合具体规格电动机专用技术标准(或设计)要求，仅在型式试验中进行。

(2)试验实施程序。

①伺服电动机应按照规定装配至伺服电动机综合测试台上，电动机不通电。

②测试台机械拖动伺服电动机在 1 000 r/min 的转速下运行。

③然后测量伺服电动机空载转速时的线反电动势。

④按式(5.8)计算伺服电动机的反电动势常数并记录。

$$k_e = \frac{E}{1\ 000} \tag{5.8}$$

式中　k_e——反电动势常数,单位为伏分每转,$V/(r \cdot min^{-1})$;

E——电动机的线反电动势,单位为伏,V。

⑤试验过程中实时观察伺服电动机的状态。

9. 定位转矩试验

(1)试验要求。

电动机的定位转矩应符合具体规格电动机专用技术标准(或设计)要求,仅在型式试验中进行。

(2)试验实施程序。

①伺服电动机应按照规定装配至伺服电动机综合测试台上,电动机不通电。

②在电动机转轴上选取5个等分点。

③在每个等分点,通过测试台对电动机转轴施加正向的转矩,记录即将转动而又不会连续转动时的转矩值。在每个等分点试验3次。

④在每个等分点,通过测试台对电动机转轴施加反向的转矩,记录即将转动而又不会连续转动时的转矩值。在每个等分点试验3次。

⑤记录的转矩值的最大值即为电动机的定位转矩。

⑥试验过程中实时观察伺服电动机的状态。

10. 额定转矩试验

(1)试验要求。

电动机在连续工作区内。电动机输出额定功率时的额定转矩应符合具体规格电动机专用标准(或设计)要求。电动机温升不应影响内部位置反馈元件正常工作。

(2)试验实施程序。

①伺服电动机应按照规定装配至伺服电动机综合测试台上,由伺服控制单元驱动电动机运行。

②测试台驱动电动机以额定转速运行,然后在电动机的输出端逐渐增加负载。

③在电动机温升满足要求的前提下,测量并记录电动机在额定转速下的最大转矩。

④试验过程中实时观察伺服电动机的状态。

11. 额定功率试验

(1)试验要求。

电动机在连续工作区内。电动机输出额定功率应符合具体规格电动机专用标准(或设计)要求。电动机温升不应影响内部位置反馈元件的正常工作。

(2)试验实施程序。

①伺服电动机应按照规定装配至伺服电动机综合测试台上。

②伺服电动机在额定转速、额定转矩下运行。

③在电动机温升满足要求的前提下,测量得到的伺服电动机输出功率值即为额定功

率，记录测量值。

④试验过程中实时观察伺服电动机的状态。

12. 额定电压试验

(1)试验要求。

电动机在连续工作区内，对应于额定功率时的额定电压(即电动机输入电压，也是驱动单元的输出电压)应符合具体规格电动机专用标准(或设计)要求。

(2)试验实施程序。

①伺服电动机应按照规定装配至伺服电动机综合测试台上，由伺服控制单元驱动电动机运行。

②伺服电动机在额定转速、额定转矩下运行。

③测量得到的电动机输入电压即为额定电压，记录测量值。

④试验过程中实时观察伺服电动机的状态。

13. 额定转速试验

(1)试验要求。

电动机在连续工作区内，在额定转矩和额定功率下正向、反向运行，其额定转速应符合具体规格电动机专用技术标准(或设计)要求。

(2)试验实施程序。

①伺服电动机应按照规定装配至伺服电动机综合测试台上，由伺服控制单元驱动电动机运行。

②测试台驱动电动机以额定转速运行，然后在电动机的输出端逐渐增加负载。

③在电动机温升满足要求的前提下，测量并记录电动机在转速值。

④试验过程中实时观察伺服电动机的状态。

14. 最高允许转速试验

(1)试验要求。

电动机在断续工作区的最高允许转速应符合具体规格电动机专用技术标准(或设计)要求。

(2)试验实施程序。

①伺服电动机应按照规定装配至伺服电动机综合测试台上，由伺服控制单元驱动电动机运行。

②测试台驱动电动机以最高转速运行，然后在电动机的输出端逐渐增加负载至最高转速下运行时的最大转矩值。

③在电动机温升满足要求的前提下，测量并记录电动机在转速值。

④试验过程中实时观察伺服电动机的状态。

15. 最大堵转转矩试验

(1)试验要求。

电动机的最大堵转转矩应符合具体规格电动机专用技术标准(或设计)要求。

(2)试验实施程序。

①伺服电动机应按照规定装配至伺服电动机综合测试台上,由伺服控制单元驱动电动机运行。

②在断续工作区通过测试台对电动机施加最大堵转转矩,使电动机处于堵转状态(或以某一设定低速运行)并在最大堵转转矩下运行 5 s。

③测量并记录电动机的绝缘电阻和反电动势常数。

④试验过程中实时观察伺服电动机的状态。

16. 连续堵转转矩(零速转矩)试验

(1)试验要求。

电动机的零速转矩应符合具体规格电动机专用技术标准(或设计)要求。

(2)试验实施程序。

①伺服电动机应按照规定装配至伺服电动机综合测试台上,由伺服控制单元驱动电动机运行。

②对电动机施加连续堵转矩,使电动机在堵转状态下运行,测量伺服电动机的温升,记录测量值。

③试验过程中实时观察伺服电动机的状态。

17. 连续堵转电流试验

(1)试验要求。

电动机的连续堵转电流应符合具体规格电动机专用技术标准(或设计)要求。

(2)试验实施程序。

①伺服电动机应按照规定装配至伺服电动机综合测试台上,由伺服控制单元驱动电动机运行。

②电动机在连续堵转状态下施加零速转矩运行。

③电动机达到稳定温升后,测量并记录电动机连续堵转的电流。

④试验过程中实时观察伺服电动机的状态。

18. 工作区试验

(1)试验要求。

电动机的工作区由连续工作区和断续工作区组成,具体规格电动机的工作区由其专用技术标准(或设计)要求规定。

(2)试验实施程序。

①伺服电动机应按照规定装配至伺服电动机综合测试台上,由伺服控制单元驱动电动机运行。

②连续工作区试验:

a. 电动机以零速 n_0 运行,即电动机堵转,测试台对电动机施加对应的最大负载转矩,测量并记录电动机温升。

b. 电动机以恒转矩输出转速范围内的最高转速点 n_N(或 $0.75n_{max}$)运行,测试台对电动机施加对应的最大负载转矩,测量并记录电动机温升。

c. 电动机以最高转速 n_{max} 运行，测试台对电动机施加对应的最大负载转矩，测量并记录电动机温升。

③断续工作区试验：

a. 电动机按设计规定的短时工作时间和短时允许的过载倍数工作。

b. 电动机以转速 n_0 运行，测量并记录电动机温升。

c. 电动机以转速 n_{max} 运行，测量并记录电动机温升。

④试验过程中实时观察伺服电动机的状态。

19. 转矩波动率试验

(1)试验要求。

电动机的转矩波动率应小于等于规定的限值(限值一般为 3% ~7%)，具体规格电动机的转矩波动率由其专用技术标准(或设计)规定。

(2)试验实施程序。

①伺服电动机应按照规定装配至伺服电动机综合测试台上，由伺服控制单元驱动电动机运行。

②伺服控制单元开环控制电动机电流。电动机以 1/2 连续堵转电流及 10%最高允许转速稳定运行。

③对电动机施加连续工作区中规定的该转速下允许的最大转矩。

④实时测量并记录电动机转动一周过程中电动机的输出转矩。

⑤计算伺服电动机的转动波动率，计算方法见式(5.5)。

⑥试验过程中实时观察伺服电动机的状态。

20. 超速运行试验

(1)试验要求。

电动机应承受为最高允许转速 120%的空载超速运行，运行时间为 2 min。空载超速运行试验后，电动机转子不应发生影响性能的有害变形。

(2)试验实施程序。

①伺服电动机应按照规定装配至伺服电动机综合测试台上，电动机空载运行。

②测试台拖动电动机，使电动机转速升至最高允许转速的 120%。运行时间不少于 2 min。

③试验过程中实时观察并记录伺服电动机的状态。

④试验后，观察并记录电动机转子的状态。

21. 寿命试验

(1)试验要求。

电动机应能承受 3 000 h 的寿命试验。“寿命”含义为“由制造厂保证电动机的最低限度无故障持续工作期限”。试验后检查电动机的额定转速及额定转矩，其值应分别符合电动机额定转速和额定转矩的要求。

(2)试验实施程序。

①伺服电动机应按照规定装配至伺服电动机综合测试台上。

②伺服电动机以 1/2 额定转速和 1/2 额定功率运行，按表 5.6 中的电动机寿命试验参数进行试验。

③试验过程中实时观察并记录伺服电动机的状态。

④试验后，检测并记录电动机的额定转速及额定转矩。

表 5.6　电动机寿命试验参数

机座号	安装位置	试验时间分配/h
≤130	向上、向下、水平	向上、向下、水平各 1 000
>130	水平	3 000

5.2.6　试验结果评价

5.2.5 节中所述的伺服电动机特性的试验结果若满足各自的试验要求，则认为伺服电动机的相关特性是符合要求的。

例如，某品牌伺服电动机的技术手册中规定定子绕组电阻的最大偏差为额定值的±10%，额定转矩的最大偏差为额定值的±7.5%。按照 5.2.5 节中的试验方法进行定子绕组电阻和额定转矩试验，根据试验数据进行结果评价。若定子绕组电阻和额定转矩的测量结果偏差在规定的最大偏差范围内，则认为伺服电动机的定子绕组和额定转矩是符合要求的。若定子绕组电阻和额定转矩的测量结果偏差大于规定的最大偏差，则认为伺服电动机的定子绕组和额定转矩是不符合要求的。

第6章

测量不确定度的评定

6.1 基本概念

由于测量误差的存在，导致测量结果不能定量表示，具有不确定性。测量不确定度是根据所用的信息表征被赋予测量量值分散性的非负参数，是与测量结果相联系的参数。它是测量结果质量的指标，表示对测量结果不能肯定的程度，也可表示对测量结果的可信程度。不确定度越小，则表示测量结果的质量越高，测量水平越高，其使用价值越大。不确定度越大，则表示测量结果的质量越低，测量水平越低，其使用价值越小。利用测量不确定度来定量评定测量水平或质量，是误差理论发展的一个重要成果。

国家标准《测量不确定度评定和表示》(GB/T 27418—2017)以起草法修改采用国际标准 *Uncertainty of measurement* — *Part* 3：*Guide to the expression of uncertainty in measurement*(ISO/IEC GUIDE 98-3:2008)，两者在技术方面没有差异，只是在结构上有部分调整。该国家标准规定了测量不确定度评定和表示的通用规则，适用于从生产车间到基础研究等多个领域的各种准确度水平的测量，包括：

(1)生产过程中利用测量活动进行的质量控制和质量保证。

(2)法律和法规中涉及的测量结果的符合性判定。

(3)科学和工程领域的基础研究、应用研究和开发工作中的测量活动。

(4)为溯源国家测量标准，对测量标准和仪器进行的校准。

(5)研制、保存及对比国际和国家物理测量标准，包括标准物质。

测量结果仅仅是被测量的近似估计，完整的测量结果应当附有定量的不确定度说明。

6.2 评定前的准备工作

6.2.1 数学模型的建立

应根据测量方法和原理,明确测量过程中对测量结果有贡献的所有分量,包括环境、人员、设备、方法等诸多方面。

依据检测标准和方法,建立数学模型,构建计算公式,并按式(6.1)(6.2)计算灵敏系数 c_i:

$$y=f(x_1,x_2,\cdots,x_n) \tag{6.1}$$

$$c_i=\frac{\partial y}{\partial x_i} \tag{6.2}$$

在建立数学模型时尽可能使各分量互不相关,否则在标准不确定度合成时要引入相关函数分量,计算较复杂。

6.2.2 测量不确定度的来源分析

结合检测项目,分析对检测结果有重要影响的量,测量不确定度的来源主要如下。

(1)被测量的定义不完整。

(2)复现被测量的测量方法不理想。

(3)取样的代表性不够,即被测样本不能代表所定义的被测量。

(4)环境的影响。

(5)读数误差的影响。

(6)测量仪器性能的局限性。

(7)测量标准或标准物质的不确定度。

(8)引用的数据或其他参量的不确定度。

(9)测量方法和测量程序的近似和假设。

(10)在相同条件下,被测量在重复观测中的变化。

在进行来源分析时,应以数学模型为基础,做到不遗漏、不重复。

6.3 标准不确定度的评定

6.3.1 定义

用标准偏差来表示的测量不确定度,称为标准不确定度。标准不确定度按评定方法的不同分为两类:A 类评定和 B 类评定。

A 类评定是用对观测列进行统计分析的方法,来评定标准不确定度。观测列,即通

过重复性或复现性试验取得的一组或多组测量数据。只要条件允许，都可以采用 A 类评定。A 类评定以重复性或复现性试验获得的数据为基础，客观性强，可信度高。在做重复性或复现性试验时，要充分考虑各个分量对不确定度产生的作用。

B 类评定是用不同于对观测列进行统计分析的方法估计概率分布或基于分布假设所评定的标准差来确定标准不确定度。在没有条件进行 A 类评定的情况下，可以考虑用 B 类评定。B 类评定本质上还是离不开统计分析，只不过这种统计分析，不是通过评定者重复试验获得，而是基于他人的统计分析结果或者理论推算。

B 类评定在不确定度评定中占有重要地位。有的不确定度无法用统计法来评定，或者虽可用统计法，但在经济上不可行。因此，在实际工作中采用 B 类评定的情况居多。但 B 类评定主观性较强，可信度与评定者的能力、经验等有较大关系。

应根据对不确定度分量来源的分析和获取信息的方式，确定采用的评定方式。通常，不管是 A 类评定还是 B 类评定，每个不确定度分量都应包含数值大小、分布特征和自由度 3 个方面的信息。

6.3.2　A 类评定

下面以单个不确定度分量为例，对标准不确定度的 A 类评定进行说明。

1. 获取观测列

按设定的条件和方法进行重复性或复现性试验，获得一组单个不确定分量相关的观测值序列 $x_k(k=1,2,\cdots,n)$。

2. 评定方法

下面介绍两种常用的标准不确定度的 A 类评定方法。

(1) 贝塞尔公式法。

该方法是标准不确定度 A 类评定的基本方法。

① 对观测值序列进行数值计算。

这组观测值的最佳估计值，即算数平均值为

$$\bar{x}=\frac{\sum_{k=1}^{n}x_k}{n} \tag{6.3}$$

当用单次测量值作为被测量 x 的估计值时，标准不确定度为单次测量值的标准偏差：

$$u(x)=s(x)=\sqrt{\frac{\sum_{k=1}^{n}(x_k-\bar{x})^2}{n-1}} \tag{6.4}$$

当用测量值的平均值作为被测量 x 的估计值时，标准不确定度为测量值的平均值标准偏差：

$$u(\bar{x})=s(\bar{x})=\sqrt{\frac{\sum_{k=1}^{n}(x_k-\bar{x})^2}{n(n-1)}}=\frac{s(x)}{\sqrt{n}} \tag{6.5}$$

② 一般认为符合正态分布特征。

③ 自由度为 $n-1$。

(2) 极差法。

① 对观测值序列进行数值计算。

单次独立观测值的标准偏差:

$$u(x)=s(x)=\frac{R}{C} \tag{6.6}$$

测量值平均值的标准偏差:

$$u(\bar{x})=\frac{s(x)}{\sqrt{n}} \tag{6.7}$$

式中 R—— 多个测量值中最大值与最小值之差;

C—— 极差系数,见表 6.1。

表 6.1 极差系数

测量次数 n	2	3	4	5	6	7	8	9
极差系数 C	1.13	1.64	2.06	2.33	2.53	2.70	2.85	2.97
自由度 ν	0.9	1.8	2.7	3.6	4.5	5.3	6.0	6.8

② 使用极差法的前提是观测值 x_k 接近正态分布。

③ 自由度见表 6.1。

6.3.3 B类评定

1. 信息来源

标准不确定度的B类评定是基于具有评定可靠性的相关信息开展的。由于B类评定主要依赖于以往的信息、相关的技术资料、经验等,因此B类评定往往表现出较多的“经验性”,这种现象在B类不确定度分量自由度的评估方面表现得尤为突出。

B类评定的信息的来源主要如下。

(1) 以前的测量数据。

(2) 对有关材料和仪器特性的经验或了解。

(3) 生产厂提供的技术说明文件。

(4) 校准证书或其他证书提供的数据。

(5) 手册给出的参考数据的不确定度。

(6) 检定规程、校准规范或测试标准中给出的数据。

若能合理使用所得到的信息,则标准不确定度的B类评定可以和A类评定一样可靠。

2. 评定方法

(1) 数值计算。

对不确定度分量进行B类评定主要依赖于对测量值的置信区间可能的变化范围及其遵守的分布特征的正确理解。B类评定,最佳估计值为

$$u(x)=\frac{a}{k} \tag{6.8}$$

式中　a—— 置信概率 P 的分布区间半宽；

k—— 各分布的包含因子，表 6.2、表 6.3。

表 6.2　正态分布的特征参数

$P/\%$	50	68.27	90	95	95.45	99	99.73
k	0.676	1	1.645	1.960	2	2.576	3

表 6.3　常用分布的特征参数(除正态分布)

分布类别	$P/\%$	k
矩形(均匀)	100	$\sqrt{3}$
三角	100	$\sqrt{6}$
反正弦	100	$\sqrt{2}$

当估计值取自有关资料，所得到的测量不确定度 U_x 为标准差的 k 倍时，其标准不确定度为

$$u(x)=\frac{U_x}{k} \tag{6.9}$$

(2) 分布特征。

采用 B 类评定时需根据实际情况进行分析，对测量值进行一定的分布假设。当测量估计值受多个独立因素影响且影响大小相近时，则假设该测量值为正态分布。若根据信息，已知估计值 x 落在区间 $(x-a,x+a)$ 内的概率为 1 且在区间内各处出现的机会相等，则 x 服从均匀分布。当估计值 x 受到两个独立且皆具有均匀分布的因素影响时，x 服从在区间 $(x-a,x+a)$ 内的三角分布。另外还有的估计值 x 服从在区间 $(x-a,x+a)$ 内的反正弦分布。这些分布的特征参数见表 6.2、表 6.3。

(3) 自由度。

通过估计 B 类评定的标准不确定度 $u(x)$ 的相对标准差来确定自由度，自由度定义为

$$\nu=\frac{1}{2\left(\dfrac{\sigma_{u(x)}}{u(x)}\right)^2} \tag{6.10}$$

式中　$\sigma_{u(x)}$—— 标准差；

$\dfrac{\sigma_{u(x)}}{u(x)}$—— 相对标准差。

自由度与相对标准差的关系见表 6.4。

表 6.4　自由度与相对标准差的关系

$\dfrac{\sigma_{u(x)}}{u(x)}$	0	0.10	0.20	0.25	0.3	0.40	0.50
ν	∞	50	12	8	6	3	2

6.4 合成标准不确定度的评定

6.4.1 定义

当测量结果是由若干输入量共同作用的输出时,通过合成的方法计算输出量的标准不确定度,称为合成标准不确定度。采用A类评定和B类评定获得的标准不确定度,仅是评定方法不同,二者同等重要,作用相同,均应参加合成不确定度的评定。

进行标准不确定的合成时,应保证各分量既不重复也不被遗漏。某些影响很小的分量可以忽略,但应对这种情况进行说明。

6.4.2 评定方法

评定合成标准不确定度时,应分析各种影响因素与测量结果的关系,准确评定各不确定度分量,然后再进行合成标准不确定度计算。

合成标准不确定度主要从数值、分布特征和自由度3个方面进行合成。

1. 数值的合成

测量结果的合成标准不确定度等于各输入分量方差值与协方差估计值平方和的正平方根,用 $u_c(y)$ 表示,计算公式为

$$u_c(y)=\sqrt{\sum_{i=1}^{N}\left(\frac{\partial f}{\partial x_i}\right)^2 u^2(x_i)+\sum_{i=1}^{N-1}\sum_{j=i-1}^{N}\frac{\partial f}{\partial x_i}\frac{\partial f}{\partial x_j}u(x_i,x_j)}=\sqrt{\sum_{i=1}^{N}c_i^2u^2(x_i)+r} \tag{6.11}$$

其中,c_i 为 x_i 输入分量变化的灵敏系数,$c_i=\dfrac{\partial f}{\partial x_i}$,其有时不是通过函数计算得到,而是通过试验来确定。r 值与相关项有关,当输入量之间相关时,需要计算 r 值。

2. 分布特征的合成

一般认为合成标准不确定度服从正态分布。

3. 自由度的合成

合成标准不确定度的有效自由度为

$$\nu_{\text{eff}}=\frac{u_c^4(y)}{\sum_{i=1}^{N}\frac{u_i^4(y)}{\nu_i}} \tag{6.12}$$

6.5 扩展不确定度的评定

6.5.1 定义

在某些商业、工业和法规的应用中,以及涉及健康和安全时,常常有必要提供不确定度度量,也就是给出测量值的区间,并期望该区间包含了能合理赋予被测量值分布的大部

分。这种不确定度称为扩展不确定度。

6.5.2　评定方法

扩展不确定度是由合成标准不确定度 $u_c(y)$ 乘以包含因子 k 获得，即

$$U = k \cdot u_c(y) \tag{6.13}$$

一般直接取 $k=2$（可理解为相当于95％的概率）或 $k=3$（可理解为相当于99％的概率）。或者从 t 分布表中查得 $t_p(\nu_{eff})$ 值，包含因子 $k=t_p(\nu_{eff})$。t 分布的 $t_p(\nu_{eff})$ 值见表 6.5。

表 6.4　t 分布的 $t_p(\nu_{eff})$ 值

自由度 ν_{eff}	$t_p(\nu_{eff})$		
	$P=90\%$	$P=95\%$	$P=99\%$
1	6.31	12.71	63.66
2	2.92	4.30	9.92
3	2.35	3.18	5.84
4	2.13	2.78	4.60
5	2.02	2.57	4.03
6	1.94	2.45	3.71
7	1.89	2.39	3.50
8	1.86	2.31	3.36
9	1.83	2.26	3.25
10	1.81	2.23	3.17
11	1.80	2.20	3.11
12	1.78	2.18	3.05
13	1.77	2.16	3.01
14	1.76	2.14	2.98
15	1.75	2.13	2.95
16	1.75	2.12	2.92
17	1.74	2.11	2.90
18	1.73	2.10	2.88
19	1.73	2.09	2.86
20	1.72	2.09	2.85
25	1.71	2.06	2.79
30	1.70	2.04	2.75
35	1.70	2.03	2.72
40	1.68	2.02	2.70
45	1.68	2.01	2.69
50	1.68	2.01	2.68
100	1.66	1.984	2.626
∞	1.645	1.960	2.576

6.6 测量不确定度的评定

6.6.1 评定步骤

测量不确定度的评定步骤如下。

(1)确定被测量和测量方法。测量方法包括测量原理、测量仪器以及测量和数据处理程序等。

(2)建立满足测量不确定度评定所需的数学模型,并找出所有影响测量不确定度的输入量。

(3)确定各输入量的标准不确定度评定方式,计算其标准不确定度。

(4)计算合成标准不确定度。

(5)确定包含因子,计算扩展不确定度。

(6)给出测量不确定度报告。

6.6.2 不确定度报告

对测量不确定度进行分析并评定后,应形成测量不确定度报告。报告应提供被测量的估计值、测量不确定度以及有关的信息。报告应尽可能详细,以便使用者可以正确地利用测量结果。

在报告基础计量学研究、基本物理常量测量、复现国际单位制单位的国际比对测量结果时,测量不确定度用合成标准不确定度表示。不确定度报告应提供合成标准不确定度及自由度。

除了上述规定或有关各方规定采用合成标准不确定度外,在报告测量结果时通常采用扩展不确定度。当涉及工业、商业及健康和安全方面的测量时,如果没有特殊要求,一律报告扩展不确定度。不确定度报告应提供扩展不确定度,并说明所依据的合成标准不确定度、自由度、置信概率和包含因子。

测量不确定度报告一般应包含以下内容。

(1)被测量的测量模型。

(2)不确定度来源。

(3)输入量的标准不确定度及其评定方法和评定过程。

(4)灵敏系数。

(5)输出量的不确定度分量,必要时给出各分量的自由度。

(6)对所有相关的输入量给出其协方差或相关系数。

(7)合成不确定度及其计算过程,必要时给出有效自由度。

(8)扩展不确定度及其确定方法。

(9)报告测量结果,包括被测量的估计值及其测量不确定度。

第7章

工业机器人机械安全评估

7.1 机械安全标准

ISO 机械安全标准化技术委员会(ISO/TC 199)和我国的机械安全标准技术委员会(SAC/TC 208)都将机械安全标准分为 A、B、C 三类。

(1)A 类标准。

A 类标准也称为基础安全标准,该类标准给出了适用于所有机械的基本概念、设计原则和一般特征。例如,《机械安全　设计通则　风险评估与风险减小》(GB/T 15706—2012)即属于 A 类标准。

(2)B 类标准。

B 类标准也称为通用安全标准,该类标准涉及机械一种安全特征或使用范围较宽的一类安全装置。该类标准又分为 B1 和 B2 两类。

①B1 类标准。

B1 类标准为特定的安全特征(如安全距离、表面温度、噪声)标准。例如,《机械安全　防止上下肢触及危险区的安全距离》(GB/T 23821—2009)即属于 B1 类标准。

②B2 类标准。

B2 类标准为安全装置(如双手操控装置、联锁装置、压敏装置、防护装置)标准。例如,《机械安全　防护装置　固定式和活动式防护装置的设计与制造一般要求》(GB/T 8196—2018)即属于 B2 类标准。

(3)C 类标准。

C 类标准也称为机械安全标准,该类标准对一种特定的机械或一组机械做出详细的安全要求规定。本章节重点介绍的标准《工业环境用机器人　安全要求　第1部分：机器人》(GB 11291.1—2011)即属于C类标准。

7.2　机械风险评估

7.2.1　风险评估流程

风险评估包括风险分析和风险评价，是风险分析、风险减小、风险评价不断迭代的过程，其流程图如图7.1所示。风险分析是指通过确定机械限制，进行危险识别和风险估计，进而确定伤害可能达到的严重程度和伤害发生的概率。风险评价则是以风险分析为基础，判断是否已经达到减小风险的目标。

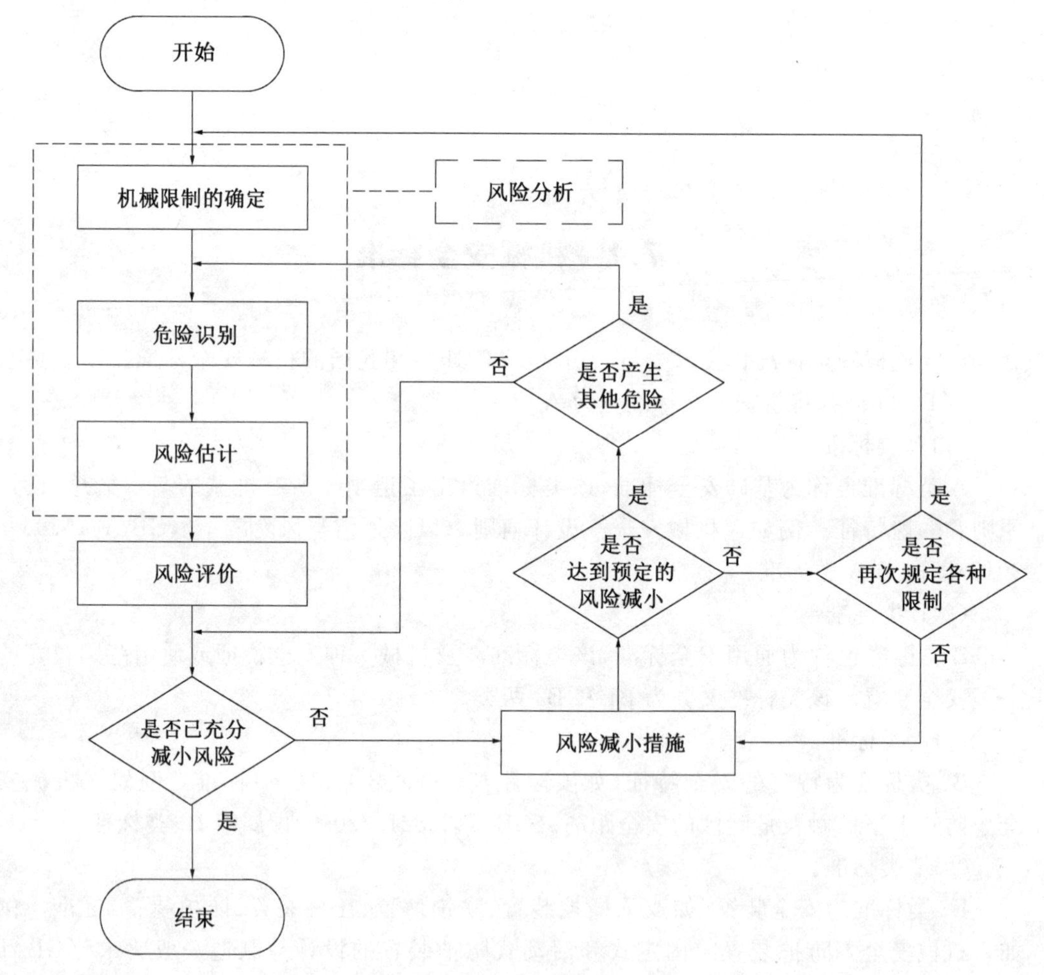

图7.1　风险评估流程图

7.2.2 风险分析

1. 机械限制的确定

机械限制主要包括使用限制、空间限制、时间限制及其他限制（如被加工物料特性、环境等）等方面。

机械限制的确定，主要从机械的功能以及如何使用机械完成工作任务（即机械的使用）两方面进行考虑。

（1）机械的功能。

机械功能方面的限制确定，主要从机械机构、零部件的各个操作模式和使用阶段的功能进行考虑。当采用风险减小措施时，也应考虑其功能及与机械其他功能之间的相互作用。

（2）机械的使用。

机械使用方面的限制确定，应从在给定环境下（例如工厂）预定与机械相互作用的所有人员、根据与机械预定使用和可合理预见的误用相关任务这两方面进行考虑。

2. 危险识别

危险识别的目的是形成一份危险状态和（或）危险事件的清单。风险估计、风险减小和风险评价都是以识别的危险为对象。

常用的危险识别方法有自上而下法和自下而上法，如图 7.2 所示。

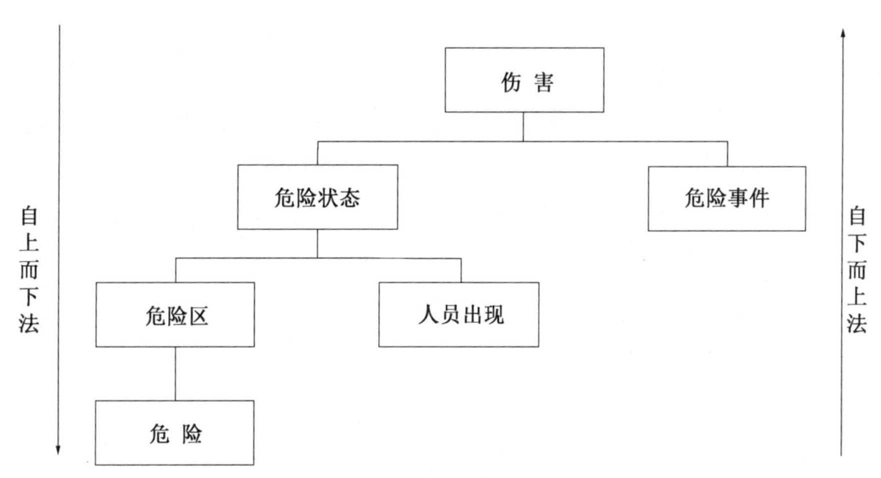

图 7.2　自上而下法和自下而上法

自上而下法是以潜在的后果（例如割破、挤压）的核查清单为起点，确定引起伤害的危险。

自下而上法是以检查所有的危险为起点，考虑在所确定的危险状态下所有可能出错的途径（例如机械故障或意外动作、人为差错）及其导致伤害的方式。自下而上法比自上而下法更全面彻底，但需要的时间可能也更多。

3. 风险估计

风险估计的两个主要风险要素是危险事件可能造成伤害的严重程度和该严重程度的伤害可能发生的概率。

常用的有效的风险估计方法有风险矩阵法、风险图法和数值评分法。下面以风险图法为例进行说明。

风险图法是以决策树为基础,每个节点代表一个风险参数(如严重程度,暴露、危险事件发生的概率,避免的可能性等),节点的每个分支代表参数的一个等级(如轻微程度或严重程度)。对于每个危险状态,每个参数都分配一个等级。

风险图法涉及以下 4 个风险要素参数。

(1)伤害的严重程度 S。

①S1:轻微伤害,通常能恢复。例如,擦伤、裂伤、划伤等需要急救的轻伤等。

②S2:严重伤害,通常不能恢复,包括死亡。例如,肢体被切断、撕裂或挤压,骨折,需要缝线的严重伤害,严重的骨骼损伤等。

(2)暴露于危险的频率和(或)持续时间 F。

①F1:偶发到经常和(或)持续时间短的暴露。每个工作班次不超过 2 次或每个工作班次累计暴露时间不超过 15 min。

②F2:频繁到连续和(或)持续时间长的暴露。每个工作班次超过 2 次或每个工作班次累计暴露时间超过 15 min。

(3)危险事件发生的概率 O。

①O1:低(不可能,可以假定不可能发生),通常是指在安全应用方面得到证实和公认的成熟技术。

②O2:中(可能有时发生),通常是指最近两年内观察到的技术故障,或由经过良好培训,知晓风险,岗位工作经验超过 6 个月的人员做出的不恰当操作。

③O3:高(可能频繁发生),通常是指经常观察到的技术故障(每 6 个月或更短),或未经过培训,岗位工作经验不足 6 个月的人员做出的不恰当操作。

(4)规避或减小伤害的可能性 A。

① A1:某种情况下可能。

a. 零部件的移动速度小于 0.25 m/s,被暴露的工人熟悉风险,而且对危险状态或即将发生的危险事件有警示,也能够对危险状况引起注意并能够做出反应。

b. 取决于特定条件(温度、噪声、人类功效学等)。

②A2:不可能。

风险图法示例如图 7.3 所示。其中,每个危险状态都分配一个风险指数,指数越高说明风险越大。

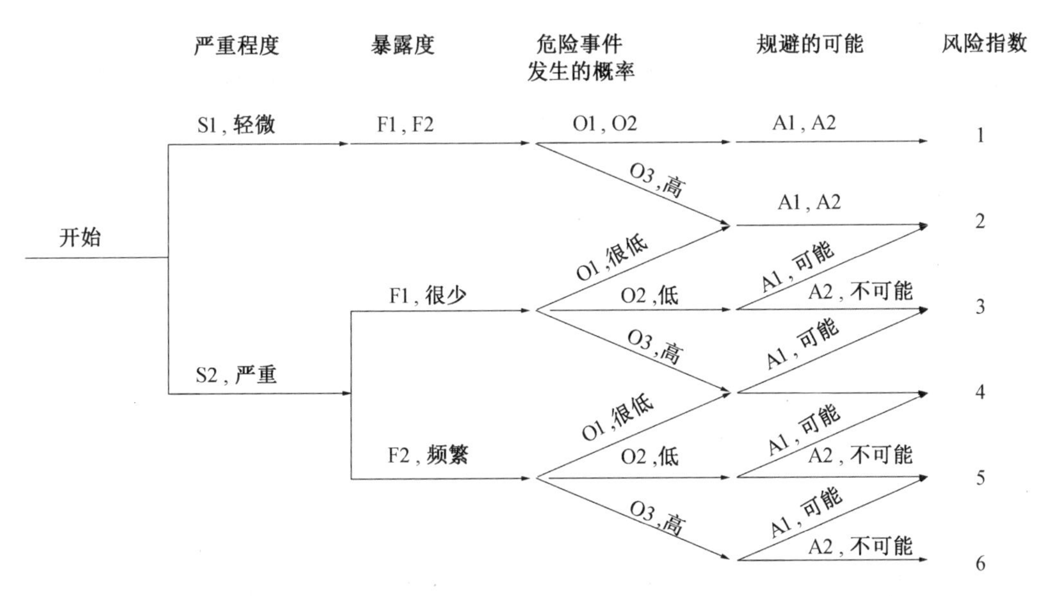

图 7.3　风险图法示例

7.2.3　风险减小

风险减小的措施主要包括本质安全设计、安全防护及补充保护措施和使用信息 3 个方面。

1. 本质安全设计

本质安全设计是通过适当选择机器的设计特性和(或)暴露人员与机器的相互作用来消除危险或减小风险，是风险减小的首要措施。

本质安全设计通常从以下方面进行着手。

(1)考虑几何因素和物理特性。

(2)考虑机械设计的通用技术知识。

(3)选择适用技术。

(4)采用直接机械作用原则。

(5)稳定性的规定。

(6)维护性的规定。

(7)遵循人类功效学原则。

(8)电气危险。

(9)气动与液压的危险。

(10)对控制系统应用本质安全设计措施。

(11)最大程度降低安全功能失效的概率。

(12)通过设备的可靠性限制暴露于危险。

(13)通过加载/卸载操作的机械化或自动化限制暴露于危险。

(14)将设定和维护点的位置放在危险区之外来限制暴露于危险。

2. 安全防护及补充保护措施

当通过本质安全设计无法合理消除危险或充分减小风险时，应使用防护装置和保护装置来保护人员，乃至必要时采取补充保护措施。

(1)防护装置的作用是实现与危险事件在物理上的隔离，主要包括：

①固定式防护装置。

②活动式防护装置。

③可调式防护装置。

④带启动功能的联锁防护装置。

(2)保护装置的选择或设计以及与控制系统的配合，应保证能正确执行其安全功能。保护装置的类型主要有：

①光幕。

②扫描装置。

③压敏装置。

④边沿开关。

(3)补充保护措施包括但不限于以下方面：

①实现紧急停止功能的组件或元件。

②被困人员逃生和救援措施。

③隔离和能量耗散的措施。

④提供方便且安全搬运机械及其重型零部件的装置。

⑤安全进入机器的措施。

3. 使用信息

使用信息应包含确保安全和正确使用机器所需的各项指南，告知或警示剩余风险。该信息应涉及机器的运输、装配和安装、试运转、使用(如操作、故障查找和维护等)以及必要的拆卸、停用和报废等过程。

7.2.4 风险评价

风险评价的目的是确定哪些危险状态需要进一步减小，确定是否达到所要求的风险减小且未引入进一步的危险或增加其他风险。如果风险评价后采取了风险减小措施，则应重新进行风险评估迭代过程以验证其是否能有效减小风险。

7.3 工业机器人安全要求

7.3.1 概述

国家标准《工业环境用机器人　安全要求　第1部分：机器人》(GB 11291.1—2011)规定了工业机器人的基本安全设计、防护措施以及使用信息的要求和准则，描述了工业机

器人相关的基本危害情况，并提出了消除或充分减小这些危险的要求。

国际标准 GB 11291.1—2011 等同采用 ISO 10218-1:2006 标准。ISO 机械安全标准化技术委员会已更新该标准，现行有效的标准号为 ISO 10218-1:2011。

下面主要介绍国家标准 GB 11291.1—2011 对工业机器人的安全要求，同时对标准 ISO 10218-1:2011 中与其不同的部分也会进行说明。

7.3.2　工业机器人的危险识别

标准 GB 11291.1—2011 的附录 A 对工业机器人可能出现的主要危险进行了说明，具体见表 7.1。标准 GB 11291.1—2011 中对工业机器人的安全要求，主要是通过风险减小措施处理这些危险得到的。

表 7.1　工业机器人主要危险

序号	类型	描述	相关危险区域	相关危险状况示例
1	机械危险	压碎	限定空间	机器人手臂或附加轴的任一部件的运动(正常或奇异)
2		剪切	配套设备的周围	附加轴的运动
3		切割或切断	限定空间	产生剪切动作的移动或旋转
4		缠结	限定空间	腕部或附加轴的旋转
5		拉入或陷进	限定空间近处的固定物体周围	机器人手臂和任何固定物体之间
6		冲撞	限定空间	机器人手臂的任一部件的运动(正常或奇异)
7	电气危险	人与带电部件的接触(直接接触)	电气控制柜、终端箱、机器上的控制面板	与带电部件或连接件的接触
8	设计过程中由于忽视人体工程学原理而导致的危险	不健康的姿势或过度用力(反复用力)	示教盒	不良设计的示教盒
9		对手臂或腿脚在解剖学上的考虑不足	在装/卸工件和安装或设置工具处	控制装置的不合适位置
10		手动控制装置的设计、位置及标识不当	位于或接近机器人单元处	控制装置的无意操作
11		视觉显示单元的设计或位置不当	位于或接近机器人单元处	对显示信息的误解

续表 7.1

序号	类型	描述	相关危险区域	相关危险状况示例
12	意外启动、意外超限运动/超速	能源的故障/紊乱	位于或接近机器人单元处	对机器人附加轴的机械危害
13		能源中断后的恢复	位于或接近机器人单元处	机器人或附加轴的意外运动
14		对电气设备的外部影响	位于或接近机器人单元处	因电磁干扰产生的电控装置的不可预见行为
15		电源故障(外部电源)	位于或接近机器人单元处,其中机器人部件是通过应用电能或液压维持安全状态的	因机器人手臂制动的释放引起的控制失效。制动的释放导致机器人部件在残余力(惯性力、重力、弹性/储能装置)的作用下意外运动
16		控制电路故障(硬件或软件)	位于或接近机器人单元处	机器人或附加轴的意外运动
17		机器失稳或翻转	位于或接近机器人单元处	无约束的机器人或附加轴(它们靠重力保持其位置)跌落或翻倒

7.3.3 设计要求及保护措施

1. 验证与确认方法

标准 GB 11291.1—2011 规定的要求不涉及明显的危险(如锋利的边缘)。

通过以下方式对工业机器人及其系统,与标准要求的符合性进行验证。

(1)视觉检查。

(2)实际试验。

(3)测量。

(4)在操作中观察。

(5)分析电路图。

ISO 10218-1:2011 增加了如下验证方式:

(1)审查设计资料和专用图纸。

(2)审查基于任务的风险评估文件。

(3)审查使用信息和说明书。

2. 通用要求

(1)动力传递部件。

应使用固定或移动的防护装置来预防电动机轴、齿轮、传动带或链等部件造成的危险。移动的防护装置与危险运动应互锁,使危险运动在危害发生前停止。互锁系统的安全性能应符合 GB 11291.1—2011 中规定的功能安全要求,该功能安全部分在 7.3.3 节

4.部分中详细介绍。

(2)动力损失或变化。

动力的损失或变化不应造成危险。重新启动电源，不应导致工业机器人运动。末端执行器的设计和制造应确保电气、液压、气动或真空动力发生损失或变化时，都不会造成危险，否则应提供其他安全防护措施防止危险发生。工具变更系统的设计与安装应确保工具只能在指定地点释放，且工具的释放不应造成危险。

(3)部件故障。

机器人部件的设计、制造、保护或装箱应确保因损坏或松动或释放储能造成的危险最小。

(4)能源。

应提供隔绝任何电能、机械能、液压能、气动能、热能、势能、动能或其他危险能源的方法。这种方法应具有锁定能力或在断开能源的地方有保护能力。

以隔绝电能为例，可以采用带锁定功能的断路器作为工业机器人的电源开关。

(5)储能。

应提供使储存的危险能量受控释放的措施，并应以标签来标识储能的危险。储能器可以是气压和液压蓄压器、电容器、电池、弹簧、平衡飞轮等。

(6)电磁兼容性。

机器人的设计和制造应符合 GB/T 17799 系列的要求。

需要说明的是，GB 11291.1—2011 中的这项规定是采用 ISO 10218-1:2006 的要求。目前，国家标准《工业、科学和医疗机器人　电磁兼容　发射测试方法和限值》(GB/T 38336—2019)和《工业、科学和医疗机器人　电磁兼容　抗扰度试验》(GB/T 38326—2019)进一步明确了对工业机器人的电磁兼容性的要求。

(7)电气设备。

机器人电气设备的设计和制造应符合标准 GB/T 5226.1—2019 的要求。

标准 GB/T 5226.1—2019 规定的是机械电气设备的电气安全的通用技术要求，标准 GB/T 5226.7—2020 对工业机器人产品的电气安全提出了进一步的要求。

3. 致动控制

致动，顾名思义，就是导致动作。

致动控制装置应备有标签，能明确其功能，并且能防止被意外操作和指示自身状态。

机器人控制系统的设计与制造，应确保控制装置控制下的机器人不能被其他控制源启动运动或改变其控制方式，即工业机器人应单点控制，同一时刻只有一个控制源。

4. 与安全相关的控制系统性能(软件/硬件)

标准 GB 11291.1—2011 和 ISO 10218-1:2011 二者一个主要的区别是对与安全相关的控制系统的性能要求不同。

(1)标准 GB 11291.1—2011 的性能要求。

①通常，与安全相关的控制系统应满足标准 GB/T 16855.1—2018 中规定类别 3 的要求。

②若对机器人及其预期应用进行综合风险评估,确定针对该应用需要的与安全相关的控制系统的性能要求是类别 2 或者类别 4,则以该性能要求为准。关于功能安全类别的相关信息参见 GB/T 16855.1—2018。

(2)标准 ISO 10218-1:2011 的性能要求。

①通常,与安全相关的控制系统应满足标准 ISO 13849-1:2015 中规定的类别 3,PL 等级为 d 的要求,或者满足 IEC 62061—2021 中规定的 SIL2 等级的要求。

②若对机器人及其预期应用进行综合风险评估,确定针对该应用需要的与安全相关的控制系统的性能要求不是上述①的要求时,则以该性能要求为准。

5.停止功能

停止功能按类别分为类别 0,类别 1 和类别 2。

类别 0:通过立即切断供给工业机器人的电源来实现停止,也就是停止不受控制。

类别 1:受控制的停止,供给工业机器人执行机构的电源一直保持,以使工业机器人逐渐停止下来。只有当工业机器人完全停止后电源才被切断。

类别 2:受控制的停止,供给工业机器人驱动装置的电源一直保持。

每台工业机器人都应有独立的急停功能和保护性停止功能。

(1)急停功能。

每个能启动机器人运动或造成其他危险状况的控制站都应有手动的急停功能。示教控制装置也应具有急停功能。该急停功能应满足以下要求。

①应为类别 0 或类别 1 的停止功能。

②应符合与安全相关的控制系统的性能要求。

③优先于机器人其他控制。

④中止所有的危险,包括由机器人控制的任何其他危险。

⑤切断机器人驱动器的驱动源。

⑥保持有效直至复位。只能手动复位,复位后不会重启,只是允许再次启动。

⑦当提供急停输出信号时,输出信号在撤除机器人动力后一直有效。如果撤除机器人动力后输出信号不起作用,应产生一个急停信号。

实现急停功能的器件应满足 GB/T 5226.1—2019 和 ISO 13850:2015 中对紧急停止器件的要求。

(2)保护性停止功能。

工业机器人应具有一个或多个保护性停止电路。保护性停止电路可由手动或控制逻辑控制,这些电路用来连接外部保护装置,上述的急停功能要求均适用于保护性停止。

ISO 10218-1:2011 对保护性停止功能有额外的要求,其要求应至少有一个类别 0 或类别 1 的保护性停止功能。除此之外的保护性停止功能可以为类别 2 的停止功能。这类停止功能不会切断工业机器人驱动装置的电源,但应在工业机器人停止后监测其停止状态。但在驱动装置处于停止监测状态时,机器人的任何意外运动或检测到的保护停止功能故障均应导致 0 类停止。对驱动装置的停止监测应符合与安全相关控制系统的性能要求。

6. 速度控制

标准 GB 11291.1—2011 和 ISO 10218-1:2011 对工业机器人速度控制的要求也有些区别。

GB 11291.1—2011 仅对降速控制进行了要求。在降速控制方式下操作工业机器人，末端执行器的安装法兰和工具中心点的速度可以低于但不应超过 250 mm/s，且不应超过降速功能的限定速度。另外，还应具有偏置功能，用于调整 TCP 速度。

除了上述的降速控制要求外，标准 ISO 10218-1:2011 还规定以下内容：

(1)当具有安全适用的降速控制时，安全级降速控制装置的设计和构造应符合与安全相关控制系统的性能要求，以保证在发生故障时，TCP 的速度不会超过降速控制的限值，并能触发保护性停止。

(2)当具有安全适用的速度监控时，监控 TCP 或轴的速度应符合与安全相关控制系统的性能要求。如果该速度超过所选限值，应触发保护停止。

7. 操作方式

(1)选择方式。

GB 11291.1—2011 要求工业机器人应采用安全的方法选择操作方式，该操作方式只使选定的方式起作用。

ISO 10218-1:2011 在这方面有进一步的要求，明确操作选择器可锁定在每个位置(例如钥匙操作开关)，且应清晰标识各位置所代表的操作方式。

另外，当采用其他方式选择操作方式时，应满足：

①明确表明所选定的操作方式。

②本身不会启动机器人运动或造成其他危险。

若该操作方式选择的输出信号用于与安全相关的应用，则该输出信号应符合与安全相关控制系统的性能要求。

(2)自动方式。

在自动方式下，工业机器人应执行任务程序，且安全措施应起作用。如果检测到任何停机条件，工业机器人应停止自动运行。切换出该模式，工业机器人应停止运动。

(3)手动降速方式。

手动降速方式应符合降速控制的要求，并允许对工业机器人进行人工干预，且有标识指示。在此方式下，不允许进行自动操作。此方式用于机器人的慢速运行、示教、编程以及程序验证等操作，也可用于机器人的某些维护任务。

有关手动降速方式，应对下列信息进行说明和警示。

①只要可能，只有所有人员在安全空间之外，才可以采用手动操作方式。

②在选择自动方式前，所有暂停的安全防护应恢复其全部功能。

除了上述要求，ISO 10218-1:2011 规定在受保护空间内手动控制机器人时，不仅要降速运行，而且还需要至少满足下列要求中的一项：

①保持运行控制和示教控制中要求的使能装置同时作用。

②仅用于程序验证时，启停控制应和示教控制中要求的使能装置同时作用。

(4)手动高速方式。

如果工业机器人具有手动高速方式,则其速度可高于 250 mm/s。

在手动高速方式下,机器人应:

①选择手动高速方式的方法应是一种审慎的操作,并应有额外的确认操作。

②在手动高速模式下,设置初始速度限值为 250 mm/s。ISO 10218-1:2011 要求此初始速度不应超过 250 mm/s。

③应具有满足示教控制要求的示教装置。该装置应配有使能装置,具有工业机器人保持运行功能。

④示教装置应能在初始值和最大编程值之间调整速度。ISO 10218-1:2011 要求这种速度调整应逐渐地、分多步进行。

⑤示教盒上可显示所调整的速度。

ISO 10218-1:2011 还要求:

①在手动高速方式下,使能装置被压紧或释放而造成使能失效后(三位置使能开关只有处于中间位置时才输出有效使能信号,开关不在中间位置则使能失效),对工业机器人重新进行使能操作,其速度应限制在初始速度。

②在使能失效后,应通过特定的操作使工业机器人恢复到使能失效之前的速度运行。若之前的使能失效为释放使能装置造成的,则这种特定的操作应最多在释放使能装置后 5 min 内有效。

③运行速度恢复和超时无效的功能是没有安全级要求的。

④工业机器人的使用信息应说明和警示,手动高速方式应尽可能在所有人员处于安全防护空间之外时进行。另外还需说明,在选择自动模式之前,任何暂停的防护装置应恢复其全部功能。

另外,ISO 10218-1:2011 规定此方式仅用于程序验证。

8.示教控制

(1)运动控制。

示教控制装置应以手动降速控制方式驱动工业机器人运动。若具有手动高速方式,则工业机器人系统应符合手动高速方式的要求。当释放示教装置上驱动工业机器人运动的所有按钮或装置时,工业机器人应停止运动。

(2)使能装置。

示教控制装置应具有三位置使能装置。该装置持续处于中间使能位置时,则允许工业机器人运动。

使能装置具有下列要求:

①使能装置可与示教控制装置集成,也可与之分离(如抓握式使能装置),并应独立于任何其他运动控制功能或装置。

②释放或按压超过使能装置的中位,应使危险(如机器人的运动)中止。该功能需符合与安全有关控制系统的性能要求。

③当在单个使能装置上使用多个使能开关(即允许左、右手交替操作)时,完全按下任何使能开关都将优先于其他开关的控制,并导致保护性停止。

④当操作一个以上的使能装置(即在安全空间内,多名操作人员均配有使能装置)时,只有每个使能装置同时处于中间使能位置时,机器人才能运动。

⑤使能装置的掉落不应触发使能信号。

⑥如果输出使能信号,则当与安全相关系统失电后,该输出信号表示一个停止条件,且该输出信号应符合与安全有关控制系统的性能要求。

标准 10218-1:2011 对使能装置增加如下要求:

①按压超过,导致偏离中间使能位置后,应完全释放使能装置。使能装置从按压过的位置回到中间位置,不应允许工业机器人运动。

②当使能装置处于中间使能位置时改变工业机器人操作方式,工业机器人应启动保护停止。在施加驱动电源前,控制系统应要求释放并重新启用使能装置。

(3)启动自动操作。

只使用示教控制装置不能启动工业机器人并使之进入自动操作方式。在启动自动操作前,应在安全空间外有一个单独的确认操作。

(4)无线示教控制。

如果示教控制装置没有连接到工业机器人控制器的电缆,则为无线示教控制器。该类示教装置应满足以下要求:

①应显示示教控制装置处于激活状态。例如,在示教控制装置的显示屏处。

②当工业机器人处于手动降速方式或手动高速方式时,通信中断应导致所有工业机器人的保护性停止。没有单独的审慎操作,通信的恢复不应使工业机器人运动重新运动。

③应通过提供适当的存储或设计,避免激活和非激活紧急停止装置之间的混淆。应使用信息对该功能进行说明。

④机器人的使用资料应注明数据通信(包括纠错)和通信中断的最长响应时间。

9. 同时运动控制

(1)单示教控制装置控制。

多台工业机器人的控制装置可以连接到同一个示教控制装置。采用这种配置时,示教控制装置可以控制一台或多台工业机器人独立运动或控制多台工业机器人同时运动。在手动方式下操作时,工业机器人系统所有的功能都应由一个示教控制装置控制。

(2)安全设计要求。

对于配置为同步运动的工业机器人,其被选中后才可以运动。

为便于选择工业机器人,所有工业机器人应处于相同的操作方式(例如手动降速方式)。被选中的工业机器人应在示教控制装置、控制柜或自身位置处有选中的指示。只有选中的工业机器人才可以运动,并且激活的工业机器人在安全空间内应有清晰的指示。

应能防止未被选中的工业机器人的非预期启动,该功能应符合安全相关控制系统的性能要求。

ISO 10218-1:2011 还要求用于同时运动的工业机器人系统中的所有工业机器人通常应处于相同的操作模式(如手动或自动),并处于相同的状态(如通电或断电)。在排除故障、出现运行错误或进行测试时,应能断开一台或多台机器人的伺服驱动。断开伺服驱动的工业机器人不再处于同步运动控制。

10. 协同操作要求

具有协同操作功能的工业机器人,至少应满足下列要求中的一项。

(1)安全适用的受监控停止。

协同工作空间有人时,工业机器人停止运动。当人离开协同工作空间后,工业机器人恢复自动运行。该停止功能应符合与安全相关控制系统的性能要求。

ISO 10218-1:2011 还要求这种停止功能可以为 2 类停止功能。发生 2 类停止时,对停止状态的监控应符合与安全相关控制系统的性能要求。一旦此安全级监控故障,则工业机器人应实现 0 类停止功能。

(2)手动引导。

手动引导装置应在末端执行器附近,并装有紧急停止和使能装置。

GB 11291.1—2011 中还要求工业机器人应在风险评估确定的速度下进行操作,该速度不超过 250 mm/s,并且应符合与安全相关控制系统的性能要求。一旦超过该速度,应导致保护性停止。

在 ISO 10218-1:2011 中并没有规定该速度的具体限值,而是要求机器人应具备安全适用的速度监控功能。

(3)速度与分离监控。

GB 11291.1—2011 中要求工业机器人与操作员之间应保持一定的距离,该距离应符合 ISO 13855—2010 的要求。

当保持距离失败时,机器人应保护性停止。该保护性停止功能应符合与安全相关控制系统的性能要求。

工业机器人应在不超过 250 mm/s 的速度下降速运行,且监控其位置。降速速度和位置的监控功能,需要符合与安全相关控制系统的性能要求。

ISO 10218-1:2011 对此项的要求中增加了对速度的要求,机器人应与操作员保持确定的速度和间隔距离。如果检测到未能保持确定的速度或间隔距离,则工业机器人应保护性停止。速度和间隔距离监控功能,同样应符合与安全相关控制系统的性能要求。工业机器人仅是协同操作系统中的一部分,应综合评估整个协同操作系统,考虑协同操作的动态应用,通过风险评估来确定速度和间隔距离的限值。使用信息应包含该速度和间隔距离的信息。在计算最小安全分离距离(最小距离要求见 ISO 13855—2010)时,应考虑操作员和机器人的相对速度。

(4)功率与力的限制。

GB 11291.1—2011 规定机器人法兰或 TCP 处的最大动态功率为 80 W 或最大静态力为 150 N。这个限值是由风险评估确定的。功率和力的限制的控制功能应符合与安全相关控制系统的要求。一旦超出限值,应实施保护性停止。

ISO 10218-1:2011 中没有明确功率与力的具体限值。同速度与分离监控一样,该标准中要求综合评估整个协同操作系统及其应用,来确认功率与力的限值,并应在使用信息中进行说明。

11. 奇异性保护

在手动降速方式下,机器人的控制应:

(1)在示教器引导的示教运动期间，在机器人通过或纠正奇异点之前，停止机器人运动并发出警告。

(2)产生可听或可视的警告信号，各轴以 250 mm/s 最大速度限制的速度通过奇异点。

ISO 10218-1:2011 中增加了一些要求：如果奇异点不会导致危险运动，则不需要额外的保护。

以上的这些要求不仅适用于手动降速方式，也适用于协同操作中的手动引导工况。

12. 轴限位

使用轴限位是为了限定工业机器人周围空间。可调机械止动器可以最大限度地限制主轴(具有最大位移的轴)的运动。

ISO 10218-1:2011 指出这些要求不适用于由结构本身构成限制的机器人(例如平行运动结构)。另外，还明确要求工业机器人到达轴极限时，应停止运动。使用信息中应说明机器人是否能在轴极限点处继续运动。

工业机器人的轴限位应至少满足下述要求之一。

(1)轴的机械和机电限位装置。

轴 2 和轴 3(即具有第二和第三大位移的轴)应配备可调机械和非机械限位装置。机械挡块应能在额定负载、最大速度和最大或最小臂伸的条件下，停止机器人运动。对机械硬挡块的试验，应在没有任何辅助止动措施的条件下进行。如果采用其他限制运动的方法，则其应在设计、制造和安装过程中具有与机械挡块同等的安全性能。机电限位装置的控制电路性能应符合与安全相关控制系统的性能要求，且机器人控制和任务程序不应改变机电限位装置的设置。

在 ISO 10218-1:2011 中增加了允许机器人使用者通过可调节装置最小化受限空间的规定。另外，要求使用信息应说明机电限位装置在最大速度下的停车时间，包括实现完全停车前的监控时间和行驶距离。

(2)安全适用的轴的软限位和空间限位。

软限位是在自动方式或速度高于降速速度的任何方式下由软件确定的工业机器人运动极限。轴的限位用于确定工业机器人的限定空间。空间限位用于确定作为专有区域的任何几何形状，或把工业机器人的运动限制在确定的空间内，或防止工业机器人进入确定的空间。

软限位若可使机器人在满载和全速状态下停止运动，则其可定义和减小该限定空间。该限定空间应考虑停车行程，在实际预期停车位置确定限制空间。制造商应在使用信息中对软限位功能进行说明，如果不支持该功能，则应禁用软限位。

软限位和空间限位的控制系统应符合与安全相关控制系统的性能要求，且用户不能改变。如果超出了软限位，工业机器人应保护性停止。ISO 10218-1:2011 中规定只有经授权的人员才能改变软限位和空间限位。另外，该标准还规定工业机器人不受软限位和空间限位限制进行运动时，其应工作在安全适用的降速控制下；应能够通过唯一标识符查看和记录安全限位的有效设置和配置信息。

软限位的值应可靠存储在静态存储区域，不应动态改变。改变软限位行为的授权应

受密码保护。一旦设置软限位,其在系统上电后一直有效。ISO 10218-1:2011 规定只有在初始化安全相关子系统时才允许改变软限位的值,在自动执行任务程序期间,不得重新配置软限位。

使用信息应说明软限位下最大速度、最坏工况下的停车时间信息,包括在实现完全停车前的监控时间和行驶距离。ISO 10218-1:2011 取消了对最坏工况的要求。

用于动态限定空间的安全空间的信号输出应符合与安全有关控制系统的性能要求,并且该输出的硬件配置应该在使用资料中说明。

(3)动态限位装置。

动态限位是在工业机器人系统运行周期内,工业机器人限定空间中的自动受控变更。控制装置包括(但不限于)由凸轮管理的限位开关,光幕,或在机器人执行其任务程序时在限定空间内可进一步限制机器人运动的、由控制激活的可缩回的硬挡板。为此,该装置及相关的控制装置应能在额定负载速度下停止工业机器人运动,相关的安全控制装置应符合与安全相关控制系统的性能要求。

13. 无驱动源运动

工业机器人应设计成各轴能在紧急或异常情况下无需驱动源即可运动,尽量使一个人就能移动各轴。控制装置应易于接近且不会被意外操作。使用信息应说明该操作及对人员应对紧急或异常情况进行培训的建议。

用户说明书应包括对重力和释放制动装置可导致额外危险的警告。警告标识应尽量贴在激活控制装置附近。

14. 起重措施

应提供吊起机器人及其相关部件的起重措施,且要足以处理预期负荷。例如,起重钩、吊环螺栓、螺纹孔、叉形套袋。

15. 电连接器

电连接器应有避免意外分离、防止交叉连接和错误连接的措施。

7.3.4 使用资料的要求

1. 说明书

在机器人或机器人系统的使用说明材料(即说明书)中,一般包含以下内容:

(1)制造商或供应商的名称、地址及必要的联系信息。

(2)调试、编程和重新启动步骤的说明,包括通用需求、地板承载能力、环境条件等安装要求。

(3)在第一次使用机器人及投入生产前对机器人及其防护系统进行初步测试和检查的说明,包括降速控制的功能测试的说明。

(4)在变更机器人部件或增加可选设备(包括硬件/软件)后所需的任何测试和检查的说明,这些变更可能影响安全功能。

(5)安全操作、设置和维护的说明,包括安全工作方法、危险能源管理步骤和为使操作设备的人员达到必要技术水平所需的培训。

(6)关于所有控制系统定位和功能的说明,包括设置和安装所必需的电气、液压及气动系统的接口图纸。

(7)关于用示教盒选择高速控制方式能力的信息。

(8)关于限位装置的安装信息,包括数量、位置和机械限位能力的调整程度。

(9)关于任何非机械式限位装置的数量、位置、使用及动态限位能力(如果有)的说明。

(10)当使用安全软限位时,考虑停止行程后的实际期望停止位置信息。

(11)关于使能装置数量和操作的信息,以及安装附加装置的说明。

(12)关于工业机器人最大位移的三个轴在停止信号发出后的停止时间和距离(或角度)信息。

(13)工业机器人安全控制系统的性能。

(14)用于工业机器人润滑、制动的任何液体或润滑剂或工业机器人内部变速器的规格,包括关于正确选择、制备、应用和维护特殊耗材的指南。

(15)关于解救被机器所困人员的方法的指南。

(16)关于确定运动范围和负载能力的极限信息,包括最大质量、工件和工件夹具重心的位置。

(17)关于确定最大质量、转动惯量、倾斜力矩以及辅助装置所需的空间信息。

(18)机器维护时避免装配错误的步骤。

(19)关于工业机器人遵循的有关标准(包括由第三方认证的标准)信息。

(20)对于无缆示教盒检测到通信中断的响应时间。

ISO 10218-1:2011中增加的要求有:

(1)当工业机器人预计在手动高速下使用时,说明资料应向机械设计人员提供受限空间的说明。

(2)应包括关于使能装置数量和操作的信息,安装附加装置的说明,以及确认安全相关控制系统性能所需的数据和标准。

(3)在没有驱动电源的情况下移动机器人轴的说明,包括警告重力和制动装置的释放会产生的额外危险。

(4)对人员进行应对紧急或异常情况培训的建议。

(5)与机器预期使用相关的,未进行防护的危险信息。

(6)所有人员必须在安全空间外进行手动操作的说明和警告。

(7)选择自动模式之前,任何暂停的防护装置应恢复到全部功能的要求和说明。

(8)正确存放无缆示教装置的说明(如有配置)。

(9)无缆示教装置的响应时间和通信丢失的信息(如有配置)。

(10)所有保护停止电路输入的停止类别信息。

(11)授权供应商的信息(如有必要)。

2. 铭牌标识

在工业机器人本体和控制柜铭牌信息(即铭牌标识)中通常会给出以下信息:

(1)制造商的名称和地址,机器的型号和序列号,制造的年份和月份。

(2)工业机器人的质量。

(3)电源数据，如使用液压、气动系统，还应有相应的数据(如最小和最大电压)。

(4)可供运输和安装使用的起重点。

(5)尺寸范围和负载能力。

防护、保护装置及其他没有装配的工业机器人零件，要清楚标明其作用，应提供全部安装所需的信息。

ISO 10218-1:2011 还要求应包括授权供应商的商业名称和完整地址(如适用)。

7.4 试验结果评价

通过确认和验证，当工业机器人的设计和使用满足 7.3 节所述的要求，并且风险评估的结果为风险可接受时，则认为工业机器人的机械安全性是符合要求的。

第8章

试验记录与试验报告

8.1 试验记录

8.1.1 概述

试验记录是在试验现场填写的第一手记录，在试验过程中直接产生，而不是事后撰写，包括由试验设备直接打印出的数据、图表，是对试验过程中实现试验的关键步骤、环节、结果的客观记录。试验记录对于数据的真实性、准确性和可溯源性具有重要意义，在试验活动中必须真实、完整、清晰地记录试验过程的各个环节，确保试验记录的科学性、规范性、可追溯性和保密性。

8.1.2 记录的原则

在试验记录过程中应遵循原始性、可操作性、真实性、有效性、可溯源性和完整性的原则。

(1)原始性。

试验记录应体现试验过程的原始性。试验记录应在观察结果和数据产生时予以记录，不得事后追记、另行整理、誊抄或修正。

(2)可操作性。

试验记录模板的制定过程中应保证试验记录的可操作性。例如，可以根据检测项目的特点，按照检测流程顺序或标准条款顺序依次安排各个检测项目的位置顺序；使用规范的语言文字和检测依据描述语句、简单易用/尺寸合适的数据表格等。

(3)真实性。

试验记录的数据必须真实无误地反映测量仪器的输出,包括数值、有效位数、单位,必要时还需要记录测量仪器的不确定度。

(4)有效性。

应确保当前使用的试验记录版本是现行有效的。

(5)可溯源性。

试验记录应包括测试中各种信息,以便在可能时识别不确定度的影响因素,并确保该试验在尽可能接近原条件的情况下能够重复,例如测试环境信息、测试日期、测试条件、使用仪器信息、仪器设置等。

(6)完整性。

试验记录的内容是测试报告的重要来源。为了方便测试报告的生成,试验记录内容应完整地体现检测依据、检测项目、检测方法、检测数据和必要的过程数据。

8.1.3 基本要素

为确保试验记录的完整性与可溯源性,试验记录内容通常应包括但不限于以下信息。

1. 试验任务信息

试验任务信息包括编号、检测标准/方法和检测项目/参数。

(1)编号。

试验记录中应注明每项试验任务的编号,试验记录编号应具有唯一性。当试验任务需要出具报告时,记录中应体现报告编号,报告编号应与试验记录编号对应。

(2)检测标准/方法。

试验记录中应写明检测依据的来源,可以是现行标准、指定的标准(非现行标准、行业标准、企业标准等)、自主制定的测试方法等。试验记录中应注明检测依据标准的标准号和版本号。当检测中有特殊的、与标准相偏离的要求时,应在检测依据栏或试验记录相关位置进行描述。

(3)试验项目/参数。

试验项目是检测标准/方法的全部内容时,可注明"全部项目或全部参数",不必全部列出;检测项目是检测标准/方法的部分内容时,应在试验记录中明确本次试验涉及的项目条款号或名称。

2. 样品信息

样品信息包括样品名称、型号规格、样品数量、样品编号,另外还可以包括样品送检单位(委托人)、样品初始状态、样品附属件等。

(1)样品名称。

在试验记录中应有能正确识别测试样品的名称,通常是客户委托任务书指定的名称,或是同客户沟通协调后的、可正确描述样品的名称。

(2)型号规格。

试验记录中应写明实际试验样品的型号。

(3)样品数量、样品编号。

样品编号应具有唯一性,目的是方便样品流转和存储管理。

(4)样品送检单位(委托人)。

样品送检单位可以是个人或单位。

(5)样品初始状态。

样品的初始状态可能会影响后续的试验或判定,在试验开始前应在试验记录中记录样品的初始状态,需对样品初始状态进行调整的,应记录对样品做出调整的细节。

(6)样品附属件。

当需要使用其他设备或附件来保证其正常工作的样品进行测试时,应对这些设备或附件进行确认,将对样品检测结果的准确性造成影响的设备或附件的重要信息(例如名称、型号、编号等)列入记录中。

3. 环境信息

环境信息主要包括对试验结果有影响的环境信息,例如试验时的环境温度和湿度等。

(1)试验时的环境温度和湿度。

当环境温、湿度对检测项目有影响时,应记录测试时的环境温度和湿度。当环境温度和湿度与检测标准/方法中规定的环境温度和湿度有偏离时,应停止测试,直至满足标准要求。

(2)其他环境信息。

当其他环境条件,例如大气压、海拔条件等对试验项目有影响时,记录中应写明这些环境信息。

4. 人员信息

试验记录中应记录试验项目的检测人员、审核人员以及其他相关人员等人员信息。

5. 试验时间

试验时间应真实记录,可以是某一天、某一个测量周期、一天内的某一段时间,不应在试验时间上刻意模糊时间段。

6. 数据记录(表格)

数据记录(表格)中记录数据的位置可以使用下划线、空格、方框或表格等形式,大小尺寸应充分考虑本项试验数据的特性和各种可能的数据格式。数据记录(表格)应出现在试验记录的适当位置,并与检测标准/方法描述文字相协调。对多个样品的测试,应能体现试验数据与每个样品的关系。

7. 数据判定或结果描述

数据判定的方式应使用"√""×""P""F""/""N/A""—""合格""不合格""不适用"等清晰且无歧义的描述,同时应在记录的显著位置描述本记录中对数据判定方式的约定。

结果描述应客观、全面。

8.试验设备信息

试验设备信息包括试验设备的名称、型号、厂家(适用时)、受控编号和校准周期(或校准有效期截止日期)。

9.场地信息

场地信息为实施试验场所的地址信息,如有多场所,应明确具体的测试场所信息。

10.检测方法描述

当无明确的标准依据和试验方法时,试验记录中应对测试方法进行详细的、明确的、具有可操作性的描述。

8.1.4 试验结果表述方式

1.定量表述

定量检测数据的表达应尽可能真实无误地反映测量仪器的输出,包括数值、有效位数、单位,必要时还需要记录测量仪器的测量不确定度。试验结果应使用国家法定的计量单位。

试验数据的记录不能人为地、无事先约定地增加计算或使用计数保留法等对原始数据进行处理。当试验结果是对检测数据做了某些计算(如计数保留法等)处理后的结果或检测数据,检测依据比较后得出的初步结论时,计算及比较的过程也应在记录中予以体现。

2.定性表述

定性的现象描述应尽可能真实无误地描述试验对象的特征和发生的现象,不能简单地定性表述为"合格、通过、正确"等。例如试验结果为不符合,记录中应有相应的位置填写不符合的测量数据或现象描述,以及不符合的结果表述。

在某些特殊情况下可以使用具有倾向性的表述方式。例如,当某些试验项目是通过定量测量后再进行定性表述的,且某些测量仪器无法获得确定的数值时,试验记录中可使用倾向性的表述方式,如"大于""小于""＞""＜"等。

3.数据处理

试验依据对试验数据应保留的小数位数或有效数字有明确规定的,应严格按照试验依据的要求读取和记录数据。

试验依据对试验项目限定值的小位数或有效数字有明确规定的,当测量值接近限值时,记录的数据应至少比限定值的小位数或有效数字多一位。

测量和计算得出的数据需要进行修约时,若试验依据有相关规定,应按照试验依据的

要求进行修约。若试验依据中无相关规定的，应按照《数值修约规则与极限数值的表示》(GB/T 8170—2008)的要求进行修约。

8.1.5　记录的管理

1. 试验记录的格式

试验记录应填写时应在规定受控的表格中，不能临时使用其他纸张代替再转抄补记。

2. 试验记录的填写

试验记录填写按照记录内容的要求如实地描述测试过程和测量数据，书写内容应完整、齐全。

对于使用手写方式的记录，应使用黑色或蓝色的圆珠笔或钢笔作为书写工具，书写清晰、整洁，字体工整。对于电子格式的记录，应使用规定的字体填写，不得随意更换字号和字体。仪器设备上直接打印的数据、图标、曲线等均属于试验记录范畴。

3. 试验记录的修改

一般情况下，试验记录格式不得随意更改、增补和删减。记录内容如需修改，应由原检测人员或其授权人员进行修改。

修改纸质版试验记录时，应直接将原数据划掉，将正确数据填写在原数据旁边，并在改后的数据旁加盖修改人签章，从而保证数据信息的可追溯性；不允许用涂改液或其他类似手段进行涂改。如果修改对最终结果判定有重要影响的数据，应注明修改的原因。

对于电子版试验记录，为避免原始观察结果或前一个版本信息的丢失或改动，也应采取与纸质版试验记录同等的措施，记录修改前后的信息或数据、修改人员信息和修改日期(必要时需注明修改原因)。

4. 试验记录的签署

试验记录必须由测试人员和审核人员本人签名确认，由本人负责。签名的形式可以是手写签名、盖章(本人姓名)或电子签名(电子化记录)。记录模板中应预留签名的位置。

原则上每一个测试项目都应有测试人员的签名，或每一页记录应至少有一个测试人员的签名。当测试项目记录跨越多页时，应至少保证每页都有签名。每份记录应在显著位置至少留有一处审核人员签名位置。

5. 试验记录的归档

已完成的记录应进行存档，并按质量管理体系的要求，确保在保存期限内记录的完整性。记录的保存期限应在记录管理文件中明确规定。

对于纸质版试验记录的保存，应考虑档案室的环境和储藏条件，保证记录在保存期限内不会损坏。

对于电子版试验记录，应在完成后的规定时间内，及时上传或保存到指定的办公自动

化系统或存储位置,确保电子版试验记录在保存期限内不会损坏。电子版试验记录应使用硬盘、光盘等载体存放在专门的干燥盒内,并做好备份。

存档记录的内容涉及商业机密或技术保密的,应作为机密件进行管理,任何单位或个人未经批准不得查阅。涉及国家机密的记录按国家保密法规处理。

应制定试验记录借阅的管理制度,借阅人员办理相关手续后才可获取试验记录。

6. 过期试验记录的处理

超过保存期限的试验记录可按质量管理体系的规定进行处理。在质量管理体系的记录管理文件中应规定处理方式,如自行销毁、委托其他机构回收处理等。不管采用何种处理方式,应保证不泄漏试验记录中的信息,尤其是产品的信息和技术。

8.2 试验报告

8.2.1 概述

试验结果通常以报告的形式提供,即试验报告。

试验报告分为检验报告和检测报告。

检验报告是机构依据相关标准或技术规范,利用仪器设备、环境设施等技术条件和专业技能,对产品/样品进行检测,将得出的检测数据、结果与规定要求进行比较并做出合格与否的判定后,出具的书面(或其他形式)证明。

检测报告是机构依据相关标准或技术规范,利用仪器设备、环境设施等技术条件和专业技能,对产品/样品进行检测,得出检测数据、结果后,出具的书面(或其他形式)证明。

检测试验人员应准确、清晰、明确和客观地出具试验报告,试验报告中应包括解释结果所必需的以及所用方法要求的全部信息。

8.2.2 基本要求

试验报告应具有唯一性标识。一般情况下,试验报告编号可由机构名称汉语拼音字母缩写、年代号、流水号和专业类别或检验检测类别汉语拼音字母缩写 4 部分组成,顺序由机构自定。

报告宜有总页数和本页数,以“共×页 第×页”表示,封面、声明页一般不加页码。总页数为首页、数据页和附件页的总和。首页为第 1 页,以下各页的页数依次排列。

报告内容应准确、清晰、完整,不得使用简称(写)、俗名,文字表达应简明、确切、符合逻辑,避免产生不易理解或不同理解的可能性,排版应规范。

栏目内字符间不留不必要的空格。文字采用国务院正式公布、实施的简化汉字。

不确定、不适用或不选择栏目内容统一填写“—”或“/”，不得空白。

8.2.3　报告内容

报告一般由封面、声明页、首页、数据页 4 部分组成，每部分内容宜独立成页，必要时可添加附件页。

1. 封面

封面一般由标志、标题、报告编号、产品/样品名称、委托单位、检验检测类别、检验检测机构名称等内容组成，必要时可添加受检单位、生产单位等内容，内容和样式如图 8.1 所示。

CMA 章（选择项）　　CNAS 章（选择项）

检 测 报 告

№：

样品名称________________

委托单位________________

检测类别________________

检验检测机构名称

图 8.1　报告封面样式

2. 声明页

声明页位于封面背面，其内容和样式参如图 8.2 所示，应至少包含：

(1)未经本机构批准，不得复制(全文复制除外)报告的声明。

(2)机构的名称和地址。

声　明　事　项

1. 检验结论栏无"检验检测专用章/公章"、报告无骑缝章无效。部分复制或复制报告未重新加盖"检验检测专用章/公章"无效。
2. 报告无编制、审核、批准签字无效。报告涂改无效。
3. 本报告及本机构名称未经同意，不得用于产品标签、包装、广告等宣传活动。
4. 本机构对检验数据、结果的准确性负责，委托方对所提供的产品及其相关信息的真实性负责。
5. 委托送样检验的结论仅对所检样品有效，不代表样品所属批次产品的质量。
6. 对检验报告若有异议，应于收到报告之日起××日内向本机构提出。
7. 本报告仅提供给委托方，本机构不承担其他方应用本报告所产生的责任。

地址：××××××
电话：区号-××××××××　　传真：区号-××××××××
邮政编码：××××××
网址：××××××

图 8.2　报告声明页样式

3. 首页

根据检验检测类别，首页宜包含机构名称、标题、报告编号、页码编号、产品/样品名称、型号规格、商标、产品/样品等级、委托单位、受检单位、生产单位、样品数量、样品状态描述、检验检测类别、送样人、抽样人、抽样地点、抽样基数、生产日期、原编号或批号、抽样日期、收样日期、抽样依据/方法、抽样单编号、合同编号、检验检测日期、检验检测项目、检验检测依据、判定依据、检验结论、检测数据、结果、签发日期、备注、批准、审核、编制签字等内容，内容和样式参如图 8.3 所示。

4. 数据页

数据页应包含机构名称、标题、报告编号、页码编号、检验/检测数据、结果的描述，内容和样式参如图 8.4 所示。

检验检测机构名称

检　验　报　告

No：　　　　　　　　　　　　　　　　　　　　　　共×页 第 1 页

样品名称		商　　标	
型号规格		样品等级	
委托单位		检验类别	
生产单位		生产日期	
送 样 人		收样日期	
样品数量		原编号或批号	
样品状态描述		合同编号	
检验项目		检验日期	
检验依据			
检验结论	（检验检测专用章/公章） 签发日期：　　年　月　日		
备注			

批准：　　　　**审核：**　　　　**编制：**

图 8.3　报告首页样式

(1)检验/检测数据、结果栏中应填写对样品检验/检测项目进行检测而得到的数据、结果。

①对于定量指标，必须填写数值。实测数值或其计算值的有效位数，标准有规定的按标准规定，产品标准和方法标准要求不一致时，按产品标准报出；若标准无规定，只要量具、仪器分辨力足够，按标准极限数值的位数多一位报出。数值修约均应符合 GB/T 8170—2008 的规定。对定量指标用专用量具(如光滑极限量规)等检验的，可用“通过”或“不通过”表示。当定量指标的检验/检测数据、结果用“未检出”表示时，应给出所用检测方法的检出限。

②对于定性指标，当产品实际状况能够描述清楚时，可填写“符合要求”或描述具体符合或不符合的内容；当产品实际状况描述可能产生歧义时，须详细描述，如颜色、外观、形状、结构、现象、标识等。

检验检测机构名称
检 测 报 告

№: 共×页 第×页

序号	检测项目	检测方法	检测数据、结果	备注
以下空白				

检验检测机构名称
检 测 报 告

№: 共×页 第×页

序号	检测项目	检测方法	检测数据、结果	备注
以下空白				

图 8.4　报告数据页样式

③对于同类产品有固定的报告格式，当其中某种产品无格式中的某项指标或功能，应在“检验数据、结果”栏填写“不适用”或划“—”或“/”，但应做出说明。

(2)单项判定(评定、评价)栏中应填写检验/检测数据，在比较结果与检验/检测要求后对该检验项目做出的单项判定(评定、评价)结论。通常按以下方式判定。

①对定量指标的比较。判定标准有修约规定的，应符合 GB/T 8170—2008 中修约值比较法的规定或按产品标准规定。判定标准没有修约规定的，应符合 GB/T 8170—2008 中全数值比较法的规定。

②对一个检验/检测项目包含多个检验/检测数据、结果的单项合格与否的判定，应按产品标准或本次采用的检验细则规定执行。

③单项判定栏的表述为“合格”“符合”“通过”或“不合格”“不符合”“不通过”等。

5. 附件页

附件页应包含机构名称、标题、报告编号、页码编号，可添加其他与报告相关的补充信息，内容和样式如图 8.5 所示。

检验检测机构名称

检　验　报　告

№：　　　　　　　　　　　　　　　　　　　　　　　　　　　共×页　第×页

结果说明、意见和解释、图表、图片等相关资料

图 8.5　报告附件页样式

8.2.4　报告的管理

1. 试验报告的编制

试验报告编制人员依据试验记录编制试验报告时，应做到以下几点。

(1)必须做到字迹清晰、数据准确、计算无误、内容真实、结果客观明确。

(2)内容必须覆盖必要的信息，符合标准规范的要求，且与相应的试验记录保持一致。

(3)必须严格按规定格式、专业术语、符号和法定计量单位编制。

(4)当结果低于方法检出限时，应在报告中给出方法检出限的数值。

(5)如果结果是用数字表示的数值，应按照标准方法的规定表述；当无相关规定时，依照有效数值修约的规定表述。

(6)当解释结果需要或方法要求或有其他特殊需要时，报告或证书应报告质量控制结果。

2. 试验报告的修改

当试验报告或证书发出后,如发现有误而需修改,则由编制人提出申请,经相关负责人批准后重新出具。

对已发出有误的试验报告进行修改时,将有误报告全部收回后方可为修改后的报告办理新的发放手续。新的试验报告应有新的唯一性标识并在试验报告的备注部分注明替代的原件。

修改后出具的新试验报告和收回的原试验报告(盖作废章)同其他相关资料一同存档备查。

3. 试验报告的签署

编制好的试验报告由编制人签字确认后,审核员审核整个报告的内容及试验数据录入的准确性,最后由授权签字人批准。编制、审核、授权签字人的签字应在其授权领域范围内依次进行,不得越级、越权或代签。

经批准并盖章的试验报告应有正本及副本,正本发送给送检单位或个人,副本同其他相关资料一同存档备查。

4. 试验报告的归档

试验报告应同试验过程中的记录文件以及试验记录一同归档,具体要求可参照试验记录的归档要求。

5. 过期试验报告的处理

过期试验报告的处理要求可参照试验记录的归档要求。

第9章

质量管理

质量管理是指确定质量方针、目标和职责，并通过质量体系中的质量策划、质量控制、质量保证和质量改进来实现所有管理职能的全部活动。

9.1 质量管理体系

9.1.1 质量管理原则

国际标准化组织的质量管理和质量保证技术委员会制定了 ISO 9000 族系列标准。该族标准由若干相互关联或补充的标准组成。其中，《质量管理体系　基础和术语》(ISO 9000:2015)、《质量管理体系　要求》(ISO 9001:2015)、《质量管理　组织持续成功指南》(ISO 9004:2018)和《质量和环境管理体系审核指南》(ISO 19011:2018)为核心标准。

质量管理原则主要包括以下 7 个方面。

(1)以客户为关注焦点。

(2)领导作用。

(3)全员参与。

(4)过程方法。

(5)改进。

(6)循证决策。

(7)关系管理。

9.1.2 质量管理体系的建立与运行

1. 质量管理体系文件

遵照 ISO 9000 族系列标准制定,质量管理体系文件通常分为以下 4 个层次。

(1)质量手册。

质量手册是企业质量管理和质量保证活动应长期遵循的纲领性文件,由企业最高领导者批准发布,是实施各项质量管理活动的基本规定和行为准则。

(2)程序文件。

程序文件是质量手册的支持性文件,规定各项质量活动的方法和评定的准则,是执行、验证和评审质量活动的依据。

(3)质量文件。

质量文件主要是各项质量活动的作业指导、作业标准、质量计划等,详细说明某项质量活动如何实施。

(4)质量记录。

质量记录主要是对各类质量活动的过程及结果进行记录。

2. 质量管理体系的运行

企业的各组织机构应遵照质量管理体系文件的规定,组织和协调各项质量活动,保证质量管理体系正常运行。

在质量管理体系运行期间,应实施质量监控活动,及时发现并纠正质量活动偏离作业标准的现象,维护质量管理体系的有效运行。另外,也应注意质量管理体系文件的适宜性、充分性和有效性,对发现的问题采取纠正和改进措施,进一步完善质量管理体系。

3. 质量管理体系的评价

质量管理体系的评价主要包括质量管理体系审核和质量管理体系评审。

(1)质量管理体系审核。

质量管理体系审核通常以质量标准、质量手册和程序文件为审核准则,用于确定符合质量管理体系要求的程度。审核员主要对质量管理体系的充分性、适宜性、有效性进行检查与审核。审核的结果可用于评定质量管理体系的有效性,通过改进发现的问题,进一步完善质量管理体系。

质量管理体系审核分为内部审核和外部审核。

内部审核为第一方审核,是企业进行的自我评价与审核。外部审核为第二方审核和第三方审核。第二方审核通常由企业的相关方(如客户)或其他人员以相关方的名义进行。第三方审核由外部独立的组织进行,通常为质量管理体系的认证审核。

(2)质量管理体系评审。

质量管理体系评审(简称管理评审)是对质量方针、质量目标对质量管理体系的适宜性、充分性、有效性和效率进行的系统评价活动,通常由最高管理者组织实施。管理评审应定期组织,间隔时间不应超过 12 个月。

管理评审的输入应包括以下信息:

①审核的结果。

②客户的反馈。

③预防和纠正措施的情况。

④产品的符合性。

⑤以往管理评审所采取措施的情况。

⑥改进的建议。

⑦可能影响质量管理体系的变更。

管理评审的输出包括以下决定和措施：

①质量管理体系及其过程有效性的改进。

②资源的需求。

③与客户要求有关的产品的改进。

4. 质量管理体系的改进

为了维护质量管理体系的适宜性、实现质量方针和质量目标、保持客户及其他相关方的满意度，应持续改进质量管理体系。质量管理体系的改进包括组织机构的改进、程序的改进、过程的改进和资源的改进。这些质量改进活动可以提高质量管理体系运行的有效性和效率。

9.2 产品质量管理

9.2.1 产品质量评价

1. 产品质量检验

产品质量检验是根据标准要求对产品的一个或多个质量特性进行测量、检查、试验，并将结果与规定的质量要求进行比较，以确定每项质量特性符合性的技术活动。产品质量检验的目的是判断产品的各项质量特性是否符合要求，另外也为产品质量的提升改进提供客观数据支持。

产品质量检验在产品生命周期的不同阶段表现形式不同。

(1)型式试验。

型式试验是验证产品是否满足技术标准或设计的全部要求所进行的试验。通常，只有通过了型式试验，新产品才会定型、批量生产。在进行产品质量认证时，也需要对产品进行型式试验，以验证其与质量要求的符合性。型式试验通常是一种破坏性试验，因此做过型式试验的产品一般是不出售的。

出现以下情况时，一般应进行型式试验：

①产品的试制定型检验。

②结构、材料或工艺等有较大改变，可能影响产品质量时。

③定期或产量达到一定值时。

④产品停产后,恢复生产时。

⑤出厂检验结果与上一次型式试验有较大差异时。

⑥国家质量监督机构要求时。

(2)例行试验。

例行试验,顾名思义,是依照惯例做的试验,是一种经常和反复做的试验项目。例行试验通常是对最关键的、必不可少的技术指标进行测试。出厂试验就是典型的例行试验。

2. 中国机器人产品认证

我国的机器人产品检验检测认证,是由国家质量监督检验检疫总局、国家发展和改革委员会、工业和信息化部、中国国家认证认可监督管理委员会和国家标准化管理委员会多个部门共同推进的。机器人检验检测认证体系实行统一的认证标志管理,认证标志的基本图案由C、C和R三个字母组成,分别代表China,Certification和Robot。CR认证标志基本图形如图9.1所示。

图9.1　CR认证标志基本图形

工业机器人产品的CR认证目前主要包括对其安全、EMC和运动性能的认证,其依据的标准(现行有效版本)主要有:

(1)《机械安全　设计通则　风险评估与风险减小》(GB/T 15706—2012)。

(2)《机械电气安全　机械电气设备　第1部分:通用技术条件》(GB/T 5226.1—2019)。

(3)《工业环境用机器人　安全要求　第1部分:机器人》(GB 11291.1—2011)。

(4)《工业、科学和医疗机器人　电磁兼容　发射测试方法和限值》(GB/T 38336—2019)。

(5)《工业、科学和医疗机器人　电磁兼容　抗扰度试验》(GB/T 38326—2019)。

(6)《工业机器人　性能规范及其试验方法》(GB/T 12642—2013)。

9.2.2　产品质量控制

1. 采购质量控制

采购质量是指与采购活动有关的质量问题,采购质量直接影响企业最终产品的质量。采购质量控制是指组织通过建立采购质量管理保证体系及一系列的质量活动,对供应商提供的产品进行遴选、评价、验证,确保采购的产品符合规定的质量要求,保证企业的物资

供应。

工业机器人生产制造企业采购的伺服电动机、伺服驱动器，乃至控制器等关键零部件的质量，直接影响工业机器人产品的质量。另外，诸如机械加工件、气液管路、电气线缆、电器元件，乃至螺栓、螺母这样最普通的机械连接件，这些零部件的质量也会对工业机器人整机质量造成影响。由此可见，采购质量控制是工业机器人产品的首要质量保证。

通常，采购部门通过对供应商的管理，建立对其产品的检验制度，评估供应商的质量保证能力，定期或不定期地对其进行监督检查等一系列质量控制活动，实现采购质量控制，进而保证产品质量。

2. 生产质量控制

生产质量控制的目的是确保生产顺畅，保证产品质量，完善生产流程，确保产品的可追溯性。生产质量控制主要是通过监督产品生产过程、检验产品质量、分析和溯源所出现的产品质量问题等质量活动，保证产品生产质量。

工业机器人在生产制造过程中，保证了如机械加工与装配的质量、电器元件装配的质量、产品设计的质量等质量控制，即保证了最终的工业机器人产品质量。对工业机器人产品各个特性的质量检验活动是质量控制的重要环节，是对此前各阶段质量控制活动效果的验证。

3. 储运质量控制

储运质量控制即是在存储、运输等过程中，为了保证产品质量而采取的质量控制措施。

对于工业机器人产品，应明确其包装、存放、装卸、运输等过程的条件要求(比如存放地点及环境条件的要求、装卸工业机器人的方式及所需工具等)，以保证工业机器人产品质量不发生变化。

4. 售后质量控制

对售后产品进行质量控制，一方面可以持续满足客户的需要，为客户服务，增加产品的竞争力；另一方面，也为产品质量的进一步提升提供了必要信息。比如，工业机器人产品最终由用户反馈的使用情况和新的应用需求，均为其质量提升提供了方向。

9.2.3　质量管理信息化

构建质量管理信息化系统，为企业实现质量目标，实现产品全生命周期的质量管理与控制提供了支撑，是实现质量管理的有力工具。该系统是由企业根据质量经营现状和要求建立的，能实现质量信息的收集、传递、存贮、加工、维护和使用。质量管理信息系统的主要功能如图 9.2 所示。

企业资源计划(Enterprise Resource Planning，ERP)贯穿产品的所有生命周期，是对所有企业信息的整合管理，其中质量管理模块以质量管理体系文件为纲要，将整个质量管理与控制流程信息化，深入采购、生产、储运和售后等诸多环节，对与产品质量有关的过程和信息进行收集、分析、处理，形成产品质量的闭环管控。

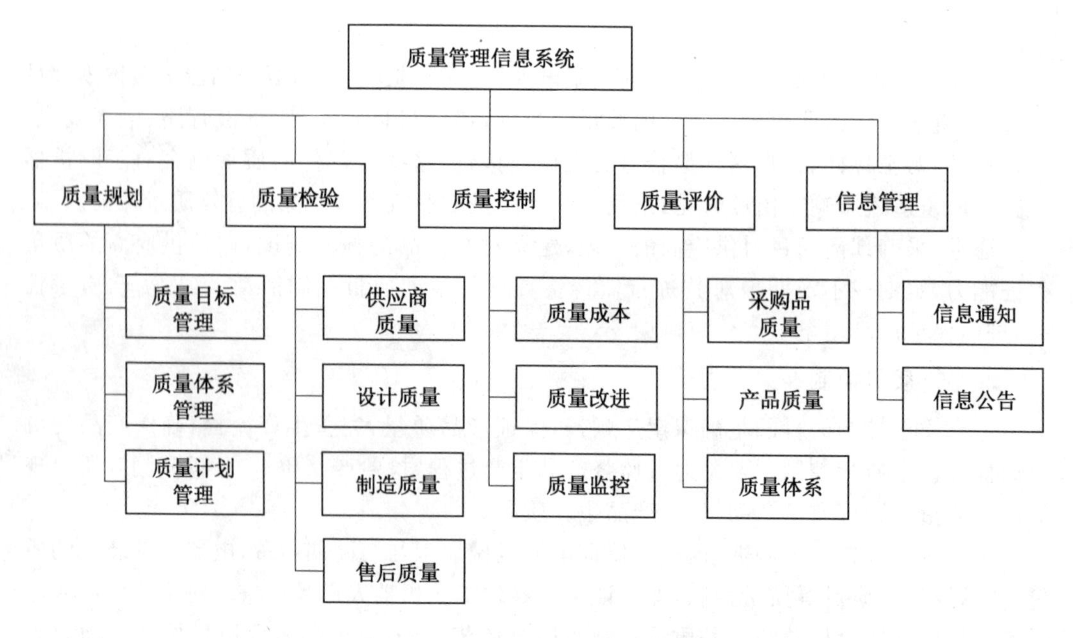

图 9.2　质量管理信息系统功能图

9.3　检测质量管理

9.3.1　检测质量评价

检验检测机构是提供产品检测检验服务的组织,对检验检测机构的检测活动质量进行评价,也即对其检测试验能力进行评价。

中国国家认证认可监督管理委员会负责检验检测机构资质认定的统一管理、组织实施、综合协调工作。检验检测机构只有满足《检验检测机构资质认定能力评价　检验检测机构通用要求》(RB/T 214—2017)的要求,才能获得中国国家认证认可监督管理委员会颁发的资质认定证书。

中国合格评定国家认可委员会是根据《中华人民共和国认证认可条例》的规定,由中国国家认证认可监督管理委员会批准设立并授权的国家认可机构,统一负责对认证机构、实验室和检验机构等相关机构的认可工作。检验检测机构需满足《检测和校准实验室能力认可准则》(CNAS－CL01)的要求,才能获得中国合格评定国家认可委员会颁发的实验室认可证书。

9.3.2　检测质量控制

比对试验是对检验检测机构技术能力的一种质量控制活动。通过比对试验,发现检测能力的不足(如设备仪器的不足、人员能力的欠缺、检测方法的问题等),进而促使检验检测机构有针对性地改进,提高其技术能力。

比对试验包括实验室内比对和实验室间比对。

1. 实验室内比对

实验室内比对是在预先规定的条件下，在同一实验室内部对相同或类似的物品进行测量或检测的组织、实施和评价。

实验室内比对的方式主要有以下几种。

(1)人员比对。

人员比对是指在相同环境条件下，采用相同的检测方法、相同的检测用仪器设备和设施，由不同检测人员对同一样品进行检测的试验。

作为质量控制手段，人员比对适用于以下情形：

①检测人员的培训。

②检测方法的重点、难点环节的实施。

③检测结果在临界值附近时。

④正式使用新的检测用仪器设备前。

⑤确认新检测项目或新方法时。

(2)方法比对。

方法比对是指在相同环境条件下，由同一检测人员采用不同检测方法对同一样品进行检测的试验。

作为质量控制手段，方法比对适用于以下情形：

①确认刚实施的新标准或新方法时。

②确认引进的新技术、开发的新方法时。

③检测结果在临界值附近时。

④同一检测项目具有多种检测方法时。

(3)仪器设备比对。

仪器设备比对是指在相同环境条件下，采用相同的检测方法，由同一检测人员采用不同的检测用仪器设备和设施对同一样品进行检测的试验。

作为质量控制手段，仪器设备比对适用于以下情形：

①正式使用新的检测用仪器设备前。

②设备停用或维修后，重新使用时。

③检测结果在临界值附近时。

(4)同一样品比对。

同一样品比对是指在尽可能在相同环境条件下，采用相同的检测方法、相同的检测用仪器设备和设施，由同一检测人员对同一样品进行多次检测的试验。

作为质量控制手段，同一样品比对适用于以下情形：

①验证检测结果的正确性。

②验证检测结果的重复性。

③考量样品某质量特性变化。

2. 实验室间比对

实验室间比对是按照预先规定的条件，组织两个或多个实验室对相同或类似的测试样品进行检测，并对试验结果进行评价的活动，从而确定实验室能力，识别实验室存在的问题和与其他实验室间的差异，是判断和监控实验室能力的有效手段之一。

实验室间比对的一个典型活动就是能力验证。能力验证是认可机构评审实验室和检查机构能力的一种合格评定活动，是一种重要的外部质量保证手段。能力验证主要包括以下3个方面。

(1)能力验证计划。

为保证实验室在特定检测、测量或校准领域的能力而设计和运作的实验室间比对。

(2)经认可机构批准或由其运作的实验室间比对。

按照预先规定的条件，由两个或多个实验室对相同的或类似的被测物品进行校准/检测的组织、实施和评价。

(3)测量审核。

实验室对被测物品(材料或制品)展开实际测量，将测量结果与参考值进行比较。

9.3.3 质量管理信息化

实验室信息管理系统(Laboratory Information Management System，LIMS)是以数据库为核心的信息化技术与实验室管理需求相结合的信息化管理系统。该系统集成实验室的业务流程、实验室的资源以及质量管理等方面，大大提高了实验室的检测效率，是实验室实现检测质量控制的一个重要手段。

LIMS系统主要由系统管理、检测业务管理、质量管理、统计分析、信息管理等功能模块构成，其功能结构如图9.3所示。

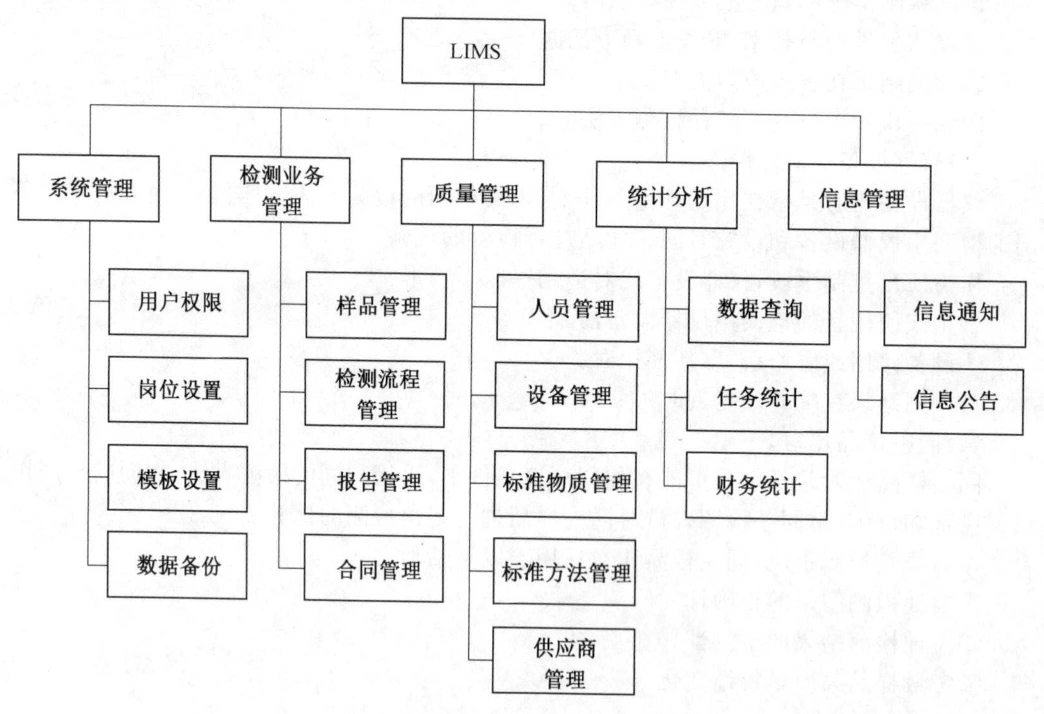

图9.3 LIMS系统功能结构图

参考文献

[1] 全国减速机标准化技术委员会. 机器人用精密行星摆线减速器:GB/T 37718—2019[S]. 北京:中国标准出版社,2019:8.

[2] 全国齿轮标准化技术委员会. 机器人用精密齿轮传动装置　试验方法:GB/T 35089—2018[S]. 北京:中国标准出版社,2018:5.

[3] 全国齿轮标准化技术委员会. 机器人用摆线针轮行星齿轮传动装置通用技术条件:GB/T 36491—2018[S]. 北京:中国标准出版社,2018:7.

[4] 全国减速机标准化技术委员会. 机器人用精密摆线针轮减速器: GB/T 37165—2018[S]. 北京:中国标准出版社,2019:1.

[5] 全国减速机标准化技术委员会. 机器人用谐波齿轮减速器: GB/T 30819—2014[S]. 北京:中国标准出版社,2014:11.

[6] 机械电子工业部电子标准化研究所. 谐波传动减速器:GB/T 14118—1993[S]. 北京:中国标准出版社,1993:11.

[7] 全国冶金设备标准化技术委员会. 减(增)速器试验方法:JB/T 5558—2015[S]. 北京:机械工业出版社,2016:1.

[8] 全国自动化系统与集成标准化技术委员会. 工业机器人　性能规范及其试验方法:GB/T 12642—2013[S]. 北京:中国标准出版社,2014:1.

[9] 全国自动化系统与集成标准化技术委员会. 工业机器人　性能试验实施规范:GB/T 20868—2007[S]. 北京:中国标准出版社,2007:8.

[10] 全国工业自动化系统标准化技术委员会. 工业机器人　特性表示:GB/T 12644—2001[S]. 北京:中国标准出版社,2002:4.

[11] 全国工业机械电气系统标准化技术委员会. 工业机器人电气设备及系统　第3部分:交流伺服电动机技术条件:GB/T 37414. 3—2020[S]. 北京:中国标准出版社,2020:4.

[12] 全国安全生产标准化技术委员会. 安全标志及其使用导则:GB 2894—2008 [S]. 北京:中国标准出版社,2009:3.

[13] 全国自动化系统与集成标准化技术委员会. 工业环境用机器人　安全要求　第1部

分:机器人:GB 11291.1—2011[S].北京:中国标准出版社,2011:8.

[14] 全国自动化系统与集成标准化技术委员会.工业机器人的安全要求　第2部分:机器人系统与集成:GB 11291.2—2013[S].北京:中国标准出版社,2014:7.

[15] 陕西省市场监督管理局.检验检测机构资质认定　第5部分:检验检测报告编制规范:DB 61/T 1327.5—2020[S/OL].[2020-07-22].https://www.doc88.com/p-95429037190513.html? r=1.

[16] 全国电气信息结构文件编制和图形符号标准化技术委员会.电气设备用图形符号　第2部分:图形符号:GB/T 5465.2—2008[S].北京:中国标准出版社,2009:1.

[17] 全国认证认可标准化技术委员会.测量不确定度评定和表示:GB/T 27418—2017[S].北京:中国标准出版社,2018:1.

[18] 全国认证认可标准化技术委员会.检测实验室中常用不确定度评定方法与表示:GB/T 27411—2012[S].北京:中国标准出版社,2013:5.

[19] 全国法制计量管理计量技术委员会.测量不确定度评定与表示:JJF 1059.1—2012[S].北京:中国质检出版社,2013:10.

[20] 全国工业机械电气系统标准化技术委员会.机械电气安全 机械电气设备　第1部分:通用技术条件:GB/T 5226.1—2019[S].北京:中国标准出版社,2019:6.

[21] 全国工业机械电气系统标准化技术委员会.机械电气安全 机械电气设备　第7部分:工业机器人技术条件:GB/T 5226.7—2020[S].北京:中国标准出版社,2020:6.

[22] 全国工业机械电气系统标准化技术委员会.工业机器电气设备　保护接地电路连续性试验规范:GB/T 24342—2009[S].北京:中国标准出版社,2010:1.

[23] 全国工业机械电气系统标准化技术委员会.工业机器电气设备　绝缘电阻试验规范:GB/T 24343—2009[S].北京:中国标准出版社,2010:1.

[24] 全国工业机械电气系统标准化技术委员会.工业机器电气设备　耐压试验规范:GB/T 24344—2009[S].北京:中国标准出版社,2010:3.

[25] 全国无线电干扰标准化技术委员会.工业、科学和医疗机器人　电磁兼容　发射测试方法和限值:GB/T 38336—2019[S].北京:中国标准出版社,2019:11.

[26] 全国无线电干扰标准化技术委员会.工业、科学和医疗机器人　电磁兼容 抗扰度试验: GB/T 38326—2019[S].北京:中国标准出版社,2019:11.

[27] 全国机械安全标准化技术委员会.机械安全　设计通则　风险评估与风险减小:GB/T 15706—2012[S].北京:中国标准出版社,2013:3.

[28] 全国机械安全标准化技术委员会.机械安全　风险评估　实施指南和方法举例:GB/T 16856—2015[S].北京:中国标准出版社,2016:5.

[29] 全国电磁兼容标准化技术委员会.电磁兼容　限值　谐波电流发射限值(设备每相输入电流≤16 A):GB 17625.1—2012[S].北京:中国标准出版社,2013:6.

[30] 全国电磁兼容标准化技术委员会.电磁兼容 限值对每相额定电流≤16 A且无条件接入的设备在公用低压供电系统中产生的电压变化、电压波动和闪烁的限制: GB 17625.2—2007[S].北京:中国标准出版社,2007:9.

[31] 全国电磁兼容标准化技术委员会.电磁兼容　限值　对额定电流≤75 A且有条件接入的设备在公用低压供电系统中产生的电压变化、电压波动和闪烁的限制:

GB/T 17625.7—2013[S]. 北京:中国标准出版社,2013:11.

[32] 全国电磁兼容标准化技术委员会. 电磁兼容　限值每相输入电流大于 16 A 小于等于 75 A 连接到公用低压系统的设备产生的谐波电流限值:GB/T 17625.8—2015[S]. 北京:中国标准出版社,2015:12.

[33] 全国电磁兼容标准化技术委员会. 电磁兼容　试验和测量技术　静电放电抗扰度试验: GB/T 17626.2—2018[S]. 北京:中国标准出版社,2018:6.

[34] 全国电磁兼容标准化技术委员会. 电磁兼容试验和测量技术　射频电磁场辐射抗扰度试验:GB/T 17626.3—2016 [S]. 北京:中国标准出版社,2016:12.

[35] 全国电磁兼容标准化技术委员会. 电磁兼容试验和测量技术电快速瞬变脉冲群抗扰度试验:GB/T 17626.4—2018[S]. 北京:中国标准出版社,2018:6.

[36] 全国电磁兼容标准化技术委员会. 电磁兼容　试验和测量技术　浪涌(冲击)抗扰度试验:GB/T 17626.5—2019[S]. 北京:中国标准出版社,2019:6.

[37] 全国电磁兼容标准化技术委员会. 电磁兼容　试验和测量技术射频场感应的传导骚扰抗扰度:GB/T 17626.6—2017[S]. 北京:中国标准出版社,2017:12.

[38] 全国电磁兼容标准化技术委员会. 电磁兼容试验和测量技术　供电系统及所连设备谐波、谐间波的测量和测量仪器导则:GB/T 17626.7—2017[S]. 北京:中国标准出版社,2017:7.

[39] 全国电磁兼容标准化技术委员会. 电磁兼容　试验和测量技术　工频磁场抗扰度试验:GB/T 17626.8—2006[S]. 北京:中国标准出版社,2007:6.

[40] 全国电磁兼容标准化技术委员会. 电磁兼容　试验和测量技术　电压暂降、短时中断和电压变化的抗扰度试验: GB/T 17626.11—2008[S]. 北京:中国标准出版社,2008:8.

[41] 全国电磁兼容标准化技术委员会. 电磁兼容　试验和测量技术　闪烁仪功能和设计规范:GB/T 17626.15—2011[S]. 北京:中国标准出版社,2012:4.

[42] 全国无线电干扰标准化技术委员会. 无线电骚扰和抗扰度测量设备和测量方法规范　第 1-1 部分:无线电骚扰和抗扰度测量设备 测量设备:GB/T 6113.101—2016[S]. 北京:中国标准出版社,2016:12.

[43] 全国无线电干扰标准化技术委员会. 无线电骚扰和抗扰度测量设备和测量方法规范　第 1-2 部分:无线电骚扰和抗扰度测量设备　传导骚扰测量的耦合装置:GB/T 6113.102—2018[S]. 北京:中国标准出版社,2018:7.

[44] 全国无线电干扰标准化技术委员会. 无线电骚扰和抗扰度测量设备和测量方法规范　第 1-4 部分　无线电骚扰和抗扰度测量设备　辐射骚扰测量用天线和试验场地: GB/T 6113.104—2016 [S] . 北京:中国标准出版社,2016:12.

[45] 全国无线电干扰标准化技术委员会. 无线电骚扰和抗扰度测量设备和测量方法规范　第 2-1 部分:无线电骚扰和抗扰度测量方法　传导骚扰测量:GB/T 6113.201—2018[S]. 北京:中国标准出版社,2019:1.

[46] 全国无线电干扰标准化技术委员会. 无线电骚扰和抗扰度测量设备和测量方法规范　第 2-3 部分:无线电骚扰和抗扰度测量方法　辐射骚扰测量:GB/T 6113.203—2020[S]. 北京:中国标准出版社,2020:12.

[47] 全国自动化系统与集成标准化技术委员会.工业机器人特殊气候环境可靠性要求和测试方法:GB/T 39006—2020[S].北京:中国标准出版社,2020:9.

[48] 全国自动化系统与集成标准化技术委员会.工业机器人机械环境可靠性要求和测试方法:GB/T 39266—2020[S].北京:中国标准出版社,2020:11.

[49] 全国自动化系统与集成标准化技术委员会.工业机器人　验收规则:JB/T 8896—1999[S].北京:机械科学研究院,1999:12.

[50] 全国电工电子产品环境条件与环境试验标准化技术委员会.电工电子产品环境试验　第2部分:试验方法　试验A:低温:GB/T 2423.1—2008[S].北京:中国标准出版社,2009:4.

[51] 全国电工电子产品环境条件与环境试验标准化技术委员会.电工电子产品环境试验　第2部分:试验方法　试验B:高温:GB/T 2423.2—2008[S].北京:中国标准出版社,2009:5.

[52] 全国电工电子产品环境条件与环境试验标准化技术委员会.环境试验　第2部分:试验方法　试验Cab:恒定湿热试验:GB/T 2423.3—2016[S].北京:中国标准出版社,2016:12.

[53] 全国电工电子产品环境条件与环境试验标准化技术委员会.环境试验　第2部分:试验方法　试验Fc:振动(正弦):GB/T 2423.10—2019[S].北京:中国标准出版社,2019:6.

[54] 全国电工电子产品环境条件与环境试验标准化技术委员会.环境试验　第2部分:试验方法　试验Ea和导则:冲击:GB/T 2423.5—2019[S].北京:中国标准出版社,2019:4.

[55] 全国包装标准化技术委员会.包装 运输包装件基本试验　第23部分:随机振动试验方法:GB/T 4857.23—2012[S].北京:中国标准出版社,2013:4.

[56] 全国自动化系统与集成标准化技术委员会.三自由度并联机器人通用技术条件:GB/T 38890—2020[S].北京:中国标准出版社,2020:7.

[57] 全国振动冲击转速计量技术委员会.电动振动试验系统:JJG 948—2018[S].北京:中国质检出版社,2018:6.

[58] 全国温度计量技术委员会.环境试验设备温度、湿度参数校准规范:JJF 1101—2019[S].北京:中国标准出版社,2020:5.

[59] 全国电工电子产品环境条件与环境试验标准化技术委员会.环境试验设备检验方法　第2部分:温度试验设备:GB/T 5170.2—2017[S].北京:中国标准出版社,2017:12.

[60] 全国电工电子产品环境条件与环境试验标准化技术委员会.电工电子产品环境试验设备　基本参数检验方法　振动(正弦)试验用电动振动台:GB/T 5170.14—2009[S].北京:中国标准出版社,2009:9.

[61] 中国国家认证认可监督管理委员会.检验检测机构资质认定能力评价　检验检测机构通用要求:RB/T 214—2017[S].北京:中国标准出版社,2018:1.

[62] 中国合格评定国家认可委员会.检测和校准实验室能力认可准则:CNAS-CL01:2018[S/OL].2018.https://www.cnas.org.cn/rkgf/sysrk/rkgz/2020/01/901830.

shtml.
[63] 中国合格评定国家认可委员会. 检测和校准实验室能力认可准则在电磁兼容检测领域的应用说明：CNAS－CL01－A008：2018[S/OL]. 2018. https://www.cnas.org.cn/rkgf/sysrk/rkyyzz/2018/03/889085.shtml.
[64] 中国合格评定国家认可委员会. 测量不确定度的要求：CNAS－CL01－G003：2018[S/OL]. 2018. https://www.cnas.org.cn/rkgf/sysrk/rkyyzz/2020/12/904400.shtml.
[65] 中国合格评定国家认可委员会. 能力验证规则：CNAS－RL02：2018[S/OL]. 2018. https://www.cnas.org.cn/rkgf/sysrk/rkgz/2018/03/889058.shtml.
[66] 胡志强. 环境与可靠性试验应用技术[M]. 北京：中国质检出版社，2016.
[67] 胡志强. 振动与冲击试验技术[M]. 北京：中国质检出版社，2019.
[68] 中国安全生产科学研究院. 安全生产法律法规(2019 版)[M]. 北京：应急管理出版社，2019.
[69] 叶晖，管小清. 工业机器人实操与应用技巧[M]. 北京：机械工业出版社，2010.
[70] 张明文. 工业机器人技术基础及应用[M]. 哈尔滨：哈尔滨工业大学出版社，2017.
[71] 苏秦. 质量管理与可靠性[M]. 北京：机械工业出版社，2014.
[72] 张君，钱枫. 电磁兼容(EMC)标准解析与产品整改实用手册[M]. 北京：电子工业出版社，2014.
[73] 国家机器人标准化总体组. 中国机器人标准化白皮书(2017)[R]. 沈阳：中国科学院沈阳自动化研究所，2017.
[74] 王黎雯，刘惟凡. 电气检测实验室原始记录的编制方法及案例[J]. 安全与电磁兼容，2017(5)：21-25，97.
[75] 王黎雯，陈迪，刘惟凡，等. 电气检测实验室原始记录的管理要求[J]. 安全与电磁兼容，2018(1)：31，40.
[76] 李娜，马修水，李桂华. 测量不确定度及测量不确定度评定综述[J]. 安徽电子信息职业技术学院学报，2008(3)：52-53.
[77] 邓乐玉，陆健，张嘉，等. 电波暗室场地电压驻波比标准测试法介绍和分析[J]. 装备环境工程，2011，8(4)：37-40.
[78] 杨超. 电动振动台故障诊断与维修[J]. 中国科技博览，2012(25)：591.
[79] 沉辰. 温度试验设备期间核查方法的研究[J]. 环境技术，2013(1)：3.
[80] 王清忠. 工业机器人可靠性标准化现状分析[J]. 产业与科技论坛，2019(18)：13-51.
[81] 杨安坤，马永红. 国内工业机器人环境可靠性检测标准及其设备配置现状[J]. 开封大学学报，2020，34(1)：83-86.
[82] Electromagnetic compatibility (EMC)－Part 3-2：Limits－Limits for harmoniccurrent emissions (equipment input current ≤16 A per phase)：IEC 61000-3-2：2018＋AMD1：2020[S/OL]. [2020-07-14]. https://webstore.iec.ch/publication/67329.
[83] Electromagnetic compatibility (EMC)－Part 3-3：Limits－Limitation of voltage changes，voltage fluctuations and flicker in public low-voltage supply systems，for equipment with rated current ≤16 A per phase and not subject to conditional connection：IEC 61000-3-3：2013＋AMD1：2017＋AMD2：2021[S/OL]. [2021-03-25].

https://webstore.iec.ch/publication/68776.

[84] Electromagnetic compatibility (EMC)－Part 3-11: Limits—Limitation of voltage changes, voltage fluctuations and flicker in public low-voltage supply systems-Equipment with rated current ≤ 75 A and subject to conditional connection :IEC 61000-3-11: 2017 [S/OL]. [2017-04-21]. https://webstore.iec.ch/publication/60569.

[85] Electromagnetic compatibility (EMC)－Part 3-12: Limits—Limits for harmonic currents produced by equipment connected to public low-voltage systems with input current >16 A and ≤ 75 A per phase :IEC 61000-3-12:2011+AMD1:2021 [S/OL]. [2021-06-04]. https://webstore.iec.ch/publication/69084.

[86] Electromagnetic compatibility (EMC)－Part 4-2: Testing and measurement techniques-Electrostatic discharge immunity test: IEC 61000-4-2:2008[S/OL]. [2008-12-09]. https://webstore.iec.ch/publication/4189.

[87] Electromagnetic compatibility (EMC)－Part 4-3 : Testing and measurement techniques—Radiated, radio-frequency, electromagnetic field immunity test: IEC 61000-4-3: 2020 [S/OL]. [2020-09-08]. https://webstore.iec.ch/publication/59849.

[88] Electromagnetic compatibility (EMC)－Part 4-4: Testing and measurement techniques—Electrical fast transient/burst immunity test: IEC 61000-4-4: 2012 [S/OL]. [2012-04-30]. https://webstore.iec.ch/publication/22271.

[89] Electromagnetic compatibility (EMC)－Part 4-5: Testing and measurement techniques—Surge immunity test: IEC 61000-4-5:2014+AMD1:2017[S/OL]. [2017-08-04]. https://webstore.iec.ch/publication/61166.

[90] Electromagnetic compatibility (EMC)－Part 4-6: Testing and measurement techniques—Immunity to conducted disturbances, induced by radio-frequency fields: IEC 61000-4-6: 2013 [S/OL]. [2013-10-23]. https://webstore.iec.ch/publication/4224.

[91] Electromagnetic compatibility (EMC)－Part 4-7: Testing and measurement techniques—General guide on harmonics and interharmonics measurements and instrumentation, for power supply systems and equipment connected thereto:IEC 61000-4-7: 2002 + AMD1: 2008 [S/OL]. [2009-10-27]. https://webstore.iec.ch/publication/4228.

[92] Electromagnetic compatibility (EMC)－Part 4-8: Testing and measureme- nttechniques—Power frequency magnetic field immunity test: IEC 61000-4-8: 2009 [S/OL]. [2009-09-03]. https://webstore.iec.ch/publication/22272.

[93] Electromagnetic compatibility (EMC)－Part 4-11: Testing and measurement techniques-Voltage dips, short interruptions and voltage variations immunity tests for equipment with input current up to 16 A per phase: IEC 61000-4-11: 2020[S/OL]. [2020-01-28]. https://webstore.iec.ch/publication/66487.

[94] Electromagnetic compatibility (EMC) — Part 4-15: Testing and measurement techniques-Flickermeter-Functional and design specifications: IEC 61000-4-15: 2010[S/OL]. [2010-08-24]. https://webstore. iec. ch/publication/22269.

[95] Specification for radio disturbance and immunity measuring apparatus and methods— Part 1-1: Radio disturbance and immunity measuring apparatus-Measuring apparatus: CISPR 16-1-1 : 2019 [S/OL]. [2019-05-22]. https://webstore. iec. ch/publication/60774.

[96] Specification for radio disturbance and immunity measuring apparatus and methods— Part 1-2: Radio disturbance and immunity measuring apparatus-Coupling devices for conducted disturbance measurements: CISPR 16-1-2 :2014+AMD1:2017[S/OL]. [2017-11-07]. https://webstore. iec. ch/publication/61924.

[97] Specification for radio disturbance and immunity measuring apparatus and methods— Part 1-4: Radio disturbance and immunity measuring apparatus-Antennas and test sites for radiated disturbance measurements: CISPR 16-1-4: 2019 + AMD1: 2020 [S/OL]. [2020-06-15]. https://webstore. iec. ch/publication/67212.

[98] Specification for radio disturbance and immunity measuring apparatus and methods— Part 2-1: Methods of measurement of disturbances and immunity-Conducted disturbance measurements: CISPR 16-2-1:2014+AMD1:2017[S/OL]. [2017-06-30]. https://webstore. iec. ch/publication/60987.

[99] Specification for radio disturbance and immunity measuring apparatus and methods— Part 2-3: Methods of measurement of disturbances and immunity-Radiated disturbance measurements: CISPR 16-2-3 :2016+AMD1:2019,[S/OL]. [2019-06-25]. https://webstore. iec. ch/publication/65357.

[100] Robots and robotic devices-Safety requirements for industrial robots-Part 1: Robots: ISO 10218-1: 2011 [S/OL]. [2011-07-01]. https://www. iso. org/standard/51330. html.

[101] Uncertainty of measurement—Part 3: Guide to the expression of uncertainty in measurement (GUM:1995)-Supplement 1: Propagation of distributions using a Monte Carlo method: ISO/IEC GUIDE 98-3: 2008 [S/OL]. [2008-11-20]. https://www. iso. org/standard/50461. html.

[102] Safety of machinery-Electrical equipment of machines — Part 1: General requirements: IEC 60204-1: 2016[S/OL]. [2016-10-13]. https://webstore. iec. ch/publication/26036.

[103] Manipulating industrial robots—Performance criteria and related test methods: ISO 9283: 1998[S/OL]. [1998-04-01]. https://www. iso. org/standard/22244. html.

[104] Manipulating industrial robots—Presentation of characteristics: ISO 9946: 1999 [S/OL]. [1999-03-25]. https://www. iso. org/standard/28794. html.